21世纪高职高专规划教材 电气、自动化、应用电子技术系列

# 智能家电控制技术

牛俊英 宋玉宏 主 编
李炳潮 陈瑾彬 副主编

清华大学出版社
北京

## 内 容 简 介

本书以高职高专院校单片机控制系统开发课程的教学要求为依据,面向家电控制器设计及开发的相关岗位,针对其所培养的能力完成教学内容的编写。教材围绕两款家电产品的电控器开发展开,第 2 章至第 7 章为电饭锅产品,主要学习对于不同工作对象、不同控制功能的程序开发;第 8~13 章为空调产品,学习电控器不同功能模块(按键、显示、蜂鸣器控制、读传感器、外设驱动控制)的程序开发。教材选用 C 语言作为开发语言,简单易懂。

本书面向电控器设计的初、中级用户,可作为高职高专院校电子信息工程技术专业教材,同时可以作为企业家电控制器软件开发岗位的培训材料,也可作为成人高校、广播电视大学、本科院校举办的二级职业技术学院和民办高校相关专业的教材。

## 图书在版编目(CIP)数据

智能家电控制技术/牛俊英,宋玉宏主编. —北京:清华大学出版社,2009.9(2020.7 重印)
21 世纪高职高专规划教材·电气、自动化、应用电子技术系列
ISBN 978-7-302-20573-9

Ⅰ. 智… Ⅱ. ①牛… ②宋… Ⅲ. 日用电气器具—电气控制—高等学校:技术学校—教材 Ⅳ. TM925

中国版本图书馆 CIP 数据核字(2009)第 113789 号

责任编辑:朱怀永
责任校对:刘 静
责任印制:宋 林

出版发行:清华大学出版社
　　　　　网　　　址:http://www.tup.com.cn,http://www.wqbook.com
　　　　　地　　　址:北京清华大学学研大厦 A 座　　　　　邮　　编:100084
　　　　　社 总 机:010-62770175　　　　　　　　　　　邮　　购:010-62786544
　　　　　投稿与读者服务:010-62776969,c-service@tup.tsinghua.edu.cn
　　　　　质 量 反 馈:010-62772015,zhiliang@tup.tsinghua.edu.cn
印 装 者:北京虎彩文化传播有限公司
经　　销:全国新华书店
开　　本:185mm×260mm　　　　印　张:15　　　　字　　数:346 千字
版　　次:2009 年 9 月第 1 版　　　　　　　　　　印　　次:2020 年 7 月第 10 次印刷
定　　价:49.00 元

产品编号:031132-03

# 前　言

　　为贯彻落实《国务院关于大力发展职业教育的决定》精神,坚持高职教育职业性的特色,编者与企业、行业一线专家,共同编写了该教材。

　　在教材编写过程中,贯彻了以下编写原则:

　　1. 体现职业性的要求。通过对多家家电企业的调研分析,在产品设计开发工作领域中,得到了与家电控制器开发相关的工作任务、职业能力,依据家电控制器开发与设计岗位的职业要求,根据工程师在实际工作中对单片机应用的要求,设计学习性的常见处理任务,以家电控制器开发任务中单片机的使用为中心,精选教材内容。

　　2. 体现以技能训练为主线、相关知识为支撑的编写思路。内容组织上,首先介绍一些相关的基础知识,基础知识的论述以"管用、够用、适用"为原则,然后给出相关实训任务指导,选取的实训任务是对企业进行广泛调查而来的实际典型任务,也是经验的归纳与总结,具有很强的实用价值,注重学生的技能训练,较好地处理了理论教学与技能训练的关系。

　　3. 遵从学生的认知规律。按照教学规律和学生的认知规律,教材以典型家电产品为载体,让学生从实物产品学功能,从功能表现学控制,从实施控制学芯片,从芯片程序学开发。

　　4. 突出教材的先进性。较多地引入了新技术、新方法的介绍,部分内容由企业工程师编写完成,以便于介绍在企业采取的最新方法,缩短学校教育与企业需要的距离,满足学生就业的要求。

　　本书由牛俊英负责编制提纲和统稿工作,并编写第 8～11 章,林治华编写第 2 章,蔡泽凡编写第 5、6 章,郭荃弟编写第 7 章,宋玉宏编写第 1、3、12 章。参加编写工作的还有两位来自企业的兼职教师:李炳潮工程师为第 4 章提供初稿,并对第 2、3、5、6、7 章提出修改意见,陈瑾彬工程师为第 13 章提供初稿,并对第 8～12 章提出修改意见。

　　教学参考学时为 120 学时,第 1 章建议学时为 30 学时,第 2 章建议分配 2 学时,其余各章建议各分配 8 学时。若学生已具备 C 语言基础,可跳过第 1 章学习后面的章节。建议完成了"电工技术"、"电子技术"、"单片机技术基础"等课程,进入该课程的学习。教学过程中建议采取理论实践一体化教学方法,任课老师及学生通过电饭锅和空调电控制器完成相关实训任务,学生在自己实训的基础上对抽象的理论进行理解。本书配套的其他教学资源可在 http://218.13.33.148/jpk2008znjd/网站上获得。

由于编者水平有限,加之时间仓促,本书难免会有疏漏之处,恳请广大读者批评指正。

编　者

2009 年 5 月

# 目　录

# 第 **1** 章

# 单片机 C 语言基础知识

本教材使用 C 语言作为编程语言,本章简要介绍在单片机 C 语言中常用的语法知识。具有 C 语言基础知识的读者,可直接跳过本章进入第 2 章的学习。

## 1.1　C语言语法基础

**1. 书写程序时应遵循的规则**

C 语言属于高级编程语言,在书写程序时应当遵循以下规则:

① 一个 C 语言源程序可以由一个或多个源文件组成。

② 一个源程序不论由多少个文件组成,都有一个且只能有一个 main 函数,即主函数,执行的程序体即为主函数的程序体。

③ 每一个语句都必须以分号结尾,但预处理命令、函数头和花括号"}"之后不能加分号。

④ 一个说明或一个语句占一行。

⑤ 用{}括起来的部分,通常表示了程序的某一层次结构。{}一般与该结构语句的第一个字母对齐,并单独占一行。

⑥ 低一层次的语句或说明可比高一层次的语句或说明缩进若干格后书写,以便看起来更加清晰,增加程序的可读性。

例 1-1 为应用上述规则书写的 C 语言程序实例。在编程时应力求遵循这些规则,以养成良好的编程风格。

【例 1-1】　C 语言程序实例,以下为电饭锅控制程序的主函数:

```
# include <hidef. h>
# include "derivative. h"
⋮
void main(void)
{
    Init();
    EnableInterrupts; / *  enable interrupts  * /
    BeepCnt=0x10;                        //上电响一声蜂鸣
    for(;;)
    {
```

```
        if(TimeFlg. scankey==1)              //2ms 扫描按键
        {
            TimeFlg. scankey=0;
            ReadKey();
        }
        if(TimeFlg. RoomAd==1)               //250ms 读 AD
        {
            TimeFlg. RoomAd=0;
            ReadAd();
        }
        HeatCtrl();
        Display_set();
        BeepCtrl();
    }
}
```

### 2．C 语言词汇

在 C 语言中使用的词汇分为六类：标识符、关键字、运算符、分隔符、注释符等。

（1）标识符

在程序中使用的变量名、函数名、标号等统称为标识符。C 语言规定，标识符只能是字母（A～Z,a～z）、数字（0～9）、下划线（_）组成的字符串，并且其第一个字符必须是字母或下划线。

以下标识符是合法的：

a，x，Beep_Cnt,Cnt2ms

以下标识符是非法的：

3s　　　　以数字开头。

s * T　　出现非法字符 * 。

—3x　　　以减号开头。

bowy-1　　出现非法字符—（减号）。

在使用标识符时还必须注意以下几点：

① 标准 C 语言不限制标识符的长度，但它受各种版本的 C 语言编译系统限制，同时也受到具体机器的限制。例如，在某版本 C 语言中规定标识符前 8 位有效，当两个标识符前 8 位相同时，则被认为是同一个标识符。

② 在标识符中，大小写是有区别的。例如，Beep_Cnt 和 beep_cnt 是两个不同的标识符。

③ 标识符虽然可由程序员随意定义，但标识符是用于标识某个量的符号。因此，命名应尽量有相应的意义，以便于阅读理解，同时不同类型的标识符应当有不同的命名规则，如变量名采用首字母大写、常数名采用全小写等，这样可以提高程序的可读性。

（2）关键字

关键字是由 C 语言规定的具有特定意义的字符串，通常也称为保留字。用户定义的标识符不应与关键字相同。C 语言的关键字分为以下几类：

① 类型说明符　　用于定义、说明变量、函数或其他数据结构的类型。如，int,

double 等。

　　② 语句定义符　用于表示一个语句的功能。

　　③ 预处理命令字　用于表示一个预处理命令。如,前面例中用到的 include。

　　(3) 运算符

　　C 语言中含有相当丰富的运算符。运算符与变量、函数一起组成表达式,表示各种运算功能。运算符由一个或多个字符组成。

　　(4) 分隔符

　　在 C 语言中采用的分隔符有逗号和空格两种。逗号主要用在类型说明和函数参数表中,分隔各个变量。空格多用于语句各单词之间,作间隔符。在关键字和标识符之间必须有一个以上的空格符作间隔,否则将会出现语法错误。例如,把"int Beep_Cnt;"写成"intBeep_Cnt;C",编译器会把 intBeep_Cnt 当成一个标识符处理,其结果必然出错。

　　(5) 注释符

　　C 语言的注释符是以"/ ∗"开头并以"∗ /"结尾的串,以及"//"。在"/ ∗"和"∗ /"之间的即为注释,该注释符可以注释一个段落。"//"只能注释后面的一行语句。程序编译时,不对注释作任何处理。注释可出现在程序中的任何位置。注释用来向用户提示或解释程序的意义。在调试程序中对暂不使用的语句也可用注释符括起来,使翻译跳过不作处理,待调试结束后再去掉注释符。

　　(6) 语句的结束

　　C 语言一个可执行的语句用";"来结束。

# 1.2　数据类型与常量、变量

### 1. 标准 C 语言的数据类型

　　数据类型是按被定义变量的性质、表示形式、占据存储空间的多少、构造特点来划分的。在 C 语言中,数据类型可分为基本数据类型、构造数据类型、指针类型、空类型四大类。图 1-1 为基本数据类型的分类。

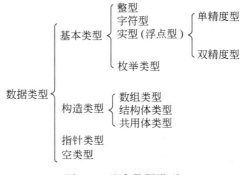

图 1-1　基本数据类型

### 2. 嵌入式 C 语言的数据类型

嵌入式 C 语言即应用在单片机及嵌入式系统中的 C 语言,常用的数据类型为整型的数据,见表 1-1。这是因为单片机系统的内存资源有限、运算指令不丰富、复杂指令的运算时间很长,难以处理占较大空间的单个数据。

表 1-1　嵌入式 C 语言常用数据类型

| 数据类型 | 大　　小 | 无符号(unsigned)数据范围 | 有符号(signed)数据范围 |
|---|---|---|---|
| Char | 8bits | 0～255 | −128～127 |
| Short int | 16bits | 0～65535 | −32768～32767 |
| Int | 16bits | 0～65535 | −32768～32767 |
| long int | 32bits | 0～4294967295 | −2147483648～2147483647 |

以 13 为例,在内存中按照如下方式存储:

① char 型。

| 00 | 00 | 11 | 01 |
|---|---|---|---|

② int 型。

| 00 | 00 | 00 | 00 | 00 | 00 | 11 | 01 |
|---|---|---|---|---|---|---|---|

③ short int 型。

| 00 | 00 | 00 | 00 | 00 | 00 | 11 | 01 |
|---|---|---|---|---|---|---|---|

④ long int 型。

| 00 | 00 | 00 | 00 | 00 | 00 | 00 | 00 | 00 | 00 | 00 | 00 | 00 | 00 | 11 | 01 |
|---|---|---|---|---|---|---|---|---|---|---|---|---|---|---|---|

本教材使用的软件开发平台将 C 语言中 char 型的数据类型定义为 byte 型的数据类型,将 short / int 的数据类型定义为 word 型的数据类型,将 unsigned long 的数据类型定义为 dword 型的数据类型。从变量、常量定义的格式很容易看出定义变量所占的内存空间,便于对单片机的内存空间进行分配和掌控。后面再出现 byte、word、dword 类型的数据定义将不作复述。

byte、word、dword 类型的数据定义如下:

```
typedef unsigned char byte;
typedef unsigned int word;
typedef unsigned long dword;
```

### 3. 常量与变量

在嵌入式 C 语言中,处理的数据按照进制来分,有十进制和十六进制数,默认的数字表示方式为十进制,若表示十六进制数,可在表示数据前加 0x,如数字 255 可以表示为 255,也可以表示为 0xFF 和 0xff。

按照处理数据的方式,数据可以分为常量和变量两种类型。

（1）常量

在程序运行过程中，其值不能被改变的量。常量有两种类型：直接常量和符号常量。

① 直接常量（字面常量）：如 12、0、0xCE 等。

② 符号常量：符号常量即是用一个标识符来代替一个常量，符号常借助于预处理命令♯define 来实现。

定义形式：♯define 标识符 字符串

如，♯define PI 3

说明：

- 定义符号常量时，不能以"；"结束；
- 一个♯define 占一行，且要从第一列开始书写；
- 一个源程序文件中可含有若干个 define 命令，不同的 define 命令中指定的"标识符"不能相同。

【例 1-2】　♯define 定义常量实例。

```
/* 该段程序写在主程序之前,定义了定时器相关寄存器的初始值 */
#define tscr_init 0x40
#define tmodh_init 0
#define tmodl_init 250
```

也有通过 const 关键字来定义的符号常量。

定义形式：数据类型 const 标识符＝数字

如，byte const PI＝3；

用 define 定义的常量不占任何存储空间，在编译时直接用对应的数据代替其常量名称参与运算，用 const 声明的常量则会占去单片机 ROM 区的内存，占去的空间大小为其定义数据类型所占空间的大小，如上面定义的 PI 常量占 1 个字节的空间。

（2）变量

在程序运行过程中，其值会发生变化。

① 每个变量必须有一个名字，变量名是标识符。

② 标识符是用来标识数据对象，是一个数据对象的名字。

③ 命名规则：以字母或下划线开始，后跟字符、数字或下划线。

④ 变量名不能是关键字（即保留字，是 C 语言编译程序中保留使用的标识符，如 auto、break、char、do、else、if、int 等）。

⑤ 变量必须先定义再使用。

在定义变量时对变量进行赋值称为变量的初始化。

格式：类型说明符 变量 1＝值 1，变量 2＝值 2，……；

【例 1-3】　变量定义实例，定义两个单字节变量，代码如下：

```
/* 该程序写在主程序之前,定义了煮饭过程中需要的相关变量,存储相关数据 */
byte Work_Stage;          //煮饭所处阶段
byte Cook_Min;            //当前阶段所剩时间
```

# 1.3　运算符与表达式

　　C 语言提供了多种运算符进行各种运算，包括强制类型转换运算符、算术运算符、关系运算符、逻辑运算符、位运算符。

**1. 强制类型转换运算符**

其一般形式为

（类型说明符）（表达式）

其功能是把表达式的运算结果强制转换成类型说明符所表示的类型。

　　例如，把 a 转换为字节型：

（byte） a

**2. 算术运算符**

算术运算符是进行算术运算的运算符，包括了加、减、乘、除、求余运算。

　　（1）基本的算术运算符

　　① 加法运算符"＋"：加法运算符为双目运算符，即应有两个量参与加法运算，如 a＋b,4＋8 等,具有右结合性。

　　② 减法运算符"－"：减法运算符为双目运算符。但"－"也可作负值运算符,此时为单目运算,如－x,－5 等,具有左结合性。

　　③ 乘法运算符"＊"：双目运算,具有左结合性。

　　④ 除法运算符"/"：双目运算,具有左结合性。参与运算量均为整型时,结果也为整型,舍去小数。

　　⑤ 求余运算符（模运算符）"％"：双目运算,具有左结合性。要求参与运算的量均为整型。求余运算的结果等于两数相除后的余数。

　　⑥ 自增、自减运算符：

自增 1 运算符记为"＋＋",其功能是使变量的值自增 1。

自减 1 运算符记为"－－",其功能是使变量值自减 1。

自增 1、自减 1 运算符均为单目运算,都具有右结合性,可有以下几种形式：

* ＋＋i　i 自增 1 后再参与其他运算。
* －－i　i 自减 1 后再参与其他运算。
* i＋＋　i 参与运算后,i 的值再自增 1。
* i－－　i 参与运算后,i 的值再自减 1。

在理解和使用上容易出错的是 i＋＋和 i－－。特别是当它们出在较复杂的表达式或语句中时,常常难于弄清,因此应仔细分析。

　　（2）算术表达式和运算符的优先级和结合性

表达式是由常量、变量、函数和运算符组合起来的式子。一个表达式有一个值及其类型,它们等于计算表达式所得结果的值和类型。表达式求值按运算符的优先级和结合性规定的顺序进行。单个的常量、变量、函数可以看做是表达式的特例。

算术表达式是由算术运算符和括号将运算对象（也称操作数）连接起来的、符合 C 语言语法规则的式子。

以下是算术表达式的例子：

a＋b

(a＊2)/c

C 语言中，运算符的运算优先级共分为 15 级。1 级最高，15 级最低。在表达式中，优先级较高的先于优先级较低的进行运算。而在一个运算量两侧的运算符优先级相同时，则按运算符的结合性所规定的结合方向处理。

C 语言中各运算符的结合性分为两种，即左结合性（自左至右）和右结合性（自右至左）。例如，算术运算符的结合性是自左至右，即先左后右。如表达式 x－y＋z，则 y 应先与"－"号结合，执行 x－y 运算，然后再执行＋z 的运算。这种自左至右的结合方向就称为"左结合性"。而自右至左的结合方向称为"右结合性"。最典型的右结合性运算符是赋值运算符。如 x＝y＝z，由于"＝"的右结合性，应先执行 y＝z 再执行 x＝(y＝z) 运算。C 语言运算符中有不少为右结合性，应注意区别，以避免理解错误。

**3. 关系运算符和表达式**

在程序中经常需要比较两个量的大小关系，以决定程序下一步的工作。比较两个量的运算符称为关系运算符。

在 C 语言中有以下关系运算符：

＜ 小于

＜＝ 小于或等于

＞ 大于

＞＝ 大于或等于

＝＝ 等于

!＝ 不等于

关系运算符都是双目运算符，其结合性均为左结合。关系运算符的优先级低于算术运算符，高于赋值运算符。在 6 个关系运算符中，＜，＜＝，＞，＞＝的优先级相同，高于＝＝和!＝，＝＝和!＝的优先级相同。

关系表达式的一般形式为：

表达式　关系运算符　表达式

例如，a＋b＞c－d

又如，a＞(b＞c)

　　　a!＝(c＝＝d)

关系表达式的值是"真"和"假"，在 C 语言中用"1"和"0"表示。

如，5＞0 的值为"真"，即为 1。

(a＝3)＞(b＝5)由于 3＞5 不成立，故其值为"假"，即为 0。

#### 4. 逻辑运算符和表达式

C 语言中提供了三种逻辑运算符：

&& 与运算

|| 或运算

! 非运算

与运算符 && 和或运算符 || 均为双目运算符，具有左结合性。非运算符 ! 为单目运算符，具有右结合性。逻辑运算符的优先级关系如下：

!（非）→&&（与）→||（或）

逻辑运算符和其他运算符优先级的关系如图 1-2 所示。

"&&"和"||"低于关系运算符，"!"高于算术运算符。

按照运算符的优先顺序可以得出：

a>b && c>d 　　　　等价于 (a>b)&&(c>d)

!b==c||d<a 　　　　等价于 ((!b)==c)||(d<a)

a+b>c&&x+y<b 　　等价于 ((a+b)>c)&&((x+y)<b)

逻辑运算的值也分为"真"和"假"两种，用"1"和"0"来表示。其求值规则如下：

① 与运算 &&。参与运算的两个量都为真时，结果才为真，否则为假。例如，5>0 && 4>2，由于 5>0 为真，4>2 也为真，相与的结果也为真。

② 或运算 ||。参与运算的两个量只要有一个为真，结果就为真。两个量都为假时，结果为假。例如，5>0||5>8，由于 5>0 为真，相或的结果也就为真。

③ 非运算 !。参与运算量为真时，结果为假；参与运算量为假时，结果为真。例如，!(5>0) 的结果为假。

虽然 C 编译在给出逻辑运算值时，以"1"代表"真"，"0"代表"假"，但反过来在判断一个量是为"真"还是为"假"时，以"0"代表"假"，以非"0"的数值作为"真"。例如，由于 5 和 3 均为非"0"，因此 5&&3 的值为"真"，即为 1。又如，5||0 的值为"真"，即为 1。

逻辑表达式的一般形式为：

表达式　逻辑运算符　表达式

其中的表达式可以又是逻辑表达式，从而组成了嵌套的情形。

例如，(a&&b)&&c

根据逻辑运算符的左结合性，上式也可写为 a&&b&&c。

逻辑表达式的值是式中各种逻辑运算的最后值，以"1"和"0"分别代表"真"和"假"。

图 1-2　运算符优先关系

```
! （非）
算术运算符
关系运算符
&& 和 ||
赋值运算符
```

#### 5. 位运算符

C 语言提供了 6 种位运算符：

& 　按位与

| 　按位或

^ 　按位异或

~ 　取反

≪　左移

≫　右移

（1）按位与运算符"&"

双目运算符,其功能是参与运算的两数各对应的二进位相与。只有对应的两个二进位均为 1 时,结果位才为 1,否则为 0。参与运算的数以补码方式出现。例如,9&5 可写算式如下:

```
00001001        （9 的二进制补码）
&00000101       （5 的二进制补码）
00000001        （1 的二进制补码）
```

可见 9&5＝1。

按位与运算通常用来对某些位清 0 或保留某些位。例如把 a 的高 8 位清 0 ,保留低 8 位,可作 a&255 运算（ 255 的二进制数为 0000000011111111）。

（2）按位或运算符"|"

双目运算符,其功能是参与运算的两数各对应的二进位相或。只要对应的二个二进位有一个为 1 时,结果位就为 1,参与运算的两个数均以补码方式出现。例如,9|5 可写算式如下:

```
00001001
|00000101
00001101 （十进制为 13）
```

可见,9|5＝13。

（3）按位异或运算符"^"

双目运算符,其功能是参与运算的两数各对应的二进位相异或,当两对应的二进位相异时,结果为 1。参与运算的两个数仍以补码方式出现。例如,9^5 可写成算式如下:

```
00001001
^00000101
00001100 （十进制为 12）
```

（4）求反运算符"～"

单目运算符,具有右结合性。其功能是对参与运算的数的各二进位按位求反。例如～9 的运算为:

```
～(0000000000001001)
```

结果为 1111111111110110。

（5）左移运算符"≪"

双目运算符,其功能把"≪ "左边的运算数的各二进位全部左移若干位,由"≪"右边的数指定移动的位数,高位丢弃,低位补 0。例如,a≪4,表示 a 的各二进位向左移动 4 位。如 a＝00000011（十进制 3）,左移 4 位后为 00110000（十进制 48）。

（6）右移运算符"≫"

双目运算符,其功能是把"≫"左边的运算数的各二进位全部右移若干位,"≫"右边的数指定移动的位数。例如,设 a＝15,a≫2,表示把 000001111 右移为 00000011（十进制3)。

# 1.4　程序设计结构

按照程序设计的结构,C语言分为顺序结构、分支判断结构和循环结构。

① 顺序结构:完成一条语句进行下一条语句,是最简单的程序设计方式。

② 分支判断结构:条件不同时执行的程序不同,分支结构的程序设计采用if语句和switch语句实现。

③ 循环结构:满足循环执行的条件时,反复执行同一段代码(循环体),直到条件不满足,循环结构的程序设计通常采用for语句、while语句、do while语句实现。

**1. if 语句**

用if语句可以构成分支结构。它根据给定的条件进行判断,以决定执行某个分支程序段。C语言的if语句有三种形式。

(1) 第一种形式为单分支结构:if(表达式) 语句

其语义是:如果表达式的值为真,则执行其后的语句,否则不执行该语句。其过程可表示为图1-3。

**【例1-4】**　单分支结构if语句实例。

```
if (Temp[1]>=76)              //底温超过76℃,进入下一阶段,下一阶段时长85s
{
    Work_Stage=3;
    Cook_Sec=85;
    Heat_O_T=0;
}
```

(2) 第二种形式为双分支结构:if-else

```
if(表达式)
    语句1;
else
    语句2;
```

其语义是:如果表达式的值为真,则执行语句1,否则执行语句2。执行过程可表示为图1-4所示。

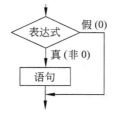

图1-3　单分支结构if语句执行过程

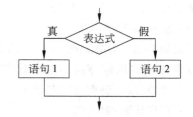

图1-4　双分支结构if语句执行过程

**【例 1-5】** 双分支结构 if 语句实例。

```
if(O_Et==0) HeatBottom=0;                //当处于加热盘关时间,则关加热盘
    else HeatBottom=1;
```

（3）第三种为多分支结构：if-else-if 形式

前两种形式的 if 语句一般都用于两个分支的情况。当有多个分支选择时,可采用 if-else-if 语句,其一般形式为

```
if(表达式 1)
    语句 1;
else if(表达式 2)
    语句 2;
else if(表达式 3)
    语句 3;
    …
else if(表达式 m)
    语句 m;
else
    语句 n;
```

其语义是：依次判断表达式的值,当出现某个值为真时,则执行其对应的语句,然后跳到整个 if 语句之外继续执行程序；如果所有的表达式均为假,则执行语句 n,然后继续执行后续程序。if-else-if 语句的执行过程如图 1-5 所示。

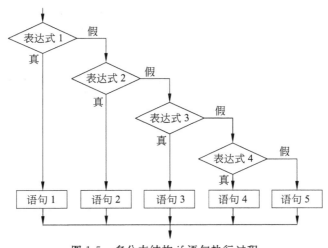

图 1-5　多分支结构 if 语句执行过程

**【例 1-6】** 多分支结构 if 语句实例。

```
if(AdVal<43)
    ADTemp=24;
else if(AdVal>228)
    ADTemp=148;
else
    {
        t=AdVal-43;
```

```
        ADTemp=AD_tmp_tab[t];
    }
```

（4）在使用 if 语句中应注意的问题

① 在三种形式的 if 语句中，在 if 关键字之后均为表达式。该表达式通常是逻辑表达式或关系表达式，但也可以是其他表达式，如赋值表达式等，甚至也可以是一个变量。

例如，

if(a=5) 语句；

if(b) 语句；

都是允许的，只要表达式的值为非 0，即为"真"。

如，在 if(a=5)…;中表达式的值永远为非 0，所以其后的语句总是要执行的，当然这种情况在程序中不一定会出现，但在语法上是合法的。

② 在 if 语句中，条件判断表达式必须用括号括起来，在语句之后必须加分号。

③ 在 if 语句的三种形式中，所有的语句应为单个语句，如果要想在满足条件时执行一组（多个）语句，则必须把这一组语句用"{}"括起来组成一个复合语句。但要注意的是在"}"之后不能再加分号。

例如，

```
if(a>b)
    {a++;
    b++;}
else
    {a=0;
    b=10;}
```

④ 语句的嵌套。当 if 语句中的执行语句又是 if 语句时，则构成了 if 语句嵌套的情形。其一般形式可表示如下：

```
if(表达式)
if 语句；
```

或者为

```
if(表达式)
    if 语句；
else
    if 语句；
```

在嵌套内的 if 语句可能又是 if-else 形式的，这将会出现多个 if 和多个 else 重叠的情况，这时要特别注意 if 和 else 的配对问题。

例如，

```
if(表达式 1)
if(表达式 2)
    语句 1；
else
```

```
        语句 2；
```

其中的 else 究竟是与哪一个 if 配对呢？
应该理解为

```
if(表达式 1)
    if(表达式 2)
        语句 1；
    else
        语句 2；
```

还是应理解为

```
if(表达式 1)
    if(表达式 2)
        语句 1；
else
    语句 2；
```

为了避免这种二义性,C 语言规定,else 总是与它前面最近的 if 配对,因此对上述例子应按前一种情况理解。

**2. switch 语句**

C 语言还提供了另一种用于多分支选择的 switch 语句,其一般形式为

```
switch(表达式){
case 常量表达式 1：语句 1；
case 常量表达式 2：语句 2；
…
case 常量表达式 n：语句 n；
default：语句 n+1；
                }
```

其语义是：计算表达式的值,并逐个与其后的常量表达式值相比较,当表达式的值与某个常量表达式的值相等时,即执行其后的语句,然后不再进行判断,继续执行后面所有 case 后的语句；如表达式的值与所有 case 后的常量表达式均不相同时,则执行 default 后的语句。

在 switch 语句中,"case 常量表达式"只相当于一个语句标号,表达式的值和某标号相等则转向该标号处执行,但不能在执行完该标号的语句后自动跳出整个 switch 语句,所以出现了继续执行所有后面 case 语句的情况。这是与前面介绍的 if 语句完全不同,应特别注意。为了避免上述情况,C 语言还提供了一种 break 语句,专用于跳出 switch 语句,break 语句只有关键字 break,没有参数,在后面还将详细介绍。含有 switch 语句的程序中,在每一 case 语句之后增加 break 语句,使每一次执行之后均可跳出 switch 语句,从而避免输出不应有的结果。

在使用 switch 语句时还应注意以下几点：
① 在 case 后的各常量表达式的值不能相同,否则会出现错误。
② 在 case 后,允许有多个语句,可以不用{}括起来。

③ 各 case 和 default 子句的先后顺序可以变动,而不会影响程序执行结果。

④ default 子句可以省略不用。

**3. while 语句**

while 语句的一般形式为

while(表达式)语句

其中,表达式是循环条件,语句为循环体。

while 语句的语义是:计算表达式的值,当值为真(非 0)时,执行循环体语句。其执行过程如图 1-6 所示。

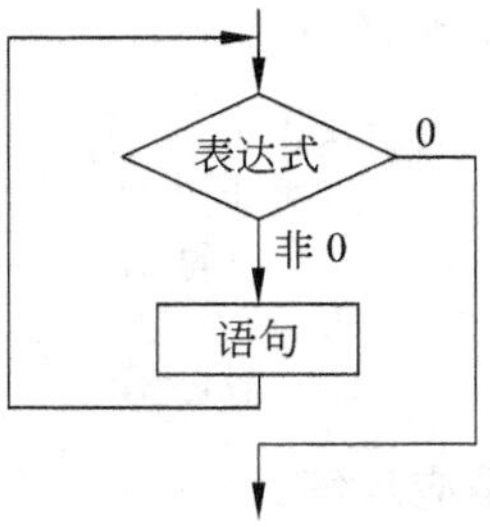

图 1-6　while 语句的执行过程

**4. do-while 语句**

语法:do

循环体语句;

while (exp);

语义:当 exp 为真时,执行循环体;为假时,执行循环语句的后续语句。

**【例 1-7】** 用 do-while 语句构成循环,求 sum=1+2+…+100,程序如下:

i=1,sum=0;
do
　{ sum+=i;
　 i++; }
while (i<=100);

**说明:**

① 循环体可以用复合语句。

② 循环控制变量在执行 do 前必须赋初值,循环体内应有改变循环控制变量的语句。

③ do-while 循环的特点是先执行后判断,故循环至少被执行一次。

如,

i=3;
do
{ 　sum+= i;
　　i++;
} while (i>10);

**5. for 语句**

语法:for(表达式 1;表达式 2;表达式 3)

循环体语句;

语义:

① 求表达式 1。

② 求解表达式 2,若其值为真,则执行第三步;若为假,则结束循环。

③ 执行循环体中的语句。

④ 求解表达式 3。

⑤ 转回第二步继续执行。

如，for( i＝1；i＜＝100；i＋＋) sum＝sum＋i;可看成 for(循环变量赋初值;循环条件;循环变量增值)语句;

**说明：**

① 显然 for 循环更简洁、更灵活。

② 循环体可以是复合语句。

③ for 语句中的三个表达式均可以是逗号表达式,故可同时对多个变量赋初值及修改。如,for(i＝0，j＝1；j＜n ＆＆ i＜n；i＋＋，j＋＋) …。

④ for 语句中三个表达式可省略。

**6．几种循环语句的说明**

① 几种循环语句可以相互代替使用。

② 对于 while 和 do-while 循环,应在 while 后面指定循环条件,在循环体中应包含使循环趋向于结束的语句。

③ 凡是在 while 中能完成的,在 for 语句中也能完成。

**7．break 和 continue 语句**

(1) break 语句

break 语句可以用于 switch 语句中,也可以用于循环体中,当用于循环体中时,用于在满足条件情况下,跳出本层循环。

**【例 1-8】**　break 语句用于 switch 语句的实例。

```
i＝3;
switch(i){
    case 1：i＋＋;
    case 2：i＋＋;
    case 3：i＋＋;
    case 4：i＋＋;
    case 5：i＋＋;
    default：i＋＋;
        }
```

此时 i 的运算结果为 6,若采用如下语句:

```
i＝3;
switch(i){
    case 1：i＋＋;break;
    case 2：i＋＋;break;
    case 3：i＋＋; break;
    case 4：i＋＋; break;
    case 5：i＋＋; break;
    default ：i＋＋;
        }
```

运算结果 i 的值将为 4。

【例 1-9】　break 语句用于循环语句的实例,求 1+2 的结果,程序如下:

```
sum=0;
for(i=0; i<5; i++)
{
    if (i==3) break;
    sum=sum+i;
}
```

当 i=3 时,跳出本层循环,计算结果为 3。

(2) continue 语句

continue 语句用于循环语句中,在满足条件情况下,跳出本次循环。即跳过本次循环体中下面尚未执行的语句,接着进行下一次的循环判断。

【例 1-10】　continue 语句应用实例。

```
sum=0;
for(i=0;i<5;i++)
{
    if(i==3) continue;
    sum=sum+i;
}
```

当 i=3 时,不执行循环体,计算的结果为 7。

# 1.5　数组

在程序设计中,为了处理方便,把具有相同类型的若干变量按有序的形式组织起来,这些按序排列的同类数据元素的集合称为数组。一个数组可以分解为多个数组元素,这些数组元素可以是基本数据类型或是构造类型。因此,按数组元素的类型不同,数组又可分为数值数组、字符数组、指针数组、结构数组等各种类别。

在 C 语言中使用数组必须先进行定义。

一维数组的定义方式为

类型说明符　数组名　[常量表达式];

其中,类型说明符是任一种基本数据类型或构造数据类型;数组名是用户定义的数组标识符;方括号中的常量表达式表示数据元素的个数,也称为数组的长度。

例如,byte a[10];　说明字节数组 a,有 10 个元素。

对于数组类型说明应注意以下几点:

① 数组的类型实际上是指数组元素的取值类型。对于同一个数组,其所有元素的数据类型都是相同的。

② 数组名不能与其他变量名相同。

③ 方括号中常量表达式表示数组元素的个数,如 a[5]表示数组 a 有 5 个元素,但是其下标从 0 开始计算。因此,5 个元素分别为 a[0]、a[1]、a[2]、a[3]、a[4]。

数组元素是组成数组的基本单元。数组元素也是一种变量，其标识方法为数组名后跟一个下标。下标表示了元素在数组中的顺序号。

数组元素的一般形式为

数组名[下标]

例如，a[5]、a[i+j]、a[i++] 都是合法的数组元素。

数组元素通常也称为下标变量。必须先定义数组，才能使用下标变量。在 C 语言中只能逐个地使用下标变量，而不能一次引用整个数组。

给数组赋值的方法除了用赋值语句对数组元素逐个赋值外，还可采用初始化赋值和动态赋值的方法。数组初始化赋值是指在数组定义时给数组元素赋予初值。数组初始化是在编译阶段进行的。这样将减少运行时间，提高效率。

初始化赋值的一般形式为

类型说明符 数组名[常量表达式]={值,值,…,值};

其中，在{ }中的各数据值即为各元素的初值，各值之间用逗号间隔。

例如，byte a[10]={ 0,1,2,3,4,5,6,7,8,9 };

相当于 a[0]=0,a[1]=1,…,a[9]=9。

C 语言对数组的初始化赋值还有以下几点规定：

① 可以只给部分元素赋初值。当{}中值的个数少于元素个数时，只给前面部分元素赋值。

例如，

byte a[10]={0,1,2,3,4};

表示只给 a[0]~a[4]5 个元素赋值，而后 5 个元素自动赋 0 值。

② 只能给元素逐个赋值，不能给数组整体赋值。

例如，给十个元素全部赋 1 值，只能写为：

byte a[10]={1,1,1,1,1,1,1,1,1,1};

而不能写为

byte a[10]=1;

③ 如给全部元素赋值，则在数组说明中，可以不给出数组元素的个数。

例如，

byte a[5]={1,2,3,4,5};

可写为 byte a[]={1,2,3,4,5};

也可以定义常数数组：

```
byte const adscrset[2]={0x24,0x23};          //ADSCR 设置
```

非常数数组都存储在 RAM（变量）区，常数数组将会存储在 ROM 区，ROM 区比 RAM 区的空间要大很多。本教材使用的 JL3 芯片，RAM 区占 128 个字节，其中还包括预留的堆栈区，而 RAM 区的空间为 4KB，因此如果使用的数组为元素固定不变的数组最好定义为常数数组。

# 1.6　结构类型定义

### 1. 结构体

数组将若干具有共同类型特征的数据组合在一起。然而,在实际处理中,待处理的信息往往是由多种类型组成的,如有关学生的数据,不仅有学习成绩,还应包括诸如学号(长整型)、姓名(字符串类型)、性别(字符型)、出生日期(字符串型)等。再如,编写工人管理程序时,所管理对象——工人的信息类似于学生,只是将学习成绩换成工资。就目前所学知识,我们只能将各个项定义成互相独立的简单变量或数组,无法反映它们之间的内在联系。应该有一种新的类型,就像数组将多个同类型数据组合在一起一样,能将这些具有内在联系的不同类型的数据组合在一起,C 语言提供了"结构体"类型来完成这一任务。

```
struct 结构类型名            /* struct 是结构类型关键字 */
{ 数据类型 成员 1;
  数据类型 成员 2;
  …
  数据类型 成员 n;
};                          /* 此行分号不能少! */
```

结果:产生一个结构体的具体类型——struct 结构体名。例如, struct ww { byte a; byte c; };则该类型为 struct ww。

**说明:**

① 关键字 struct 和结构体类型名 student 组合成一种类型标识符,其地位如同通常的 unsigned char 等,其用途是用来定义该结构体型变量,定义了变量之后,该变量就可以像其他变量一样被使用了,类型名便不应再在程序中出现(求长度运算除外,一般程序只对变量操作)。类型名的起名规则遵从标识符。

② 成员列表为本结构体类型所包含的若干个成员的列表,必需用{ }括起来,并以分号结束。每个成员的形式为"类型标识符 成员名;"。

成员(如 num)又可称为成员变量,也是一种标识符,成员的类型可以是除该结构体类型自身外,C 语言允许的任何数据类型,结构体类型 struct std_info 中学号 num 是长整型、姓名 name 是字符数组、性别 sex 是字符数组等。成员之一还可以是其他结构体类型,此时称为结构体类型嵌套,如成员 birthday 为结构体类型 date,可以定义结构体类型如下:

```
struct date
    { int year;
      int month;
      int day;
    };
struct std_info
{ long int num;
  char name[20];
  char sex[3];
```

```
          struct date birthday;
      };
```

用户自己定义的结构类型,与系统定义的标准类型(int、char 等)一样,可用来定义结构变量的类型。

### 2. 位段结构体

C 语言中可以使用位段结构体进行二进制位的定义,其定义格式如下所示:

```
struct［位段结构原型名］
{
   整型说明符［位段名］:位宽;
   ［整型说明符［位段名］:位宽;］
}标识符[={初始值,初始值,…}];
```

【例 1-11】　对于一个字节 TimeFlg,可以将其各个二进制位单独定义,如下所示:

```
struct
{
   byte rmtkey              :1;              //遥控标记
   byte                     :1;
   byte beep                :1;              //蜂鸣标记
   byte scankey             :1;              //按键扫描标记
   byte secflg              :1;              //秒标记
   byte                     :2;
   byte RoomAd              :1;              //室温 AD 采样标记
}TimeFlg={0,0,0,0,0};
```

如果想对其中某个位进行操作,则可以通过“结构名.位名”的方式来调用该位,如 TimeFlg.beep,同时可以对该位进行赋值 TimeFlg.beep=1,而且值只能为 1 或 0。

## 1.7　函数

C 源程序是由函数组成的。函数是 C 源程序的基本模块,通过对函数模块的调用实现特定的功能。C 语言中的函数相当于其他高级语言的子程序。用户可把自己的算法编成一个个相对独立的函数模块,然后用调函数完成执行的功能。可以说 C 程序的全部工作都是由各式各样的函数完成的。

应该指出的是,在 C 语言中,所有的函数定义,包括主函数 main 在内,都是平行的。也就是说,在一个函数的函数体内,不能再定义另一个函数,即不能嵌套定义。但是函数之间允许相互调用,也允许嵌套调用。习惯上把调用者称为主调函数。函数还可以自己调用自己,称为递归调用。

main 函数是主函数,它可以调用其他函数,而不允许被其他函数调用。因此,C 程序的执行总是从 main 函数开始,完成对其他函数的调用后再返回到 main 函数,最后由 main 函数结束整个程序。一个 C 源程序必须有,也只能有一个主函数 main。

### 1. 无参函数

无参函数的定义形式如下:

```
类型标识符 函数名()
    ｛声明部分
     语句
     ｝
```

其中,类型标识符和函数名为函数头。类型标识符指明了本函数的类型,函数的类型实际上是函数返回值的类型。该类型标识符与前面介绍的各种说明符相同。函数名是由用户定义的标识符,函数名后有一个空括号,其中无参数,但括号不可少。｛｝中的内容称为函数体。在函数体中声明部分,是对函数体内部所用到的变量的类型说明。

在很多情况下都不要求无参函数有返回值,此时函数类型符可以写为 void。

**【例 1-12】** 初始化函数定义为一个无参函数,代码如下:

```
void Init(void)
｛
    TSC＝tscr_init;
    TMODH＝tmodh_init;
    TMODL＝tmodl_init;              //125μs 溢出中断
    DDRA ＝ ddra_init;
    DDRB ＝ ddrb_init;
    DDRD ＝ ddrd_init;
    KeyEffect ＝ 7;
    CONFIG1＝config1_init;
    CONFIG2＝config2_init;
    second＝0;                      //秒变量
    min＝90;                        //分变量
    Cook_Sec＝0;
    DispFlg＝0;
    HeatTop＝0;
    HeatSide＝0;
    HeatBottom＝0;
    Work_Stage＝0;
    Cook_Min＝0;
    Delay(10000);
    display_init();
    display_init();
｝
```

**2. 有参函数定义的一般形式**

有参函数的定义形式如下:

```
类型标识符 函数名(形式参数表列)
｛声明部分
      语句
｝
```

有参函数比无参函数多了一个内容,即形式参数表列。在形参表中给出的参数称为形式参数,它们可以是各种类型的变量,各参数之间用逗号间隔。在进行函数调用时,主调函数将赋予这些形式参数实际的值。形参既然是变量,必须在形参表中给出形参的类型说明。

【例 1-13】　定义一个函数,用于求两个数中的大数,可写为:

```
byte max(byte a, byte b)
{
   if (a>b) return a;
   else return b;
}
```

第一行说明 max 函数是一个字节型函数,其返回的函数值是一个字节。形参为 a、b 均为字节型变量。a、b 的具体值是由主调函数在调用时传送过来的。在{ }中的函数体内,除形参外没有使用其他变量,因此只有语句而没有声明部分。在 max 函数体中的 return 语句是把 a(或 b)的值作为函数的值返回给主调函数。有返回值函数中至少应有一个 return 语句。

在 C 程序中,一个函数的定义可以放在任意位置,既可放在主函数 main 之前,也可放在 main 之后。

**3. 函数的参数和函数的值**

函数的参数分为形参和实参两种。在本小节中,进一步介绍形参、实参的特点和两者的关系。形参出现在函数定义中,在整个函数体内都可以使用,离开该函数则不能使用。实参出现在主调函数中,进入被调函数后,实参变量也不能使用。形参和实参的功能是作数据传送。发生函数调用时,主调函数把实参的值传送给被调函数的形参从而实现主调函数向被调函数的数据传送。

函数的形参和实参具有以下特点:

① 形参变量只有在被调用时才分配内存单元,在调用结束时,即刻释放所分配的内存单元。因此,形参只有在函数内部有效。函数调用结束返回主调函数后则不能再使用该形参变量。

② 实参可以是常量、变量、表达式、函数等,无论实参是何种类型的量,在进行函数调用时,它们都必须具有确定的值,以便把这些值传送给形参。因此,应预先用赋值、输入等办法使实参获得确定值。

③ 实参和形参在数量、类型、顺序上应严格一致,否则会发生类型不匹配的错误。

④ 函数调用中发生的数据传送是单向的,即只能把实参的值传送给形参,而不能把形参的值反向地传送给实参。因此,在函数调用过程中,形参的值发生改变,而实参中的值不会变化。

函数的值是指函数被调用之后,执行函数体中的程序段所取得的并返回给主调函数的值。对函数的值(或称函数返回值)有以下一些说明:

① 函数的值只能通过 return 语句返回主调函数。

return 语句的一般形式为:

return 表达式;

或者为:

return（表达式）;

该语句的功能是计算表达式的值,并返回给主调函数。在函数中允许有多个 return 语句,但每次调用只能有一个 return 语句被执行,因此只能返回一个函数值。

② 函数值的类型和函数定义中函数的类型应保持一致。如果两者不一致,则以函数类型为准,自动进行类型转换。

③ 如函数值为整型,在函数定义时可以省去类型说明。不返回函数值的函数,可以明确定义为"空类型",类型说明符为"void"。一旦函数被定义为空类型后,就不能在主调函数中使用被调函数的函数值了。例如,在定义 s 为空类型后,在主函数中写下述语句就是错误的。

sum＝s(n);

为了使程序有良好的可读性并减少出错,凡不要求返回值的函数都应定义为空类型。

**4. 函数的调用**

在程序中是通过对函数的调用来执行函数体的,C 语言中,函数调用的一般形式为:

函数名(实际参数表)

对无参函数调用时则无实际参数表。实际参数表中的参数可以是常数、变量或其他构造类型数据及表达式。各实参之间用逗号分隔。

在 C 语言中,可以用以下几种方式调用函数:

① 函数表达式　函数作为表达式中的一项出现在表达式中,以函数返回值参与表达式的运算。这种方式要求函数是有返回值的。例如,z＝max(x,y)是一个赋值表达式,把 max 的返回值赋予变量 z。

② 函数语句　函数调用的一般形式加上分号即构成函数语句,如 Mcu_init();。

③ 函数实参　函数作为另一个函数调用的实际参数出现。这种情况是把该函数的返回值作为实参进行传送,因此要求该函数必须是有返回值的,如 max(f(a),f(b));。

**5. 被调用函数的声明和函数原型**

在主调函数中调用某函数之前应对该被调函数进行说明(声明),这与使用变量之前要先进行变量说明是一样的。在主调函数中对被调函数作说明的目的是使编译系统知道被调函数返回值的类型,以便在主调函数中按此种类型对返回值作相应的处理。

其一般形式为:

类型说明符 被调函数名(类型 形参,类型 形参…);

或为:

类型说明符 被调函数名(类型,类型…);

括号内给出了形参的类型和形参名,或只给出形参类型。这便于编译系统进行检错,以防止可能出现的错误。

在嵌入式 C 语言中,main 主函数之后定义的函数都需要进行声明,实例如下:

```
void Mcu_init(void);
void Main(void)
{
    Mcu_init();
    ...
}
void Mcu_init(void)
{
    ...
}
```

**6. 中断函数**

在 HCS08 C 语言中中断服务程序是用中断函数来实现的。使用中断函数无需声明、无需调用,只要满足了中断条件即可进入中断函数执行函数体。中断函数既没有入口参数也没有返回值,但可以用全局变量来实现。中断函数的定义方法有 3 种。

(1) 用预处理 #pragma TRAP_PROC 定义

这种定义方法分为两步:首先在源程序中定义中断函数,其次在参数文件中指定各中断函数在中断向量表中的地址,即在参数文件中指定一个地址,该地址的内容是中断服务程序入口地址(向量),或者指定中断向量号。

【例 1-14】　用预处理 #pragma TRAP-PROC 定义中断函数,其代码如下:

```
unsigned int intCount = 1;
#pragma TRAP_PROC
void IntFunc(void)
{
intCount++;
}
#pragma TRAP_PROC
void IntFunc2(void)
{
intCount--;
}
#pragma TRAP_PROC
void IntFunc3(void)
{
intCount=intCount * 5;
}
```

#pragma TRAP_PROC 仅对紧跟着它的函数有效,通知编译器位于它下面的函数是中断函数,其返回指令是 RTI,而不是 RET,因此每个中断函数前面都必需有这个预处理。

在参数文件中要加入以下内容:

```
VECTOR ADDRESS 0xFFF0 IntFunc1        /* 0xFFF0 包含 IntFunc1 的地址 */
VECTOR ADDRESS 0xFFF2 IntFunc2        /* 0xFFF2 包含 IntFunc2 的地址 */
```

```
VECTOR ADDRESS 0xFFF4 IntFunc3          /* 0xFFF4 包含 IntFunc3 的地址 */
```

（2）用关键字 interrupt

格式为：

```
interrupt <函数名>       /* 在参数文件中指定中断类型号 */
{
...                      /* 代码 */
}
```

关键字 interrupt 通知编译器位于它后面的函数名是中断函数，同样也要在参数文件中指定各中断函数在中断向量表中的地址，或者指定中断向量号。

例如，

```
interrupt IntFunc2( )
{
...
}
```

在参数文件中加入 VECTOR ADRESS 0xFFF2 IntFunc2。

（3）用关键字 interrupt 和中断向量号

格式为：

```
interrupt <中断向量号> <函数名>
{
...                            /* code */
}
```

这种定义方法的关键字 interrupt 通知编译器位于它后面的函数名是中断函数，且通过中断向量号指定了各中断函数在中断向量表中的地址。这种方法就不再需要修改参数文件，移植性较好。

中断向量号与中断向量表地址的对应关系如下：复位向量为 0 号位于地址 0xFFFE，1 号紧跟着 0 号，位于地址 0xFFFC，其余依此类推。

另外用预处理命令 #pragma TRAP_PROC：SAVE_REGS 可以确保在中断函数中，所有 CPU 寄存器或编译器使用的伪寄存器内容不会被中断函数破坏。

定时器溢出中断的中断号为 6，因此用 interrupt 表示下列程序为中断程序，用 6 表示定时器溢出中断。

```
void interrupt 6 TimISR(void)
{
...
}
```

# 1.8 指针

### 1. 变量的指针与指针变量

变量的指针就是变量的地址。指针变量是一种特殊类型的变量，它是用于专门存放地址的。

（1）指针变量的定义

定义形式：基类型　*指针变量名；

**注意**：指针变量前的"*"，表示该变量的类型为指针型变量，"*"后的才是指针变量名。在定义指针变量时必须指定其类型。

（2）指针变量的引用

指针变量只能存放地址，不要将一个整型量（或其他任何非地址类型的数据）赋值给一个指针变量。

如，byte ＊a；

a 此时作为一个指针，它的值是一个内存地址，其指向的变量是个单字节变量。

**2．两个相关运算符**

与指针相关的运算符有取地址运算符和指针运算符。

- ＆：取地址运算符，可以获取某个变量的地址。
- ＊：指针运算符，获取某个指针变量所指向的变量的值。

关于 ＆ 和 ＊ 运算符的说明如下。

假设已执行 pointer_1＝&a；

① ＆ ＊ pointer_1 含义是什么？

＆ ＊ pointer_1 与 &a 相同，即变量 a 的地址。

② ＊&a 的含义是什么？

先进行 &a 运算，得到 a 的地址，再进行 ＊ 运算。

＊&a、＊pointer_1 及变量 a 等价。

③（＊pointer_1）＋＋ 相当于 a＋＋，它与 ＊pointer_1 ＋＋ 不同。

④ ＊pointer_1 ＋＋ 等价于 ＊(pointer_1 ++)，即先进行 ＊ 运算，得到 a 的值，然后使 pointer_1 的值改变，这样 pointer_1 不再指向 a 了。

**3．指针变量作为函数参数**

函数的参数不仅可以是整型、实型、字符型等数据，还可以是指针类型，它的作用是将一个变量的地址传送到另一个函数中。如果函数的形参不是指针型变量，则称为值传递的参数。如定义了如下函数：

```
void max(byte a, byte b)
{
    byte t;
    if (a>b)
    {
        t=a;
        a=b;
        b=a;
    }
}
```

调用时，使用语句：

```
x＝5;y＝4;
max(x,y);
```

函数调用时,a 和 b 分别赋值为 5 和 4,在函数体中,经过计算 a＝4,b＝5,但是由于函数调用结束 a 和 b 所占的内存就会被销毁,对于 x 和 y 的值无任何影响,其值仍旧为 5 和 4,此时若要求对 x 和 y 的值也有所改变则要使用地址传递参数的方法。函数可定义如下:

```
void max(byte ＊a, byte ＊b)
  {
    byte ＊t;
    if ( ＊a＞＊b)
    {
      ＊t＝＊a;
      ＊a＝＊b;
      ＊b＝＊a;
    }
  }
```

调用时:

```
x＝5;y＝4;
max(&x,&y);
```

**4. 数组指针**

所谓数组的指针是指数组的起始地址,数组元素的指针是数组元素的地址。

引用数组元素可以用下标法(如 a[3]),也可以用指针法,即通过指向数组元素的指针找到所需的元素。使用指针法能使目标程序质量高(占内存少,运行速度快)。

(1) 指向一维数组的指针

定义形式:

```
byte a[10];
byte ＊p;
p＝&a[0];
```

或 p＝a;

含义:把数组的首地址赋给指针变量 p。

也即:byte ＊p＝&a[0];

或 byte ＊p＝a;

(2) 通过指针引用数组元素

按 C 语言的规定,如果指针变量 p 已指向数组中的一个元素,则 p+1 指向同一个数组中的下一个元素(而不是简单地加 1)。

如果 p 的初值为 &a[0],则 p+i↔a+i↔&a[i],即指向 a 数组的第 i 个元素。

＊(p+i)↔＊(a+i)↔a[i]

指向数组的指针变量也可以带下标,如 p[i]与＊(p+i)等价引用数组元素时,可以用:

① 下标法,如,a[i]。

② 指针法,如,＊(a＋i)或＊(p＋i)。其中,a 是数组名,p 是指向数组的指针。

注意指针变量的运算,如果 p 指向数组 a 的首个元素,则:

① p++(或 p+＝1),使 p 指向下一元素 a[1]。

② ＊p++ 等价 ＊(p++),作用是先得到 p 指向的变量的值(即 ＊p),然后再使 p+1→p。

③ ＊(p++)与＊(++p)不同,前者为 a[0],后者为 a[1]。

④ (＊p)++表示 p 指向的元素值加 1,即(a[0])++。

# 思考与练习

以下练习,均以附录 B 的硬件电路为基础完成。

1. 新建一个工程,在 main 函数中,for(;;)之前完成初始化语句:

(1) 按照图 1-7 进行端口初始化;

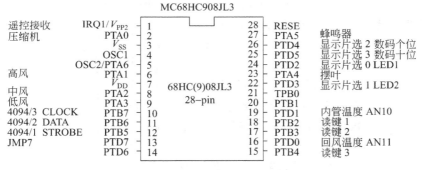

图 1-7　管脚分配图

(2) 添加常量定义:

♯define config1_init 0x01
♯define config2_init 0x10

在端口初始化之后添加代码:

CONFIG1＝config1_init;
CONFIG2＝config2_init;

(3) 在上述语句之后设置定时器相关寄存器,使得 1s 可以中断 8000 次;屏蔽 _RESETWATCHDOG 语句。

(4) 在程序最后空白处添加:

```
/*===========其他的中断发生时立即返回==========*/
interrupt 15 void Timer15_Interrupt(void) { ;}
interrupt 14 void Timer14_Interrupt(void) { ;}
interrupt 13 void Timer13_Interrupt(void) { ;}
```

```
interrupt 12 void Timer12_Interrupt(void) { ;}
interrupt 11 void Timer11_Interrupt(void) { ;}
interrupt 10 void Timer10_Interrupt(void) { ;}
interrupt 9 void Timer9_Interrupt(void) { ;}
interrupt 8 void Timer8_Interrupt(void) { ;}
interrupt 7 void Timer7_Interrupt(void) { ;}
interrupt 5 void Timer5_Interrupt(void) { ;}
interrupt 4 void Timer4_Interrupt(void) { ;}
interrupt 3 void Timer3_Interrupt(void) { ;}
interrupt 2 void Timer2_Interrupt(void) { ;}
```

2．使用位运算，若使得 PTA 端口的其他管脚电平不变，第 5 脚置 0，如何运算？PTA 端口的其他管脚电平不变，第 5 脚置 1，如何运算？PTA 端口的其他管脚电平不变，第 5 脚取反，如何运算？

3．在第 1 题基础上，主程序中 for(；；){ }的大括号中为死循环程序，在该段程序中添加响蜂鸣程序。蜂鸣器为无源蜂鸣器，必须输出固定频率的脉冲才能驱动蜂鸣器。

4．在第 3 题基础上，编写程序使得蜂鸣器鸣叫一段时间后停止鸣叫。

5．修改响蜂鸣程序，通过循环语句完成蜂鸣器鸣叫的功能。

6．在第 5 题基础上将寄存器的初始化用 Mcu_init 函数表示，将蜂鸣器鸣叫程序用 Beep_Ctrl 程序表示，完成原有功能。

7．现有如下函数，可以将 serial_val 形参传送至 4094 的并口，当 serial_val 取图 1-8 中第三列 (7d,18,b5,…,f9)数值的反码时，可在数码管上显示 0 到 9 的数字，当选通 PTD4 时（PTD4 送高电平）数字显示在十位数码管，当选通 PTD5 时（PTD5 送高电平）数字显示在个位数码管。编写程序完成数码管个位显示 3。

```
%01111101 ;0  7d ;
%00011000 ;1  18 ;
%10110101 ;2  b5 ;
%11011001 ;3  b9 ;
%11011000 ;4  d8 ;
%11101001 ;5  E9 ;
%11101101 ;6  ed ;
%00111000 ;7  38 ;
%11111101 ;8  fd ;
%11111001 ;9  f9
```

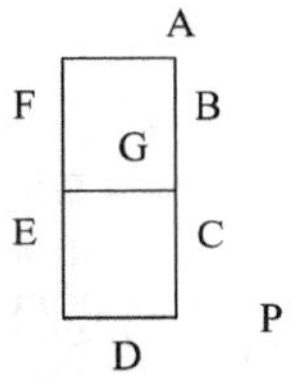

图 1-8　4094 段码图

```
/*========== 4094 送显示段码子函数 ==========*/
void Dsp_seg(byte serial_val)               //由高位至低位向 4094 送数据
{
    byte i;
    e_strobe=0;
    for(i=0;i<8;i++)
      {
        e_clk=0;
        if((serial_val&0x80)==0) e_data=0;
          else e_data=1;
        e_clk=1;
        serial_val<<=1;                     //送完一位左移一次
      }
    e_strobe=1;
}
```

8. 在 7 题基础上,编写一个延时函数,然后调用延时函数,以显示"25",要求数码管显示时不能闪烁,调整延时函数的延时时间,观察数码管显示现象的变化。

9. 将图 1-7 的编码放入数组 Num_Dsp_tab 中,使得显示数字 N 时,传送数组 Num_Dsp_tab 的第 N 个元素的反码即可。

10. 题 9 的基础上,加入定时器中断函数,建立 2ms、1s 平台,每 2ms 换数码管片选,送相应段码,数码管上显示 0 到 59s 计时,蜂鸣器上电响 250ms。

11. 在题 10 的基础上,调用数组元素时,用指针代替下标法,调用相应数组。

# 第 2 章

# 认识电饭锅

知识点：
- 机械式电饭锅的基本结构。
- 机械式电饭锅的工作原理。
- 电饭锅电控器的硬件结构。
- 电饭锅电控器的基本控制功能。

技能点：
- 能正确拆装电饭锅。
- 能分析电饭锅的控制电路。
- 能测量并且计算电饭锅相关参数。

## 2.1　机械式电饭锅

　　电饭锅又称作电饭煲，是利用电能转变为热能来加热食物的炊具，它使用起来方便快捷、清洁卫生、节约能源，具有对食品进行蒸、煮、炖、煨等多种操作功能，现在已经成为日常必备家用电器。电饭锅的发明缩减了很多家庭花费在煮饭上的时间，而世界上第一台电饭锅，是由日本人井深大郎的东京通信工程公司于 20 世纪 50 年代发明的。当前国内市场上常见的电饭锅可分为机械式电饭锅和微电脑控制式电饭锅。

### 1. 机械式电饭锅的基本结构

　　图 2-1 所示为一款典型的机械式电饭锅的外形图。机械式电饭锅由锅盖、外壳、内锅、发热盘及控制电路组成，利用发热盘在铝质内锅的底部加热煮饭。锅盖是用 1～1.2mm 厚的铝板与注塑件做成，锅盖上开有水汽泄放孔，有的锅盖中央是一块钢化玻璃，用来观察锅内煮饭的状态，锅盖与外壳用密封胶卷制成一体，具有很好的密封性，且易开合。外壳由冷轧钢板拉伸而成，外面套上塑料外壳，塑料外壳喷涂漂亮的塑胶漆层。外壳设有保温层，可以较长时间保持锅内食物的温度。内锅是用 1～1.5mm 厚的铝板制成碗状锅，也称内胆或锅胆。内锅和锅盖都经过阳极氧化处理。为了使得发热盘有较高的热效率，内锅的锅底做成球面型，其球面的弧状和大小必须和锅底一样，使内锅和发热盘有最大的接触面，同时能实现较好的接触，使热量传递良好。底座通常用厚度为 1mm 的薄锅板制成，表面电镀锌并钝化，用以进行防氧化腐蚀保护。

机械电饭锅的电路原理图如图 2-2 所示,主要由发热盘(电热丝)、磁性限温器与杠杆开关、保温开关、热熔断器(限温电阻)、指示灯 L 和插座等组成。

图 2-1　机械式电饭锅

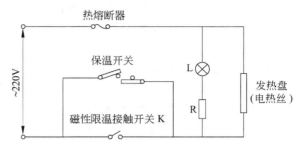

图 2-2　机械电饭锅的电路原理图

(1) 发热盘

发热盘是电饭锅的关键部件之一。发热盘是把管型电热元件熔铸在铝合金中做成的。它的这种结构既能保证良好的导热性能,又有良好的机械强度,可以保证有足够的强度承受内锅及米饭的重量而不变形,同时,延长电热元件的使用寿命。电热元件是在圆形金属管内安装电热丝并填充氧化硅等绝缘材料绝缘,然后再弯成圆圈或其他形状,这样既保证发热盘能够导热,而又不会漏电,不会危害到用户的使用安全。发热盘的电热丝是由磁性限温器与杠杆开关、保温开关、热熔断器(限温电阻)控制的。

(2) 磁性限温器与杠杆开关

磁性限温器的结构图如图 2-3 所示,磁性限温器处于断电状态。

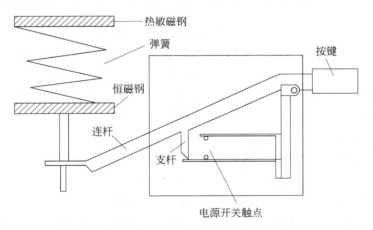

图 2-3　磁性限温器(处于断电状态)

在机械电饭锅的控制电路中,磁性限温器是控制煮饭温度的元件。磁性限温器有两块磁钢,分为上下两块,用弹簧连接。上面的磁钢是热敏磁钢,下面的磁钢是恒温钢。恒磁钢下面连接一个杠杆式的连杆,连杆的一端是一个按键,连杆的中间有一个支杆,这个支杆用于作为开关电源开关的触点。热敏磁钢是由镍锌铁氧化体组成,也称软磁钢。它在一定的温度下具有磁性,而当温度上升达到某一数值的时候,就会失去磁性。恒磁钢即是永久磁钢,由铁氧体组成,也称硬磁钢,它对温度不敏感。在电饭锅中恒磁钢限温器中的热敏磁钢的居里动作温度设定为(103±2)℃。当温度达到(103±2)℃时,热敏磁钢就会失去磁性,而在这个温度以下,则具有磁性。

磁性限温器的动作过程如下:热敏磁钢靠近内锅底部,当按下按键,并且内锅底部温度低于(103±2)℃时,连杆往上提,恒磁钢也往上提,热敏磁钢和恒磁钢叠合在一起,弹簧在热敏磁钢和恒磁钢中间被压缩储存弹性能,同时支杆也往上提,电源开关触点闭合,通电加热煮饭;当内锅底部温度高于(103±2)℃时,热敏磁钢失去磁性,在热敏磁钢和恒磁钢中间被压缩弹簧释放弹性能,恒磁钢被往下推回原位,连杆也被往下推,同时支杆也往下压,电源开关触点分离,断电停止加热煮饭。

(3)保温开关

保温开关又称双金属片恒温器。它由一个弹簧片、一对常闭触点、一对常开触点和一个双金属片组成。煮饭时,锅内温度升高,由于构成双金属片的两片金属片的热伸缩率不同,结果使双金属片向上弯曲。当温度达到80℃以上时,在向上弯曲的双金属片推动下,弹簧片带动常开与常闭触点进行转换,从而切断发热管的电源,停止加热。当锅内温度下降到60℃以下时,双金属片逐渐冷却复原,常开与常闭触点再次转换,接通发热管电源,进行加热。如此反复,即达到保温效果。

(4)杠杆开关

该开关完全是机械结构,有一个常开触点。煮饭时,按下此开关,给发热管接通电源,同时给加热指示灯供电使之点亮。饭煮好时,限温器弹下,带动杠杆开关,使触点断开。此后发热管仅受保温开关控制。

(5)热熔断器

热熔断器(又名限温电阻、温度保险丝)外观呈金黄色或白色为多,大小与轴向结构的3W电阻器相似,安装在发热管与电源之间,起着保护电饭锅因控制失效而引起发热管一直加热,造成电饭锅内温度过高而必须切断电源的作用。热熔断器的本质就是热熔断温度保险丝。常用的热熔断器有185℃/250V/5A或175℃/250V/10A(根据电饭锅功率而选定)。热熔断器是保护电饭锅内温度不超温运行的关键元件。它是一个安全保护装置。

**2. 机械式电饭锅的基本功能**

机械电饭锅有煮饭控温和自动保温这两种工作状态。

煮饭控温是由磁性限温器进行控制的。在接上电源之后,把按键按下,则磁性限温器的连杆把恒温磁钢向上推。这时,弹簧就会被压缩,恒磁钢就会被推向前,接近热敏磁钢,最后两者吸合。由于两者的吸引力大于弹簧的弹力,所以用户放松按键时,两块磁钢仍会吸合不放。由于连杆被吸向上部,则它的支杆放松电源触电开关,使电源触电开关接合。因此,电源接通加热元件,进行加热煮饭。当加热使米饭达到规定的(103±2)℃的温度时,磁性限温器中的热敏磁钢就会失去磁性。在弹簧的弹力推动下,热敏磁钢和恒磁钢就会分离,恒磁钢下跌而恢复原来的位置。这时,连杆中的支杆把电源触点推动分离,断开电源,开关不能自动恢复接通,饭锅的温度会继续下降。在饭锅温度下降时,即使温度降到热敏磁钢恢复了磁性,但因两块磁钢之间的距离较大,它们无法吸合,所以,触电开关是无法恢复接通的。此后,如果用户不按按键,那么,电饭锅依靠双金属片恒温器执行保温过程。

保温时,在温度下降到 60℃ 时,双金属片就会恢复平直而接通触点,使加热元件继续恢复加热。一旦温度高于 80℃,双金属片又弯曲使触点断开,加热元件停止加热,温度又重新下降,如此不断重复这个过程,双金属片不断处于开和关状态,所以就能使电饭锅恒温于 60℃ 左右。由于双金属片的弯曲不是十分灵敏,并且,温度的变化也有一定的惰性,故一般可使电饭锅保温于 60～80℃ 之间。

## 2.2　微电脑控制式电饭锅

随着人民生活水平的提高和科学技术的发展,对于家用电器的功能需求也越来越多种多样,使用电饭锅不光要求能够煮饭,还要求具有煮粥、煲汤、烤蛋糕、蒸煮等其他烹饪功能,传统的机械式电饭锅已经不能满足人们需要,微电脑控制式电饭锅应运而生。

如图 2-4 所示微电脑控制式电饭锅是一款典型的微控制电饭锅,通过人机界面,可以进行人机交互,用户通过按键可以设定各种烹饪功能,电饭锅通过液晶显示器和蜂鸣器等输出装置向用户提示电饭锅的工作情况。

顾名思义,微电脑控制式电饭锅是由微处理器来控制电饭锅的工作过程。就电控部分而言,它由电源电路和控制电路组成,主控电路与热敏电阻组成控制回路。主控电

图 2-4　微电脑控制式电饭锅

路实现两种功能,一是采集热敏电阻传送回来的温度值,微电脑根据传送回来的温度值进行判断,确定执行功能;二是依据用户选择的工作方式,控制加热电源的继电器的工作方式,从而改变对电热盘电源接通或断开的控制。

微电脑电控器控制的电饭锅的锅体结构如图 2-5 所示,包括盛米的内锅、内盖、外壳、

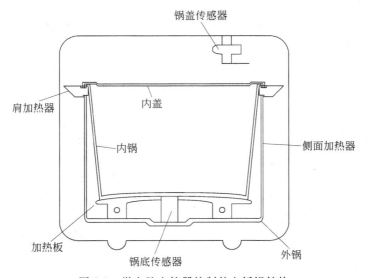

图 2-5　微电脑电控器控制的电饭锅结构

加热板、锅底传感器等。金属内锅层及具有保温功能的外壳紧密结合成一个可以保温的外锅体,它能保证发热盘的热量绝大部分热量用于对米饭的加热,只有少量热量被锅体吸收或泄漏于外界环境。锅底传感器用于检测温度。它可以检测室温及水温的初始值、水温在加热时的即时值、内锅的温度变化率等。

**1. 关键构件**

（1）内胆

内胆是电饭锅直接接触米饭的部分,因此不同材料和结构的内胆对米饭营养价值的影响不相同。内胆的内壁由铝合金层基体和喷涂的复合层组成。其形状如图 2-6 所示。

有的电饭锅内胆只是在铝合金层基体上喷涂简单的复合层。简单的复合层薄,容易划破和成块脱落露出铝合金层。此种电饭锅内胆价格低,但品质差,烹饪时对保持烹饪食物的营养有一定影响,特别是铝离子很容易进入烹饪的食物再进入人体,过度摄入铝对人体有害。

高品质的电饭锅的内胆采用 4 层结构,涂层厚而硬,不易划破和脱落,抗污粘性能优良。内胆由内而外各层分别是不粘涂层、硬质氧化层、铝合金层、硬质氧化层。其中,不粘涂层能确保做饭不烧焦,营养不损失;双硬质氧化层则有利于长期安全使用;铝合金层是内胆基体,刚性好,质量轻。这样的涂层结构保证内胆经久耐用,又抗粘污,受热均匀,食物营养不流失,能更好地煮饭并保持营养。

图 2-6    内胆（俗称饭锅、内锅）

内胆的容积大小是用能装多少升水来衡量的。通常容积有 3L、4L、5L 等,容积越大,能煮的东西越多。

（2）加热盘

电饭锅加热盘是给内胆加热煮熟食物的发热源。高档的微电脑控制式电饭锅使用了三个加热盘,分别位于锅体的底部、内侧和顶部。给内胆底部加热的发热盘叫主加热盘（或叫底加热盘）,如图 2-7 和图 2-8 所示;给内胆侧面加热的叫侧加热盘（或叫副加热盘）,如图 2-9 所示;放置于顶盖内的加热盘叫保温加热盘,也叫顶加热盘、肩加热盘,如图 2-10 所示。

图 2-7    底加热盘底面

图 2-8    底加热盘上面

图 2-9　侧加热盘（副加热盘）

图 2-10　顶加热盘（肩加热盘）

底加热盘是由盘体和发热管组成的。盘体采用铸铝或铝合金制成，在盘体底面设置环形或四根以上带字的一体发热管。这种结构能有效解决发热盘的变形、裂纹和熔塌等缺陷，提高导热效率，大大提高发热盘的使用寿命，并能提高电饭锅的热效率，节约能源。主加热盘的功率，小的几百瓦，大的几千瓦，一般超过 1.5kW 的电饭锅就采用三相供电。

另外，电饭锅发热盘的盘体也可采用铸铜或铜合金制成，能大大提高导热效率，提高电饭锅的热效率，能大大减少发热盘的变形、裂纹和熔塌等缺陷，提高发热盘的使用寿命。铜发热盘的盘体价格较贵。

侧加热盘和顶加热盘一般是由电阻丝和丝外覆盖以耐温的聚四氟乙烯保护层制成，其功率一般小的为几十瓦、二三百瓦，大的为一二千瓦。

（3）温度保险丝

温度保险丝又名热熔断保险丝、热熔断器，是一种不可复位的一次性保护元件，串入各种电器电源输入端，贴近发热体，其作用为过热保护。当使用中的家用电器出现不正常的高温度，或温控失灵导致温升过高时，热熔断器迅速分断电路，其外形如图 2-11 所示。

热熔断器的主要特性参数如下：

① 额定工作温度（Rated Functioning Temperature）

在标准规定条件下，热熔断体改变其导电状态的温度。IEC/UL 标准规定在额定值的 $0 \sim -10$℃ 范围内动作。UL 标准中简称为 TF，IEC/TUV 标准中简称为 Tf。

② 实测断开温度（Fuse temperature）

使热熔断器通过 0.01A 以下电流，把热熔断器浸没在每分钟以 $0.25 \sim 0.5$℃ 温度速率升高的油池中，油温升高至某一温度，温度保险丝（热熔断体）断开，此时的油温温度称为温度保险丝实测断开温度。

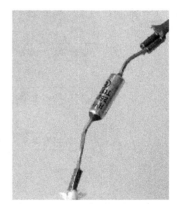
图 2-11　热熔断器（250V/10A/172℃）

③ 最高极限温度（Maximum Temperate Limit）

温度保险丝（热熔断体）已改变导电状态，但在规定时间内其机械和电气性能不受破坏的情况下，温度保险丝（热熔断体）所能维持工作状态的最高温度称为最高极限温度。UL 标准中简称为 TM，IEC/TUV 标准中简称为 Tm。

④ 保持温度（Holding Temperature）

在温度保险丝（热熔断体）中通以额定电流，在最高温度环境中能够连续维持 168h 工作状态的温度称为保持温度。在 UL 标准中简称为 TH ，IEC/TUV 标准中简称为 TC 。

表 2-1 是热熔断器的技术参数与应用简表。从表中可以看出，热熔断器作为过热保护装置，在工业电器、家用电器、电动工具、电机、变压器和照明电器等电器中的应用很广泛。

**表 2-1　热熔断器的技术参数与应用简表**

| 熔断器类型 | 额定电压/V | 额定动作温度 | 额定电流/A | 应　用 |
|---|---|---|---|---|
| 复合型热熔断器 | 250 | 70～250℃ 每5℃为一档次 | 1～20 | 用于电饭锅、电烤炉、电炒锅、电熨斗、电咖啡壶、干洗机、洗衣机、燃气热水器、彩电、照相机等电器中作为过热保护装置 |
| 低熔点合金型热熔断器 | 250 | 55～185℃ 每5℃为一档次 | 2、5、10 | |
| 化合物型热熔断器 | 250 | 55～320℃ 每5℃为一档次 | 3、5、10 | 用于工业电器、家用电器、电动工具、微型电机、小型变压器和照明电器等电器中作为过热保护装置 |

### 2. 控制器控制电路

微电脑控制式电饭锅的控制电路按照图 2-12 所示控制框图进行设计，电路包括 7 个部分，即单片机电路、电源及稳压电路、键盘输入电路、蜂鸣报警电路、LED 显示电路、温度检测电路及功率驱动电路。在进行电路设计时，一般会将电源处理、外部信号驱动和读取的电路制成一块 PCB 板（印制电路板），将控制电路及人机界面电路制成一块 PCB 板。

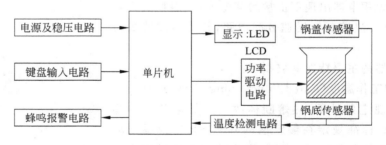

图 2-12　单片机控制框图

本教材使用微控制器 68HC08JL3 芯片作为控制核心，按照附录 A 实现控制板电路图设计。芯片管脚及相关知识可参照参考文献 2，该控制板包括外部接口电路、LED 显示电路、液晶显示电路、按键部分电路和单片机工作电路。

① 单片机工作电路

单片机工作电路如图 2-13 所示，芯片使用了 8MHz 的晶振，经过 4 分频，形成 2MHz 的总线时钟。

② 外部接口电路

CON7 将控制板与外部电路连接，如图 2-14 所示外部电路提供了信号地、+5V 电

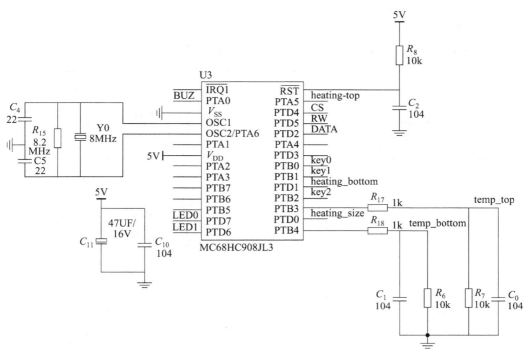

图 2-13　单片机工作电路

源、电饭锅底部温度信号、顶部温度信号。通过该接口,单片机发送侧加热盘、底加热盘、顶加热盘控制信号。

③ LED 显示电路

两个 LED 显示,分别显示"保温"和"开始",如图 2-15 所示。

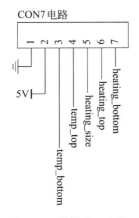

图 2-14　外部接口电路

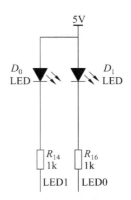

图 2-15　LED 显示电路

④ 液晶显示电路

液晶显示电路如图 2-16 所示,由于 JL3 芯片本身不具备 LCD 驱动功能,因此使用了 HT1621 驱动位段式液晶的显示,显示的内容为烹饪时间(或者当前的时间)以及当前执行的烹饪功能。

⑤ 按键部分

按键部分电路如图 2-17 所示，三个按键进行功能设定。

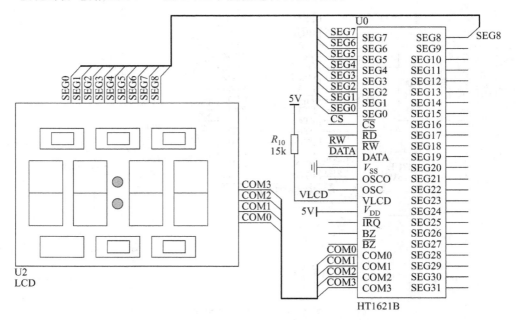

图 2-16　液晶显示电路

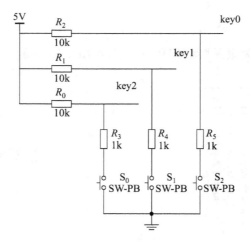

图 2-17　按键电路

电源处理电路则用另外一块 PCB 板完成，可执行以下功能：

① 由 220V 交流电源经整流稳压滤波后得到 5V 电源，供给控制板等各功能电路，电源整流稳压电路如图 2-18 所示。

② 从控制板得到侧加热盘、底加热盘、顶加热盘控制信号，加热控制继电器控制执行电路，其电路见图 2-19。

③ 从外部电路得到的锅盖、锅底温度信号,其电路见图 2-19。

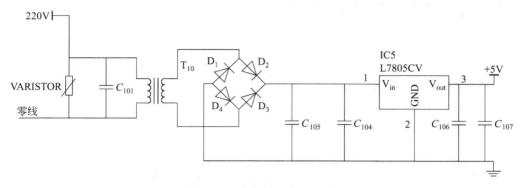

图 2-18 电源整流稳压电路

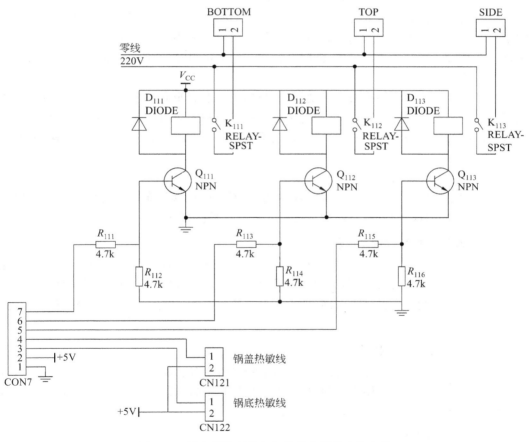

图 2-19 继电器控制执行加热及热敏线连接电路

在进行电路安装时,要特别注意的是,如果采用了液晶显示器,则要将液晶显示器远离加热体。因为液晶显示器的正常工作温度有所限制,通常这一温度不超过 70℃,若接近锅体,则很有可能导致其工作不正常。

## 2.3    微电脑控制式电饭锅的功能说明

由于使用了多个温度传感器读取温度信号,使用了控制程序来实现各种烹饪功能,因此微电脑控制式电饭锅可以实现多种多样的功能。当前,市场上常见的多功能智能电饭锅基本可以实现以下功能。

**1. 电饭锅的煮、煲、烤、微加热食物功能**

（1）煮饭

煮饭功能分为快煮饭、精煮（又称标准煮）饭等功能。

精细煮饭功能是把米和水的混合物从常温一直加热到 60℃ 左右,然后在此水温下浸泡 5～15min 不等,再加热到设定温度限值,把饭煮熟。精细煮饭功能煮成的饭松软,较可口。但煮饭时间较长,一般会维持在 1h 左右。

快煮功能是把米和水的混合物从常温一直加热到设定温度限值,把饭煮熟。电饭锅在精煮的基础上添加了快煮的功能,是为了解决用户需要快速煮饭的需求,有时用户无法等待一个小时的时间来完成煮饭,此时通过快煮功能可以在 30min 内完成煮饭的功能。

（2）煮粥及煲汤功能

由于微电脑式电饭锅有两个温度传感器进行控制,因此可以完成机械式电饭锅无法完成的煮粥及煲汤功能,通过对锅盖的传感器的读取和加热的控制可以防止溢出,程序设计时把加热的温度限值设定在 100℃（大气压强为 101.3kPa 时）,使得水微沸腾,即可完成此功能。

（3）其他蒸煮功能

为了满足一部分用户的特别喜好,微电脑控制式电饭锅设定了煮煲仔饭、蛋糕、再加热、保温、蒸煮、泡饭等烹饪功能,用户可以依自身喜爱使用这些功能。

**2. 预约定时时间（24h 制）设定**

预约时间是用户想什么时候有饭吃,就可以在 24h 之内设定饭煮熟的时间,这一功能对忙碌的上班一族最适用,早晨出门时就可以把晚饭时间设定,下班回到家就可饱腹。

预约时间一般为烹饪结束时间,即设定好预约时间后（一般在该时间之前应当结束烹饪）,进入保温状态。

**3. 传感器开短路保护功能**

当锅盖或者锅底热传感元件发生开路或者短路故障时,执行电路切断加热盘电源,停止加热盘工作。报警功能驱动警报电路蜂鸣,向用户告知电饭锅有故障,同时在液晶上显示故障代码,告知用户故障类型,以便维修。

**4. 掉电保护功能**

微电脑控制式电饭锅可以在外部停电之后保存烹饪信息,等再次通电之后继续原来烹饪过程,无须用户重新设定。

**5. 开机自检功能**

微电脑控制式电饭锅可以通过某些操作进入自检工作模式,在自检工作模式中,通过软件程序的设计,让单片机检查的各输出元件工作功能是否正确。通常自检工作模式只是厂家为了自行测试而设置的,产品说明书上并不作说明,不提供用户使用。

开机自检功能在智能家电中应用非常广泛,有的在开机时演示给用户观看,有的只给厂家在生产中作功能测试用。这种功能是否提供给用户要看产品种类和市场需求而定。

本教材中,对于电饭锅重点讲述的是各烹饪功能的实现,关于其他功能,读者若感兴趣,可以自行完成,教材不作过多讲述。对于每个烹饪功能的实现,其具体的显示及按键功能的处理在以后各章节中将进行详细描述。

# 2.4　实训任务:拆卸与重装电饭锅

**1. 实训目的**

通过本次实训,让学生了解电饭锅的基本结构,能正确地拆装电饭锅,会分析电饭锅各功能电路,并能测量和计算相关参数。

**2. 知识要点**

(1) 加热盘功率计算方法,参考下式:

$$P = \frac{U^2}{R}$$

(2) 电饭锅拆卸与重装注意事项:

① 电饭锅在不带电的情况下拆装。

② 安装时,拆下来的结构件、螺钉、螺母必须安装回原位,不能够随便安装。

③ 拆卸与重装时注意工业清洁卫生,不要弄脏内锅,不要玷污电路板,不要折断接线端子。

④ 重装时注意安全标贴必须贴回原位置。

⑤ 拆卸与重装时注意不要划伤或玷污电饭锅表面。

**3. 实训任务**

① 请将电饭锅拆开,将螺钉收好,将控制板、驱动板拆除。

② 测量各个加热盘电阻值,计算加热盘功率。

③ 按照电路图提示,用万用表分析排线信号,并标示清楚。

④ 把电饭锅原控制器板取下,更换上 JL3 芯片控制器控制板,并重新把电饭锅组装完好。

**4. 实训器材**

① 原装电饭锅。

② 基于 JL3 芯片的控制器。

③ 万用表一个。

④ 一字形螺钉旋具($50 \times 0.4 \times 2.5$、$150 \times 1 \times 6.5$)各一把;十字形螺钉旋具(槽号 1♯、2♯、3♯)各一把。

⑤ 电工刀(A 型)一把,克丝钳(180mm)一把,带刃尖嘴钳(160mm)一把。

⑥ 电烙铁(220V、50W)一把。

**5．实训准备**

两位学生一组,每组一套实训器材。

**6．实训课时**

2课时。

**7．实训步骤**

① 将电饭锅倒置于桌上,将外壳所有螺钉拆除后,用手掌轻轻撞击外盖与煲体结合处,直到将外盖击落,然后将控制板和驱动板都拆除下来,将拆除的螺丝放好。

② 使用万用表的电阻挡测量底加热盘、侧加热盘、顶加热盘的电阻,注意三个加热盘的电阻差别较大,因此要根据测量的值调整万用表挡,以便能测量精确阻值。

③ 分析驱动板电路,首先从电源信号的输入端开始分析,确定连入端口的 5V 和 GND 直流信号在哪个端子;然后分析热敏线电路,确定锅盖和锅底热敏线分别连入了哪个端子;最后分析加热盘驱动电路,确定三个继电器连入的端子。

④ 将以后实训所用的基于 68HC08JL3 单片机控制的控制板与驱动板连接起来,控制板引到电饭煲体外,将驱动板、外壳重新装好。注意要将螺钉装回原位,不能混用,否则拆装次数多了之后,会出现螺纹滑丝现象。

**8．实训习题**

① 底加热盘电阻_____,220V 工作时,底加热盘功率为_____。

侧加热盘电阻_____,198V 工作时,侧加热盘功率为_____。

顶加热盘电阻_____,242V 工作时,顶加热盘功率为_____。

② 分析控制板、驱动板电路,控制板与驱动板连接端口中,从第一到第七个端口分别为什么信号?

# 思考与练习

1. 电饭锅控制器的单片机端口按照图 2-20 设置,则输入端口是_____,输出端口是_____。

|  | 7 | 6 | 5 | 4 | 3 | 2 | 1 | 0 |
|---|---|---|---|---|---|---|---|---|
| PORTA | …… | …… | 顶加热 |  |  |  |  | 蜂鸣器 |
| PORTB |  |  |  | 底温度 | 顶温度 | 按键三 | 按键二 | 按键一 |
| PORTD | LED红 | LED绿 | WR | CS |  | DATA | 底加热 | 侧加热 |

图 2-20 单片机端口设计图

2. 按照题 1 的设置,在上电时,若不按开机键,则全部加热盘不加热,LED 均不亮。按照如上要求,DDRA 应设置为_____,PORTA 应设置为_____,DDRB 应设置为_____,PORTB 应设置为_____,DDRD 应设置为_____,PORTD 应设置为_____。

3. 图 2-21 所示 A、B、C 三种管脚设计方案中,哪种可行? 如果不可行,请简述原因。

| | 7 | 6 | 5 | 4 | 3 | 2 | 1 | 0 |
|---|---|---|---|---|---|---|---|---|
| PORTA | …… | …… | 顶加热 | | | | | 蜂鸣器 |
| PORTB | | | | | 顶温度 | 按键三 | 按键二 | 按键一 |
| PORTD | LED红 | LED绿 | WR | 底温度 | CS | DATA | 底加热 | 侧加热 |

(a) A 设计方案

| | 7 | 6 | 5 | 4 | 3 | 2 | 1 | 0 |
|---|---|---|---|---|---|---|---|---|
| PORTA | …… | …… | | 底温度 | 顶温度 | | | |
| PORTB | | | | | 蜂鸣器 | 按键三 | 按键二 | 按键一 |
| PORTD | LED红 | LED绿 | WR | CS | 顶加热 | DATA | 底加热 | 侧加热 |

(b) B 设计方案

| | 7 | 6 | 5 | 4 | 3 | 2 | 1 | 0 |
|---|---|---|---|---|---|---|---|---|
| PORTA | …… | …… | 顶加热 | 按键三 | 按键二 | 按键一 | | 蜂鸣器 |
| PORTB | 底温度 | 顶温度 | | | | | | |
| PORTD | LED红 | LED绿 | WR | CS | | DATA | 底加热 | 侧加热 |

(c) C 设计方案

图 2-21 单片机端口设计图

4. 使用普通 I/O 口能否驱动 LCD? 如果可以,若 1/4 占空比、1/3 偏压,则如何连接单片机与 LCD 引脚?

5. 现设计某控制器,需要 12 个按键,请简单设计按键与 JL3 芯片的 I/O 端口连接图。

6. 使用机械式电饭锅,非人工干预下,能够自动煮粥吗? 简述其原因。

7. 搜索相关电饭煲驱动板硬件资料,是否可以使用其他元器件代替继电器以降低硬件设计的成本?

# 第3章

# 使用热敏电阻测温

知识点：
- 温度传感器分类。
- 热敏电阻温度计算方法。
- 单片机 A/D 转换过程。
- ADC 程序设计方法。

技能点：
- 能根据热敏电阻型号解读热敏电阻相关参数。
- 能根据电路计算 A/D 电压。
- 能将 A/D 电压转换为 AD 值。
- 能分析及检测热敏电阻故障。
- 更换热敏电阻后能更改相应程序。

## 3.1 温度传感器

温度是日常生活中经常遇到的一个物理量，它也是科研和生产中最常见、最基本的物理参量之一。在很多场合都需要对温度进行测控，多数电热类家电产品，均需要对温度进行检测和进行外设的控制，而温度测控离不开温度传感器，因此，掌握正确的测温方法及温度传感器的使用方法极为重要。

### 1. 常用的测温方法

（1）温标

物体的受热程度通常以"温度"来表征，用来衡量物体温度的尺子称为"温度标尺"，简称"温标"。它规定了温度的零点和基本测量单位。目前，国际上用得较多的温标有热力学温标、国际实用温标、摄氏温标和华氏温标。热力学温标和国际实用温标的单位是 K，摄氏温标的单位是℃，华氏温标的单位是 F。

（2）常用的测温方法

物质受热后温度就要升高，任何两个温度不同的物体相接触都必然产生热交换，直到两者的温度达到平衡为止。据此，可以选择某种温度传感器与被测物体接触进行温度测量，这种方法称为接触式测温。接触式测温常用于较低温度的测量。

　　此外,物体受热后温度升高的同时还伴有热辐射,因此,可利用温度传感器接收被测物体在不同温度下辐射能量的不同来测量温度,这种测温方法称为非接触式测温。非接触式测温常用于高温测量。

　　接触式测温和非接触式测温各自的特点如下:

　　① 接触式测温需将温度传感器与被测物体接触,容易破坏被测温度场,而非接触式测温不存在此问题。

　　② 接触式测温需使温度传感器与被测物体达到热平衡,因此,测温时的滞后时间长。而非接触式测温检测的是被测物体的热辐射,响应速度较快。

　　③ 接触式测温用于测量低温和超低温。因低温时物体的辐射能量很小,故非接触式测温不适合测量低温。

　　④ 接触式测温可达到较高的测量精度,通常为最小分度值的1‰左右。非接触式测温的测量误差较大,一般为10℃左右,达到较高的测量精度成本很高。

**2. 温度传感器产品分类**

　　目前,温度传感器没有统一的分类方法。按输出量分类有模拟式温度传感器和数字式温度传感器,按测温方式分类有接触式温度传感器和非接触式温度传感器,按类型分类有分立式温度传感器(含敏感元件)、模拟集成温度传感器和智能温度传感器(即数字温度传感器)。常用温度传感器的测温原理、测温范围及特点如表3-1所示。

表 3-1　常用温度传感器的测温原理、测温范围及特点

| 测量原理 | 种　类 | 测温范围/℃ | 特　点 |
|---|---|---|---|
| 体积热膨胀 | 玻璃水银温度计 | −20~+350 | 不需要用电 |
| | 玻璃有机液体温度计 | −100~+100 | |
| | 双金属温度计 | 0~+300 | |
| | 液体压力温度计 | −200~+350 | |
| | 气体压力温度计 | −250~+300 | |
| 电阻变化 | 铜电阻 | −50~+50 | 中等精度,价格低 |
| | 铂电阻 | −200~+600 | 高精度,价格高 |
| | 热敏电阻 | −200~+700 | 精度低,灵敏度高,价格最高 |
| 热点效应(热电偶) | 镍铬-铇铜 | −200~+800 | 测温范围宽,测量精度高,但需要冷端补偿 |
| | 镍铬-镍硅 | −200~+1250 | |
| | 铂铑10-铂 | 0~+1700 | |
| | 铂铑30-铂铑 | +100~+1750 | |
| 压电变化 | 石英晶体振荡体 | −100~+200 | 可作为标准使用 |
| 频率变化 | 压电声表面波传感器 | 0~+200 | 可作为标准使用 |
| 光学变化 | 光学高温计 | +900~+2000 | 适用高温非接触测量 |

续表

| 测 量 原 理 | 种　　类 | 测温范围/℃ | 特　　点 |
|---|---|---|---|
| 热辐射 | 热辐射温度传感器 | −100～+2000 | 适用高温非接触测量 |
| PN结结电变化 | 半导体二极管 | −150～+150 | 灵敏度高,线性好,价格低 |
| 晶体管特性变化 | 晶体管 | −150～+150 | |
| | 模拟集成温度传感器 | −40～+125 | 有多种输出方式,使用方便 |
| | 智能温度传感器 | −55～+125 | 数字输出,体积小,精度高 |

　　模拟式温度传感器输出的是随温度变化的模拟量信号,其特点是输出响应速度较快和MCU(微控制器)接口较复杂。数字式温度传感器输出的是随温度变化的数字量,同模拟输出相比,它输出速度响应较慢,但容易与MCU接口。下面对单片机系统中常用的热敏电阻式温度传感器作简单介绍,其他类型的温度传感器可通过参考文献3自行学习。

### 3. 热敏电阻

　　热敏电阻也简称为热敏线,是利用半导体材料制成的敏感元件,通常用于热敏电阻温度传感器的都是具有负温度系数的热敏电阻,它的电阻率受温度的影响很大,而且随温度的升高而减小,热敏电阻简称NTC。其优点是灵敏度高、体积小、寿命长、工作稳定,易于实现远距离测量;缺点是互换性差、非线性严重。

　　我国生产的热敏电阻都是按SJ1155—1982标准来制定型号。型号由四部分组成:第一部分为主称,用字母M表示敏感元件;第二部分为类别,用字母Z表示正温度系数热敏电阻器,或者用字母F表示负温度系数热敏电阻器;第三部分为用途或特征,用一位数字(0～9)表示。一般数字1表示普通用途,2表示稳压用途(负温度系数热敏电阻器),3表示微波测量用途(负温度系数热敏电阻器),4表示旁热式(负温度系数热敏电阻器),5表示测温用途,6表示控温用途,7表示消磁用途(正温度系数热敏电阻器),8表示线性型(负温度系数热敏电阻器),9表示恒温型(正温度系数热敏电阻器),0表示特殊型(负温度系数热敏电阻器)。第四部分为序号,也由数字表示,代表规格、性能。

　　热敏电阻的物理特性由电阻值、B值、耗散系数、热时间常数、电阻温度系数等参数表示。

　　下面以该电饭锅使用的某电子公司生产的某产品为例,介绍热敏电阻的主要参数。

　　规格说明:

$$\underset{①}{MJ}\ \underset{②}{S}\ \underset{③}{T}\ \underset{④}{503}\ \underset{⑤}{3950}\ \underset{⑥}{1}$$

其中,

　　① 部表示敏感元件名称的缩写;

　　② 部S表示NTC温度传感器;

　　③ 部表示传感器头部封装形式,T表示管壳封装、E表示环氧树脂封装,P表示异型壳封装;

④ 部表示 25℃时的标称电阻值,例如 503,即 25℃时 $R$ 为 50kΩ;

⑤ 部表示 $B$ 值($B$ 是温度的函数),例如 3950,即 $B25/50$℃为 3950;

⑥ 部表示 $R_{25}$ 互换精度,1($\pm 1\%$)、2($\pm 2\%$)、3($\pm 3\%$)、4($\pm 5\%$)、5($\pm 10\%$)。

热敏线的主要参数包括标称电阻值、$B$ 值、互换精度。

① 标称电阻值 $R_{25}$:是指在环境温度 $25\pm 0.2$℃时测得的电阻值,又称冷阻。它的大小由材料和几何尺寸决定。

② $B$ 值:$B$ 为热敏电阻常数,简称 $B$ 值。它反映了两个温度之间的电阻变化。设温度为 $T$ 时的实际电阻值为 $R_T$,有公式(3-1)。

$$R_T = R_{T_0}\exp\left(B\left(\frac{1}{T} - \frac{1}{T_0}\right)\right) \tag{3-1}$$

式中,$R_T$、$R_{T_0}$ 是温度为 $T$、$T_0$ 时的电阻值,$T$、$T_0$ 是开尔文温度,即 $T = T_0 + 273 = 273 + 25 = 298$K。$B$ 值可以通过公式(3-2)计算。

$$B = T_0 \times (T - T_0)\ln\left(\frac{R_{T_0}}{R_T}\right) \tag{3-2}$$

对 $B$ 值,不同生产厂家有不同的计算方法。若 25℃时的热敏电阻值作为 $R_{T_0}$,50℃时的 $R_{50}$ 电阻值作为 $R_T$,将 $T_0 = 298$K 和 $T = 273 + 50 = 323$K 代入式(3-2)中可得:

$$B = 3850\ln\left(\frac{R_{T_0}}{R_T}\right) \tag{3-3}$$

$B$ 值越大,则电阻值越大,热敏线绝对灵敏度越高。但是,在工作温度范围内,$B$ 值并不是一个常数,而是随温度的升高略有增加。$B$ 值只是在某一温度范围内的电阻常数。表 3-2 列出了 $R_{T_0}/R_{25}$-$B$ 的关系。

表 3-2　$R_{T_0}/R_{25}$-$B$ 的关系

| $B$ | $R_{T_0}/R_{25}$ | | | | | |
|---|---|---|---|---|---|---|
| | $R_{-20}/R_{25}$ | $R_0/R_{25}$ | $R_{50}/R_{25}$ | $R_{75}/R_{25}$ | $R_{100}/R_{25}$ | $R_{125}/R_{25}$ |
| 2200 | 3.715 | 1.963 | 0.565 | 0.347 | 0.227 | 0.113 |
| 2600 | 4.720 | 2.221 | 0.509 | 0.286 | 0.173 | 0.076 |
| 2800 | 5.319 | 2.362 | 0.483 | 0.259 | 0.149 | 0.062 |
| 3000 | 5.993 | 2.512 | 0.458 | 0.236 | 0.132 | 0.051 |
| 3200 | 6.751 | 2.671 | 0.435 | 0.214 | 0.115 | 0.042 |
| 3400 | 7.609 | 2.840 | 0.413 | 0.194 | 0.101 | 0.034 |
| 3600 | 8.571 | 3.020 | 0.392 | 0.176 | 0.088 | 0.028 |
| 3800 | 9.660 | 3.211 | 0.372 | 0.160 | 0.077 | 0.023 |
| 4000 | 10.880 | 3.414 | 0.354 | 0.146 | 0.067 | 0.019 |
| 5000 | 19.770 | 4.642 | 0.273 | 0.092 | 0.034 | 0.007 |

③ 电阻温度特性:负温度系数热敏电阻传感器在其工作温度范围内电阻值随温度的增加而减小,其电阻值和温度之间呈近似指数关系。表 3-3 为 MJST—503—3950—1 型温度传感器电阻值-温度对照表。

48 智能家电控制技术

表 3-3    MJST—503—3950—1 型温度传感器电阻值-温度对照表

| $T/℃$ | $R/kΩ$ | $T/℃$ | $R/kΩ$ | $T/℃$ | $R/kΩ$ | $T/℃$ | $R/kΩ$ | $T/℃$ | $R/kΩ$ |
|---|---|---|---|---|---|---|---|---|---|
| −20 | 528.29 | 28 | 43.81 | 76 | 7.21 | 124 | 1.83 | 172 | 0.63 |
| −19 | 496.79 | 29 | 41.95 | 77 | 6.98 | 125 | 1.79 | 173 | 0.61 |
| −18 | 467.40 | 30 | 40.18 | 78 | 6.76 | 126 | 1.74 | 174 | 0.60 |
| −17 | 439.96 | 31 | 38.49 | 79 | 6.54 | 127 | 1.70 | 175 | 0.59 |
| −16 | 414.32 | 32 | 36.89 | 80 | 6.34 | 128 | 1.66 | 176 | 0.58 |
| −15 | 390.36 | 33 | 35.36 | 81 | 6.14 | 129 | 1.62 | 177 | 0.57 |
| −14 | 367.95 | 34 | 33.90 | 82 | 5.95 | 130 | 1.58 | 178 | 0.56 |
| −13 | 346.99 | 35 | 32.51 | 83 | 5.77 | 131 | 1.54 | 179 | 0.55 |
| −12 | 327.37 | 36 | 31.19 | 84 | 5.59 | 132 | 1.51 | 180 | 0.54 |
| −11 | 309.00 | 37 | 29.93 | 85 | 5.42 | 133 | 1.47 | 181 | 0.53 |
| −10 | 291.78 | 38 | 28.73 | 86 | 5.26 | 134 | 1.44 | 182 | 0.52 |
| −9 | 275.64 | 39 | 27.58 | 87 | 5.10 | 135 | 1.40 | 183 | 0.51 |
| −8 | 260.51 | 40 | 26.49 | 88 | 4.95 | 136 | 1.37 | 184 | 0.50 |
| −7 | 246.32 | 41 | 25.45 | 89 | 4.80 | 137 | 1.34 | 185 | 0.49 |
| −6 | 232.99 | 42 | 24.45 | 90 | 4.66 | 138 | 1.31 | 186 | 0.48 |
| −5 | 220.48 | 43 | 23.50 | 91 | 4.52 | 139 | 1.28 | 187 | 0.47 |
| −4 | 208.72 | 44 | 22.59 | 92 | 4.39 | 140 | 1.25 | 188 | 0.46 |
| −3 | 197.67 | 45 | 21.72 | 93 | 4.26 | 141 | 1.22 | 189 | 0.45 |
| −2 | 187.29 | 46 | 20.89 | 94 | 4.14 | 142 | 1.19 | 190 | 0.44 |
| −1 | 177.51 | 47 | 20.10 | 95 | 4.02 | 143 | 1.16 | 191 | 0.44 |
| 0 | 168.32 | 48 | 19.34 | 96 | 3.90 | 144 | 1.14 | 192 | 0.43 |
| 1 | 159.66 | 49 | 18.62 | 97 | 3.79 | 145 | 1.11 | 193 | 0.42 |
| 2 | 151.51 | 50 | 17.92 | 98 | 3.68 | 146 | 1.09 | 194 | 0.41 |
| 3 | 143.82 | 51 | 17.26 | 99 | 3.58 | 147 | 1.06 | 195 | 0.41 |
| 4 | 136.58 | 52 | 16.62 | 100 | 3.48 | 148 | 1.04 | 196 | 0.40 |
| 5 | 129.75 | 53 | 16.02 | 101 | 3.38 | 149 | 1.02 | 197 | 0.39 |
| 6 | 123.31 | 54 | 15.43 | 102 | 3.29 | 150 | 1.00 | 198 | 0.38 |
| 7 | 117.23 | 55 | 14.87 | 103 | 3.20 | 151 | 0.97 | 199 | 0.38 |
| 8 | 111.49 | 56 | 14.34 | 104 | 3.11 | 152 | 0.95 | 200 | 0.37 |
| 9 | 106.07 | 57 | 13.83 | 105 | 3.02 | 153 | 0.93 | 201 | 0.36 |
| 10 | 100.95 | 58 | 13.34 | 106 | 2.94 | 154 | 0.91 | 202 | 0.36 |
| 11 | 96.10 | 59 | 12.87 | 107 | 2.86 | 155 | 0.89 | 203 | 0.35 |
| 12 | 91.53 | 60 | 12.41 | 108 | 2.79 | 156 | 0.87 | 204 | 0.35 |
| 13 | 87.20 | 61 | 11.98 | 109 | 2.71 | 157 | 0.85 | 205 | 0.34 |
| 14 | 83.10 | 62 | 11.57 | 110 | 2.64 | 158 | 0.84 | 206 | 0.33 |
| 15 | 79.22 | 63 | 11.17 | 111 | 2.57 | 159 | 0.82 | 207 | 0.33 |
| 16 | 75.55 | 64 | 10.78 | 112 | 2.50 | 160 | 0.80 | 208 | 0.32 |
| 17 | 72.07 | 65 | 10.42 | 113 | 2.44 | 161 | 0.79 | 209 | 0.32 |
| 18 | 68.78 | 66 | 10.06 | 114 | 2.37 | 162 | 0.77 | 210 | 0.31 |
| 19 | 65.65 | 67 | 9.72 | 115 | 2.31 | 163 | 0.75 | 211 | 0.31 |
| 20 | 62.69 | 68 | 9.40 | 116 | 2.25 | 164 | 0.74 | 212 | 0.30 |
| 21 | 59.88 | 69 | 9.09 | 117 | 2.19 | 165 | 0.72 | 213 | 0.30 |
| 22 | 57.22 | 70 | 8.78 | 118 | 2.14 | 166 | 0.71 | 214 | 0.29 |
| 23 | 54.68 | 71 | 8.50 | 119 | 2.08 | 167 | 0.69 | 215 | 0.29 |
| 24 | 52.28 | 72 | 8.22 | 120 | 2.03 | 168 | 0.68 | | |
| 25 | 50.00 | 73 | 7.95 | 121 | 1.98 | 169 | 0.67 | | |
| 26 | 47.83 | 74 | 7.69 | 122 | 1.93 | 170 | 0.65 | | |
| 27 | 45.77 | 75 | 7.45 | 123 | 1.88 | 171 | 0.64 | | |

由于 NTC 热敏电阻温度传感器具有很高的负温度系数,特别适用于－100±300℃之间的温度测量,但其互换性差,非线性严重,不可用于精确测量,因此被广泛应用于家用冰箱、空调器、电饭锅、温度计及其他测温仪器仪表中。

## 3.2 芯片的 ADC 功能

单片机系统往往会处理一些模拟量,如电饭锅的控制系统中需要读取的锅底、锅盖温度,要使单片机识别、处理这些信号,首先要将模拟信号转换成数字信号;而经计算分析、处理后的输出数字量也往往需要转换成相应模拟信号才能为执行机构所接受。将模拟信号转换成数字信号的过程为 ADC,其转换器为模数转换器(A/D 转换器);将数字信号转换为模拟信号的过程为 DAC,其转换器为数模转换器(D/A 转换器)。

在 A/D 转换前,输入到 A/D 转换器的输入信号必须转换成电压信号。转换的电压须介于 A/D 转换器的基准电压 $V_{\mathrm{REF}(-)}$ 与 $V_{\mathrm{REF}(+)}$ 之间,$V_{\mathrm{REF}(-)}$ 是能转换的最小电压,$V_{\mathrm{REF}(+)}$ 是能转换的最大电压。A/D 转换后,输出的数字信号可以有 8 位、10 位、12 位和 16 位二进制数等。若可以转换为 $N$ 位二进制数,则转换的电压 $V$ 与转换后的 $AD$ 之间有如下关系:

$$\frac{V}{V_{\mathrm{REF}(+)} - V_{\mathrm{REF}(-)}} = \frac{AD}{2^N} \tag{3-4}$$

本教材使用的 MC68HC08JL3 芯片具有一个 A/D 转换器,具备 ADC 功能,在进行 A/D 读取时,使用到如下三个寄存器:

① ADSCR A/D 状态与控制寄存器,在内存中的地址为 ＄3C,其各位的具体含义见表 3-4。

表 3-4 A/D 状态与控制寄存器(ADSCR)

| Bit | 7 | 6 | 5 | 4 | 3 | 2 | 1 | 0 |
|---|---|---|---|---|---|---|---|---|
| 定义 | COCO/IDMAS | AIEN | ADCO | AD CH4 | AD CH3 | AD CH2 | AD CH1 | AD CH0 |
| | 1:转换结束<br>0:正在转换 | 1:中断允许<br>0:中断禁止 | 1:连续转换<br>0:单次转换 | ADC 通道选择 | | | | |

该芯片有 12 路 ADC 通道,但仅有一个 A/D 转换器,一次只能转换一个通道,可以通过 A/D 状态与控制寄存器完成 ADC 通道的选择。A/D 输入通道选择见表 3-5。

表 3-5 A/D 输入通道选择

| 通道号 | ADCH4 | ADCH3 | ADCH2 | ADCH1 | ADCH0 | 功能选择 |
|---|---|---|---|---|---|---|
| 0 | 0 | 0 | 0 | 0 | 0 | PTB0/AD0 |
| 1 | 0 | 0 | 0 | 0 | 1 | PTB1/AD1 |
| 2 | 0 | 0 | 0 | 1 | 0 | PTB1/AD1 |
| 3 | 0 | 0 | 0 | 1 | 1 | PTB3/AD3 |

续表

| 通道号 | ADCH4 | ADCH3 | ADCH2 | ADCH1 | ADCH0 | 功能选择 |
|---|---|---|---|---|---|---|
| 4 | 0 | 0 | 1 | 0 | 0 | PTB4/AD4 |
| 5 | 0 | 0 | 1 | 0 | 1 | PTB5/AD5 |
| 6 | 0 | 0 | 1 | 1 | 0 | PTB6/AD6 |
| 7 | 0 | 0 | 1 | 1 | 1 | PTB7/AD7 |
| 8～23 | 0 | × | × | × | × | 保留 16 个通道 |
| 24～27 | 1 | 1 | 0 | × | × | 保留 4 个通道 |
| 28 | 1 | 1 | 1 | 0 | 0 | 保留 1 个通道 |
| 29 | 1 | 1 | 1 | 0 | 1 | 接通 Vrefh |
| 30 | 1 | 1 | 1 | 1 | 0 | 接通 Vssad |
| 31 | 1 | 1 | 1 | 1 | 1 | ADC 电源关断 |

② ADCLK  A/D 时钟寄存器,在内存中的地址为 $3E,其各位的具体含义见表 3-6。通过 A/D 时钟寄存器设置转换的分频系数,确定 ADC 的工作时钟。当 ADCLK 寄存器的第 4 位为 0 时选择晶振时钟,则 ADC 的工作时钟为晶振时钟/分频系数;当 ADCLK 寄存器的第 4 位为 1 时选择总线时钟,则 ADC 的工作时钟为总线时钟/分频系数。

表 3-6    A/D 时钟寄存器(ADCLK)

| bit | 7 | 6 | 5 | 4 | 3 | 2 | 1 | 0 |
|---|---|---|---|---|---|---|---|---|
| | ADIV2 | ADIV1 | ADIV0 | ADICLK | 0 | 0 | 0 | 0 |
| 定义 | 000 分频系数为 1<br>001 分频系数为 2<br>010 分频系数为 4<br>011 分频系数为 8<br>1×× 分频系数为 16 | | | 时钟源选择<br>0 选晶振时钟<br>1 选总线时钟 | 未使用 | | | |

③ ADR  A/D 数据寄存器,在内存中的地址为 $3D。当 ADC 转换结束时,转换的结果存入 ADR 寄存器。

一次 ADC 转换是从向 ADSCR 写数据开始的,完成 ADC 转换约需要 16～17 个 ADC 脉冲,当完成转换时,会将 ADSCR 的最高位置为 1,如果选择了允许 ADC 中断,则会进入 ADC 中断程序,转换完成后转换结果放入 ADDR 寄存器。其 ADC 转换过程见图 3-1。转换结束后应当关闭 ADC 电源,降低单片机系统的功耗。

通过芯片的 ADC 功能可以将 A/D 管脚上 0～5V 的电压转换为 8 位的二进制数,若 A/D 管脚电压为 V,转换的 AD 值与 V 之间按照公式(3-4)有如下对应关系:

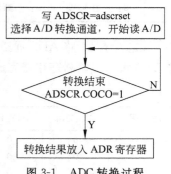

图 3-1    ADC 转换过程

$$\frac{V}{5} = \frac{AD}{255} \tag{3-5}$$

# 3.3 热敏线电路分析

热敏线在电路连接时,按照热敏线是接在电源的一端还是接在地的一端划分为上接热敏线和下接热敏线。

**1. 上接热敏线电路分析**

以锅底热敏线为例,如图 3-2 所示,热敏线接在了 5V 电源的一端,这种电路连接方法称为上接热敏线,接在地一端的电阻 $R_6$ 叫做对地电阻或者下接电阻。若热敏电阻为 $R_t$,温度传感器的 $AD$ 值的计算公式如下:

$$V = \frac{5 \times R_6}{R_t + R_6} \tag{3-6}$$

$$\frac{V}{5} = \frac{AD}{255} \tag{3-7}$$

上述公式简化得:

$$AD = \frac{255 \times R_6}{R_t + R_6} \tag{3-8}$$

式中,$AD$ 是温度传感器的 $AD$ 值;$V$ 是 $R_6$ 两端的电压($R_6$ 两端的电压相当于 PTB4 端的对地的电压)。

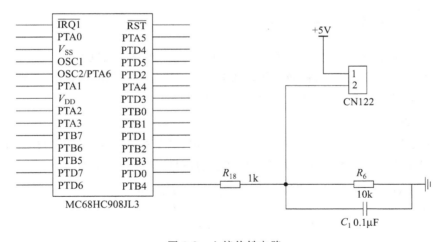

图 3-2 上接热敏电路

**2. 下接热敏线电路分析**

如图 3-3 所示,热敏线接在了电源地的一端,这种电路连接方法称为下接热敏线,温度传感器的 $AD$ 值的计算公式如下:

$$V = \frac{5 \times R_t}{R_t + R_6} \tag{3-9}$$

$$\frac{V}{5} = \frac{AD}{255} \tag{3-10}$$

上述公式简化得：

$$AD = \frac{255 \times R_t}{R_t + R_6} \tag{3-11}$$

式中，$AD$ 是温度传感器的 $AD$ 值；$V$ 是 $R_t$ 两端的电压（$R_t$ 两端的电压相当于 PTB4 端的电压）。

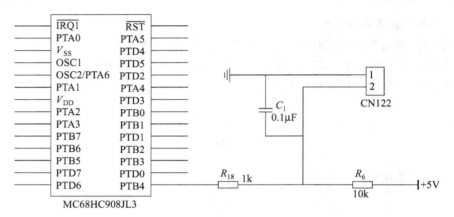

图 3-3　下接热敏电路

# 3.4　温度读取程序设计

电饭锅系统中，有两个需要读取的温度，即锅底温度、锅顶温度。使用 ReadAd() 函数实现温度读取程序，该函数将锅顶和锅底的温度 AD 转换为实际温度值，供其他程序段使用。考虑到单片机的执行效率，该程序 250ms 执行一次。

**1. 读温度 AD 子程序**

读温度 AD 子程序是按照该芯片的 ADC 功能，实现对 AD 的读取及对温度进行转换的程序。程序使用循环的方法读取两个传感器的信号，定义了如下变量：

```
byte TempAD[2]={0,0};                 //低、顶热敏 AD
byte Temp[2]={0,0};                   //低、顶热敏温度
byte adscrset[2]={0x24,0x23};         //ADSCR 设置
```

读 AD 值流程如图 3-4 所示，读取及转换 AD 的程序如下：

```
void ReadAd(void)
{
  byte i;
                                      //使用循环读 AD
  for (i=0;i<2;i++)
  {
    ADSCR=adscrset[i];                //开始转换
```

```
    while(!ADSCR_COCO);                //等待 ADC 转换结束
    TempAD[i]=(TempAD[i]/2)+(ADR/2);   //求算术平均值,简单数字滤波
    Temp[i]=CnvtRomTemp(TempAD[i]);    //AD 转换成温度
    ADSCR=0X1F;                        //关闭 AD
  }
}
```

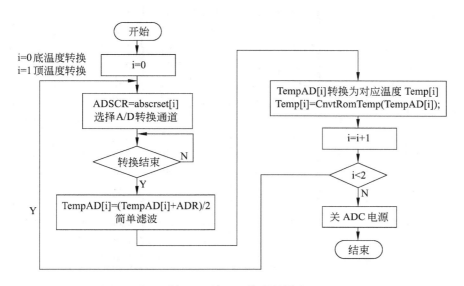

图 3-4　读 AD 值流程图

## 2. 温度值求解

该控制板采用的热敏电阻型号为 STE503JG 负温度系数 47 系列 50K(25℃),当按照电路图连接时,则温度与 $AD$ 值之间有表 3-7 所示对应关系。

表 3-7　AD 值与温度对应表

| AD | 温度/℃ | AD | 温度/℃ | AD | 温度/℃ | AD | 温度/℃ | AD | 温度/℃ | AD | 温度/℃ |
|---|---|---|---|---|---|---|---|---|---|---|---|
| 43 | 25 | 56 | 34 | 69 | 39 | 82 | 44 | 95 | 51 | 109 | 59 |
| 44 | 25 | 57 | 35 | 70 | 39 | 83 | 45 | 96 | 52 | 110 | 59 |
| 45 | 26 | 58 | 35 | 71 | 39 | 84 | 45 | 97 | 53 | 111 | 60 |
| 46 | 28 | 59 | 36 | 72 | 40 | 85 | 56 | 98 | 53 | 112 | 60 |
| 47 | 28 | 60 | 36 | 73 | 40 | 86 | 47 | 99 | 54 | 113 | 61 |
| 48 | 29 | 61 | 36 | 74 | 40 | 87 | 47 | 100 | 54 | 114 | 62 |
| 49 | 30 | 62 | 37 | 75 | 41 | 88 | 48 | 101 | 55 | 115 | 62 |
| 50 | 30 | 63 | 37 | 76 | 41 | 89 | 48 | 103 | 56 | 116 | 63 |
| 51 | 31 | 64 | 37 | 77 | 42 | 90 | 49 | 104 | 56 | 117 | 63 |
| 52 | 32 | 65 | 38 | 78 | 42 | 91 | 49 | 105 | 57 | 118 | 64 |
| 53 | 32 | 66 | 38 | 79 | 43 | 92 | 50 | 106 | 57 | 119 | 64 |
| 54 | 33 | 67 | 38 | 80 | 43 | 93 | 50 | 107 | 58 | 120 | 65 |
| 55 | 33 | 68 | 38 | 81 | 44 | 94 | 51 | 108 | 58 | 121 | 65 |

| AD | 温度/℃ | AD | 温度/℃ | AD | 温度/℃ | AD | 温度/℃ | AD | 温度/℃ | AD | 温度/℃ |
|-----|------|-----|------|-----|------|-----|------|-----|------|-----|------|
| 122 | 66 | 140 | 75 | 158 | 81 | 176 | 89 | 194 | 104 | 211 | 122 |
| 123 | 66 | 141 | 76 | 159 | 82 | 177 | 89 | 195 | 105 | 212 | 123 |
| 124 | 67 | 142 | 76 | 160 | 82 | 178 | 90 | 196 | 106 | 213 | 124 |
| 125 | 67 | 143 | 76 | 161 | 82 | 179 | 91 | 197 | 107 | 214 | 126 |
| 126 | 68 | 144 | 77 | 162 | 82 | 180 | 92 | 198 | 108 | 215 | 128 |
| 127 | 68 | 145 | 77 | 163 | 83 | 181 | 92 | 199 | 109 | 216 | 130 |
| 128 | 69 | 146 | 77 | 164 | 83 | 182 | 93 | 200 | 110 | 217 | 131 |
| 129 | 69 | 147 | 77 | 165 | 83 | 183 | 94 | 201 | 110 | 218 | 133 |
| 130 | 70 | 148 | 78 | 166 | 84 | 184 | 95 | 202 | 111 | 219 | 134 |
| 131 | 71 | 149 | 78 | 167 | 84 | 185 | 96 | 203 | 112 | 220 | 135 |
| 132 | 72 | 150 | 78 | 168 | 84 | 186 | 97 | 204 | 113 | 221 | 136 |
| 133 | 73 | 151 | 78 | 169 | 84 | 187 | 98 | 205 | 114 | 222 | 138 |
| 134 | 73 | 152 | 79 | 170 | 84 | 188 | 98 | 205 | 115 | 223 | 140 |
| 135 | 74 | 153 | 79 | 171 | 85 | 189 | 99 | 206 | 116 | 224 | 141 |
| 136 | 74 | 154 | 79 | 172 | 86 | 190 | 100 | 207 | 117 | 225 | 142 |
| 137 | 74 | 155 | 80 | 173 | 87 | 191 | 101 | 208 | 118 | 226 | 145 |
| 138 | 75 | 156 | 80 | 174 | 87 | 192 | 102 | 209 | 120 | 227 | 147 |
| 139 | 75 | 157 | 81 | 175 | 88 | 193 | 103 | 210 | 121 | 228 | 148 |

由表 3-7 所列关系,可得到图 3-5 所示 AD 温度转换流程图及如下程序。首先需要按照表 3-7 定义 AD 转温度对应的数组表,需要引起注意的是该数组表定义为常数数组,这是因为非常数数组都存储在 RAM(变量)区,常数数组将会存储在 ROM 区。

```
/ * AD 转温度表===============* /
//3 4 5 6 7 8 9 0 1 2
byte const AD_tmp_tab[]={25, 26, 27, 28, 28, 29, 30, 31, 32, 32,    //4
                         32, 33, 33, 34, 35, 35, 36, 36, 36, 36,    //5
                         37, 37, 37, 38, 38, 38, 39, 39, 39, 39,    //6
                         40, 40, 41, 41, 42, 42, 43, 43, 44, 44,    //7
                         45, 46, 46, 47, 47, 48, 48, 49, 49, 50,    //8
                         50, 51, 51, 52, 53, 53, 54, 54, 55, 55,    //9
                         56, 56, 57, 57, 58, 58, 59, 59, 60, 60,    //10
                         61, 62, 62, 63, 63, 64, 64, 65, 65, 66,    //11
                         66, 67, 67, 68, 68, 69, 68, 70, 71, 72,    //12
                         73, 73, 74, 74, 74, 74, 75, 76, 76, 76,    //13
                         76, 77, 77, 77, 78, 78, 79, 79, 79, 80,    //14
                         80, 80, 80, 81, 81, 81, 82, 82, 82, 83,    //15
                         83, 83, 84, 84, 84, 85, 85, 85, 85, 86,    //16
                         87, 87, 88, 89, 90, 90, 91, 92, 92, 93,    //17
                         94, 95, 96, 97, 97, 98, 99, 100,101,102,   //18
                         103,104,105,106,107,108,109,109,110,111,   //19
                         112,113,114,116,117,118,119,121,122,123,   //20
                         124,126,127,128,130,132,134,135,136,138,   //21
                         140,141,142,144,147,148};                  //22
```

```
byte CnvtRomTemp(byte AdVal)
{
  byte ADTemp；
  if(AdVal<43)
    ADTemp=24；
  else if(AdVal>228) ADTemp=148；
    else ADTemp=AD_tmp_tab[AdVal −43]；
      return ADTemp；
}
```

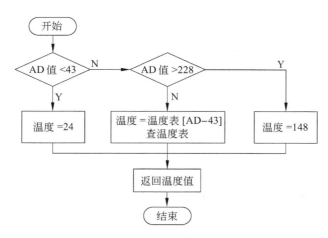

图 3-5　AD 温度转换流程图

　　程序使用查表的方式来确定温度的数值,当然也可以采用公式计算的方式来确定温度,但是由于单片机内部指令系统及运算速度的限制,采用复杂的公式计算将会耗费更多的内存及时间,因此不建议采用计算的方式。

# 3.5　实训任务：热敏线故障排除

**1. 实训目的**

通过本次实训,能分析及检测热敏线故障。

**2. 知识要点**

常见热敏线故障及其现象：

① 热敏电阻型号错误　引起温度计算错误。

② AD 管脚对地电阻阻值错误　根据计算公式,当采用了较大的对地电阻阻值时,读取的 AD 电压偏高,则转换为相应的 AD 值及温度时就会比实际环境温度要高。反之采用较小的对地电阻阻值时,转换的温度比实际环境温度要低。

③ AD 管脚串联电阻阻值过大　串联电阻有分压,读取的 AD 电压偏低,转换的温度比实际环境温度要低。

④ 热敏线上端口未接 5V 电压(小于 5V,或未接)　读取的 AD 电压为 0 或者偏低,转换的温度比实际环境温度要低。

⑤ 热敏线端子虚焊　这种情况下,相当于热敏线断路,由于内部上拉电阻的作用,则会在端口读出一个较大的电压,进而转换为一个较大的温度。

**3. 实训任务**

① 观察热敏线故障控制板的控制现象。

② 检查、分析、判断故障原因。

③ 排除故障。

**4. 实训器材**

① 热敏线故障的电饭锅控制板。

② 万用表。

③ 电烙铁。

④ 5kΩ、10kΩ 电阻。

⑤ 热敏线。

⑥ 温度计。

**5. 实训准备**

两位同学一组,每组一套实训器材。

**6. 实训课时**

2 学时。

**7. 实训步骤**

① 将热敏线置于工作环境中,测量读取当前环境温度计数值。

② 根据温度计的数值,按照 3.4 节内容,估算分压电阻连入单片机端口的电压,同时测量该端口电压。

③ 根据电压值的大小判断究竟属于何种故障。

**8. 实训习题**

① 热敏电路发生故障时,煮饭会出现什么现象?

② 书写报告,包括检查过程、数据、分析、最后判断和原理。

# 思考与练习

1. MJST—103—4200—1 热敏线,在 25℃时,热敏电阻的阻值为_____。

2. 热敏线温度-阻值表见表 3-8,电路连接方式如图 3-6 所示,请根据该表及对应的电路图得到温度对应 AD 表。

表 3-8 热敏线温度-阻值表

8.06kΩ 下拉电阻

| 温度/℃ | 阻值/kΩ | 电压/V | AD | 温度/℃ | 阻值/kΩ | 电压/V | AD | 温度/℃ | 阻值/kΩ | 电压/V | AD |
|---|---|---|---|---|---|---|---|---|---|---|---|
| −20 | 114.266 | | | 30 | 7.97078 | | | 80 | 1.17393 | | |
| −19 | 108.146 | | | 31 | 7.62411 | | | 81 | 1.13604 | | |
| −18 | 101.517 | | | 32 | 7.29464 | | | 82 | 1.09958 | | |
| −17 | 96.3423 | | | 33 | 6.98142 | | | 83 | 1.06448 | | |
| −16 | 89.5865 | | | 34 | 6.68355 | | | 84 | 1.03069 | | |
| −15 | 83.219 | | | 35 | 6.40021 | | | 85 | 0.99815 | | |
| −14 | 79.311 | | | 36 | 6.13059 | | | 86 | 0.96681 | | |
| −13 | 73.536 | | | 37 | 4.87359 | | | 87 | 0.93662 | | |
| −12 | 70.1698 | | | 38 | 4.62961 | | | 88 | 0.90753 | | |
| −11 | 66.0898 | | | 39 | 4.39689 | | | 89 | 0.8795 | | |
| −10 | 62.2756 | | | 40 | 4.17519 | | | 90 | 0.85248 | | |
| −9 | 58.7079 | | | 41 | 3.96392 | | | 91 | 0.82643 | | |
| −8 | 56.3694 | | | 42 | 3.76253 | | | 92 | 0.80132 | | |
| −7 | 52.2438 | | | 43 | 3.5705 | | | 93 | 0.77709 | | |
| −6 | 49.3161 | | | 44 | 3.38736 | | | 94 | 0.73573 | | |
| −5 | 46.5725 | | | 45 | 3.21263 | | | 95 | 0.73119 | | |
| −4 | 44 | | | 46 | 3.04589 | | | 96 | 0.70944 | | |
| −3 | 41.5878 | | | 47 | 3.88673 | | | 97 | 0.68844 | | |
| −2 | 39.8239 | | | 48 | 3.73476 | | | 98 | 0.66818 | | |
| −1 | 37.1988 | | | 49 | 3.58962 | | | 99 | 0.64862 | | |
| 0 | 34.2024 | | | 50 | 3.45097 | | | 100 | 0.62973 | | |
| 1 | 33.3269 | | | 51 | 3.31847 | | | 101 | 0.61148 | | |
| 2 | 31.5635 | | | 52 | 3.19183 | | | 102 | 0.59386 | | |
| 3 | 29.9058 | | | 53 | 3.07075 | | | 103 | 0.57683 | | |
| 4 | 28.3459 | | | 54 | 2.95896 | | | 104 | 0.56038 | | |
| 5 | 26.8778 | | | 55 | 2.84421 | | | 105 | 0.54448 | | |
| 6 | 24.4954 | | | 56 | 2.73823 | | | 106 | 0.52912 | | |
| 7 | 23.1932 | | | 57 | 2.63682 | | | 107 | 0.51426 | | |
| 8 | 22.5662 | | | 58 | 2.53973 | | | 108 | 0.49989 | | |
| 9 | 21.8094 | | | 59 | 2.44677 | | | 109 | 0.486 | | |
| 10 | 20.7181 | | | 60 | 2.35774 | | | 110 | 0.47256 | | |
| 11 | 19.6891 | | | 61 | 2.27249 | | | 111 | 0.45957 | | |
| 12 | 18.7177 | | | 62 | 2.19073 | | | 112 | 0.44699 | | |
| 13 | 17.8005 | | | 63 | 2.11241 | | | 113 | 0.43482 | | |
| 14 | 16.9311 | | | 64 | 2.03732 | | | 114 | 0.42304 | | |
| 15 | 16.1156 | | | 65 | 1.96532 | | | 115 | 0.41164 | | |
| 16 | 14.3418 | | | 66 | 1.89627 | | | 116 | 0.4006 | | |
| 17 | 13.6181 | | | 67 | 1.83003 | | | 117 | 0.38991 | | |
| 18 | 13.918 | | | 68 | 1.76647 | | | 118 | 0.37956 | | |
| 19 | 13.2631 | | | 69 | 1.70547 | | | 119 | 0.36954 | | |
| 20 | 12.6431 | | | 70 | 1.64691 | | | 120 | 0.35982 | | |
| 21 | 12.0561 | | | 71 | 1.59068 | | | 121 | 0.35042 | | |
| 22 | 11.5 | | | 72 | 1.53668 | | | 122 | 0.3413 | | |
| 23 | 10.9731 | | | 73 | 1.48481 | | | 123 | 0.33246 | | |
| 24 | 10.4736 | | | 74 | 1.43498 | | | 124 | 0.3239 | | |
| 25 | 10 | | | 75 | 1.38703 | | | 125 | 0.31559 | | |
| 26 | 9.55074 | | | 76 | 1.34105 | | | 126 | 0.30754 | | |
| 27 | 9.12445 | | | 77 | 1.29078 | | | 127 | 0.29974 | | |
| 28 | 8.71983 | | | 78 | 1.25423 | | | 128 | 0.29216 | | |
| 29 | 8.33566 | | | 79 | 1.2133 | | | 129 | 0.28482 | | |

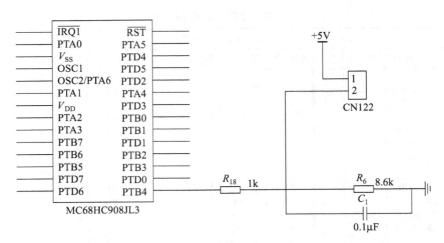

图 3-6　上接热敏线设计

3. 若该电饭锅控制板中采用题 2 热敏线及电路设计,则相应程序应如何修改?

4. 若该电饭锅控制板采用题 2 热敏线按图 3-3 所示设计,则相应的 AD 温度转换程序如何修改?

第 4 章

# 用智能电饭锅煮饭

**知识点：**

- 煮饭工艺过程。
- 电饭锅模糊控制机理。
- 电饭锅测试方法。
- 流程图绘制方法。

**技能点：**

- 能根据检测要求进行功能检测。
- 能分析软件流程图。
- 能使用电阻箱模拟热敏线调试程序。

## 4.1 煮饭工艺过程

按照煮饭过程中米饭的变化可以把煮饭工艺过程分为吸水、加热、沸腾、焖饭、膨胀和保温六个阶段，如图 4-1 所示。

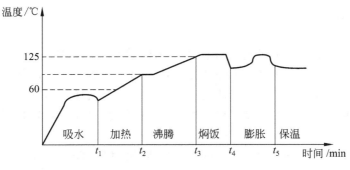

图 4-1 煮饭工艺过程

各阶段的工作和意义介绍如下。

（1）吸水阶段

正常状态下，大米的含水量较低，吸水阶段的工作目的就是使大米的含水量升高。该阶段使大米的温度随水温上升，水温应低于 55℃，否则会使大米中的淀粉糊化（即由生淀

粉即 β 淀粉转换为 α 淀粉),这样就会使大米未充分吸水之前就变糊,影响米饭的质量。在该阶段,大米含水率从 14% 上升至 25% 左右,这样在进入加热工序时就会使大米加热更均匀。

(2)加热阶段

对锅进行较大功耗的加热,使水温不断升高,大米继续吸收水分,开始了淀粉糊化。在这个阶段,由于水温较高,热水开始进行对流,使所有的米都能均匀受热。在加热工序中,加热的时间对米饭的质量有较大的影响,表 4-1 中给出了加热工序时间及米饭的化学和物理指标关系,这些指标包括糊化程序、还原糖量、硬度、黏结力和人们品尝后的味道评价。综合起来,加热工序的时间为 10min 左右的效果是最好的。

表 4-1    加热工序时间与米饭的化学和物理指标关系

| 米饭质量 ＼ 工作时间/min | 4~5 | 9~10 | 18 |
|---|---|---|---|
| 糊化程度/% | 92.6 | 93.4 | 93.2 |
| 还原糖量/mg | 30.2 | 41.2 | 52.1 |
| 硬度/Tu | 4.25 | 4.01 | 4.14 |
| 黏结力/Tu | 0.47 | 0.56 | 0.53 |
| 味道评价 | 中 | 上 | 下 |

(3)沸腾阶段

这一阶段,由于水的沸腾,使得锅内的温度维持在一个特定的温度范围内,根据环境的不同,温度的范围约为 96~100℃,使大米作深度吸水,在较高的温度作用下促使淀粉的糊化。当大米充分吸水之后,饭锅的水就进一步减小。当锅底的水少到一定程度,温度就会上升,饭锅内部的温度会上升到 125~135℃,这时沸腾过程结束。不同的电饭锅停止加热的温度会不同,这由电饭锅的结构和电饭锅的加热功率决定。

沸腾工序的作用是促进淀粉充分糊化。一般根据饭量不同,控制沸腾工序时间长短和锅底部上升温度也不同。

(4)焖饭阶段

该阶段的目的是使热量能透入到米饭的心部,使米饭充分受热,使内部的质量和外部质量趋于一致。焖饭阶段还使大米外部的水分一部分深透入米心内部,促进内部的成熟变化,另一部分水分蒸发掉。这样,使整粒米内外如一。这样不但有利于米饭的成熟,而且使锅底的米饭产生特殊的香味。在到达 125℃ 左右时,停止加热,由饭锅的余热对米饭进行热焖。

一般,焖饭之后的米饭含水率在 69% 左右,食用时口感较好。因此,不同饭量,焖饭工序的时间也应有差异。

(5)膨胀阶段

膨胀阶段是一个使米饭松化的过程。这个过程中当焖饭温度下降到一定程度时,马上进行加热。这次加热会使米饭的水分进一步蒸发,由于蒸发水分对米饭的作用,使米饭进一步变得松软。温度升高到一定程度停止加热,米饭又进一步放热。米饭处于这种加放热状态,就可以变得充分松软。程序处理中会将该阶段与焖饭阶段合并,不做单独程序处理。

经验告诉人们,在沸腾工序和焖饭工序这两个工序中,其合起来使米饭的温度保持在98℃以上的时间应超过 20min,这样煮出来的米饭才能可口。

(6) 保温阶段

保温阶段在饭锅的温度下降到 70℃时开始执行。通过使米饭处于恒定的 70℃温度,便能在 12h 左右的时间内保持米饭的最优质量。

在煮饭工艺的 6 个阶段中,最重要的是前面 4 个阶段。膨胀阶段可以使煮出的米饭有十分松软的口感。保温阶段是为了保证米饭在较长的时间之内有良好的质量。

整个煮饭过程如图 4-1 所示。在图中,纵坐标表示锅底温度,横坐标表示各阶段所用的时间。随着锅底温度的增高,各个阶段顺序进行,但每个阶段所占用的时间不同,而且在不同米量情况下,各工序的锅底温度和所用的时间还有所不同。当煮饭量不同时,要保持米饭质量达到最高水平,就必须根据不同米量,恰当地控制好各个煮饭工序的温度和时间,使它处于最佳的工作状态。在加热阶段,必须完成米量的判别工作,以便根据米量来控制整个煮饭过程。

# 4.2　电饭锅模糊控制机理

机械式电饭锅由于没有温度传感器的探测,只能机械地将锅底温度加至 103℃左右之后就停止加热,进入保温阶段。虽然加热过程也能经历几个工艺阶段,但是由于缺乏时间的控制,无法做出很可口的米饭。应用了模糊控制技术的微电脑控制式电饭锅可以根据烧饭量的多少、各煮饭工艺阶段的需要,而采用不同的加热盘控制方式,得到传统电饭锅难以达到的烹饪效果。参考文献 1(余永权《模糊控制技术与模糊家用电器》)对电饭锅的模糊控制机理进行了详细的介绍。本教材对于模糊控制的推理则不加详细论述,着重介绍便于单片机系统编程实现、实际可行的模糊推理方法。

## 1. 米饭量的模糊推理

在模糊控制的电饭锅中,控制过程的各阶段加热控制及加热时间是和米饭量有关的。因此,米饭量的测定是第一个关键步骤,其后的过程则依据米饭量进行相应的控制。

在电饭锅工作的吸水阶段,由于初始条件的不确定,用户可能使用热水热锅,也可能使用冷水冷锅进行煮饭,使得在吸水阶段难以对米量进行测定,因此米饭量的测定只能是在加热阶段进行。

如果用户是按照指定的刻度加水的,在加热阶段,锅内升温很快,则可以判定米量较少;锅内升温较慢,则可以判定米量较多。有两个热敏线可以进行锅内温度的读取,分别读取来自锅底和锅顶的温度,由于锅底相当于测定的是米的温度,米和水在加热时难以形成对流,温度交换较差,所以锅底的升温很快,比较难以反映整个锅体内的升温情况,而锅盖的温度则能直接反映锅内温度变化情况。因此,可以使用锅顶温度-时间曲线的斜率反映米量的多少,斜率较大的米量少,反之则米量多。烧饭量模糊推理规则见表 4-2。

表 4-2　由锅顶温度变化率推理烧饭量

| 锅顶温度变化率 | 高 | 中 | 低 |
|---|---|---|---|
| 烧饭量 | 少 | 中 | 多 |

在单片机编程当中,考虑到单片机的内存限制与计算速度的问题,可以按照以下步骤进行米饭量的测定规则的设定。

① 设定锅顶温度的低阈值 Tmp_Low 及高阈值 Tmp_High,其中 Tmp_Low 的值不能低于使用热锅热水吸水阶段结束时锅顶温度的值,Tmp_High 不能高于水沸腾时锅顶温度的值。这两个数值都需要试验之后确定,不同型号的电饭锅,由于结构的差异,所确定的阈值也不同。

② 按照介于少米量与中米量之间的米量、介于中米量与多米量之间的米量分别煮饭,计算锅顶温度由 Tmp_Low 升到 Tmp_High 所需要的时间,分别得到 Time_Small 和 Time_Big。同样,存在结构差异的电饭锅,这两个量也是有所差异的。

③ 煮饭过程中,锅顶温度由 Tmp_Low 升到 Tmp_High 所需要的时间 Time_Det,如果 Time_Det<Time_Small,则判定当前煮饭量为少米量,如果 Time_Det>Time_Big,则判定当前煮饭量为多米量,否则为中米量。推理规则如表 4-3 所示。

表 4-3　由锅顶温度升温时间推理烧饭量

| Time_Det | Time_Det<Time_Small | Time_Small <Time_Det<Time_Big | Time_Det>Time_Big |
|---|---|---|---|
| 烧饭量 | 少 | 中 | 多 |

### 2. 工艺过程控制

煮饭的加热阶段测定了米量,则加热阶段的整体时间控制与沸腾和焖饭阶段的加热盘火力控制则由米量的多少决定。

前文提到加热阶段的时间控制在 10min 左右口感较好,实际加热中,按照一定的火力大小,当加热到水沸腾时,根据锅体的不同会有所区别,本教材使用的电饭锅需要 6~9min 加热到水沸腾,米量多时需要的时间较长,米量少时需要的时间较短,为了基本满足 10min 的时间要求,同时为了防止沸腾引起的溢出,最后剩余 1~3min 时间将停止底加热盘的加热,同时开启顶加热盘,加热至顶温为 100℃ 左右,一方面防止蒸发的水汽冷凝,另一方面为下一阶段整个煲体的均匀加热做准备。因此,在加热阶段停止底加热盘加热时间根据米量不同有所不同,对应关系见表 4-4。

表 4-4　加热阶段停止底加热盘加热时间模糊推理

| 烧饭量 | 少 | 中 | 多 |
|---|---|---|---|
| 停止时间/min | 3 | 2 | 1 |

实际程序编写过程当中,也可以将加热阶段时间确定为 10min,底加热盘加热时间与停止加热的时间累计为 10min。

沸腾和焖饭阶段应当维持在 20min 左右,而焖饭阶段结束的条件是由温度来确定的,因此两个过程的时间则需依靠加热盘的火力大小控制。在这两个阶段,米量比较多时,应当采用大火力加热,米量比较少时,应当采用小火力加热,以确保两个阶段的累计时间约为 20min。沸腾和焖饭阶段火力控制模糊推理见表 4-5。

表 4-5　沸腾和焖饭阶段火力控制模糊推理

| 烧饭量 | 少 | 中 | 多 |
|---|---|---|---|
| 火力大小 | 较小 | 中 | 较大 |

# 4.3　智能煮饭程序设计

**1. 煮饭程序控制过程**

按照煮饭的工艺过程,使用单片机控制的电饭锅可以将煮饭过程划分为几个阶段,不同阶段采用的加热方式不同。需要指出的是,以下所提出的时间和温度控制点并非所有电饭锅通用,不同的电饭锅有不同的控制参数。

(1)预加热阶段

该阶段将锅内温度升至 58℃ 左右,在满足吸水条件的锅内,考虑到米在底部,水在上部,温度交换较差应当将加热的温度提高到 60℃ 左右,此时底加盘中大火力加热。

(2)吸水阶段

该阶段完成吸水工艺过程,此阶段,底加热盘当温度跌到 55℃ 以下时中大火力加热回温,温度回到 58℃ 时,停止加热。该阶段维持时间约为 15min。

(3)测米量阶段

该阶段属于加热工艺过程,按照 4.2 节所述,在底加热盘进行大火力加热时,对烧饭量进行测定。

(4)加热升温阶段

该阶段属于加热工艺过程,底加热盘大火力加热将水加热至沸腾,此时应当判断锅顶温度的值作为阶段结束的条件,不同结构的电饭锅判断的温度阈值不同,本教材实训所用电饭锅此温度值约为 68℃。

(5)加热防溢出阶段

该阶段属于加热工艺过程,底加热盘已经停止加热,但是顶加热盘开始加热,直到锅顶温度到 104℃,之后该温度持续保温前的所有阶段。顶加热盘在底加热盘关时,当锅顶温度低于 100℃ 时,开始加热,高于 104℃ 时都停止加热,这是为了达到整个锅内均匀加热,同时防止溢出。该阶段维持的时间为 1~3min,由测得的米量多少决定该阶段的时间长度。

(6)沸腾阶段

该阶段按照 4.2 节所述,根据测得米量决定底加热盘加热的火力大小。

(7)焖饭阶段

焖饭阶段维持时间为 15min,完成膨胀工艺过程。在这阶段的前 10min,底加热盘停止加热,在最后 5min 为了保证煮饭的效果,每分钟进行一次小火力加热。

(8) 保温阶段

该电饭锅有三个加热盘控制,保温时,顶加热盘将锅盖的温度维持在 72℃ 左右,当锅底的温度过低时,打开底加热盘以小火力加热到 70℃,侧加热盘将锅底温度维持在 72℃ 左右。

煮饭过程分解见表 4-6。

表 4-6　煮饭过程分解

| 过 程 | 阶段结束条件 | 底加热盘 | 侧加热盘 | 顶加热盘 |
|---|---|---|---|---|
| 低温升温 | 锅底温度达到 63℃ | 中大火力加热 | 停止加热 | 停止加热 |
| 吸水 | 满 15min | 锅底温度低于 55℃ 中大火力加热,高于 58℃ 停止加热 | 停止加热 | 停止加热 |
| 测米量 | 锅顶温度达到 63℃ | 大火力加热 | 停止加热 | 停止加热 |
| 加热升温 | 锅顶温度达到 68℃ | 大火力加热 | 停止加热 | 停止加热 |
| 加热防溢出 | 满足设定时间(1～3min) | 停止加热 | 停止加热 | 锅顶温度低于 100℃ 开始加热,高于 104℃ 停止加热 |
| 沸腾 | 锅底温度达到 124℃ | 按照米量控制火力大小 | 停止加热 | |
| 焖饭 | 满 15min | 最后 5min,每分钟小火力加热一次 | 停止加热 | |
| 保温 | 无 | 锅底温度低于 70℃ 小火力加热,高于 70℃ 停止加热 | 锅底温度低于 72℃ 开始加热,高于 74℃ 停止加热 | 锅顶温度低于 72℃ 开始加热,高于 73℃ 停止加热 |

在煮饭过程中,锅底温度随着煮饭过程阶段的变化,呈现出如图 4-2 所示的曲线,其中纵坐标为温度,横坐标为烹饪时间。

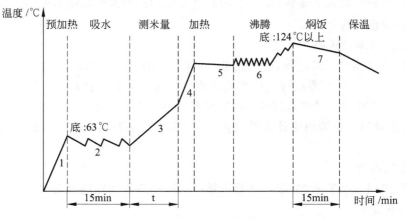

图 4-2　煮饭过程锅底温度曲线

**2. 加热盘火力大小控制**

智能煮饭过程中,几乎所有需要底加热盘加热的过程都需要使用间歇加热的方式进行加热,这是因为:

① 底加热盘的加热功率较大,220V 供电的情况下,一般达 850W 以上,连续加热极易使得锅底温度迅速升高。

② 煮饭时,是生米与水的混合物,其中生米接近锅底,水在米之上。加热时,靠近锅底的米升温较快,而与水不能形成对流,无法很好地交换热量,若底加热盘持续加热会导致米的温度升高很快,水的温度升高较慢,影响米的吸水,也不能使得整个锅体均匀加热。

③ 根据不同烹饪功能的需要,所需要的加热火力有区别,通过控制加热占空比,可以控制加热盘的火力。

因此,在进行智能煮饭时,需要对底加热盘的进行间歇式控制,采用一定的占空比控制加热的过程。相同时间长度的一个加热周期中,底加热盘开的时间越长,加热的火力就越大,底加热盘开的时间越短,加热的火力就越小。通常会采用 20～30s 的加热周期,如果加热周期太短会使得继电器经常开开合合,缩短继电器的使用寿命。

# 4.4　煮饭功能测试

**1. 输入电参数测量**

家用电器输入电参数分为输入功率、输入电流、输入电压、电源频率、功率因数等项。输入电参数在标准术语中称为额定值。

就电功率测量而言,其方法是多样灵活的。测单相交流功率的方法有功率表法(电能表法)、交流电位差计法、热电比较仪表法和数字功率计法等。绝大多数家用电器使用的是单相工频交流电,最方便实用的功率测量方法就是数字功率表法或电参数综合测试仪法。例如,上海苏特电气有限公司生产的型号为 BDS 的智能电参数综合测试仪用来测量额定值,一次测试能读取全部额定值,并且能与打印机连接,直接将测试结果打印出来。

电饭锅输入功率应分为输入最大功率、最小功率和平均消耗功率三项。

① 输入最大功率:此项包括底加热盘、侧加热盘、顶加热盘和控制电路四部分电功能部件的耗电的算术和。

② 最小功率:电饭锅处以待机状态,底加热盘、侧加热盘、顶加热盘均不耗电,只有控制电路部分耗电。

③ 平均消耗功率:电饭锅在煮饭全过程中,不同的时段耗电是不同的,例如加热升温阶段耗电是较大的,而保温阶段耗电较小,待机阶段耗电最小。所以在煮饭全过程中,要用平均消耗功率概念来衡量电饭锅用电量的大小,即电饭锅完成一个标准煮饭程序所用电能与完成一个标准煮饭程序所用时间之比来度量。平均消耗功率的计算公式如下:

$$\text{平均消耗功率(W)} = \frac{\text{电能表记录的煮饭所用的总电能(kWh)}}{\text{煮饭耗电所用时间(h)}} \tag{4-1}$$

电饭锅电参数测量的连接图如图 4-3 所示。

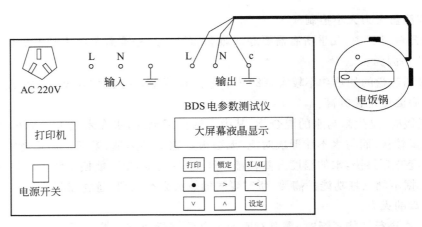

图 4-3    电饭锅电参数测量的连接图

电参数综合测量仪能同时测量电压、电流、功率、功率因数和频率等参数,所以使用电参数综合测量仪能提高测量效率。

**2. 安全性能测试**

电饭锅的电气安全性能测量项目除绝缘电阻、电气强度、泄漏电流和接地电阻等几项外,还有淋水绝缘实验、溢水绝缘实验。现在介绍淋水绝缘实验和溢水绝缘实验。

(1)淋水绝缘实验

淋水绝缘实验的目的是模拟用户不小心把水、汤类淋到了电饭锅上,测量电饭锅的电气安全性能,但电饭锅的电气性能应不能降到不能安全用电的级别。

淋水绝缘性能实验测试步骤如下:

① 将电饭锅放置平稳,把锅盖盖好。

② 把兆欧表与电饭锅的绝缘电阻的测试部位连接好,兆欧表测量电压挡选择 500V 挡位。

③ 在电饭锅上部中央距电饭锅放置地面 2m 高处放置喷水装置。

④ 以 5L/min 的流量向电饭锅上均匀淋 5min 的自来水。

⑤ 用兆欧表 500V 电压挡位连续测量带电部分与非带电金属部分之间的绝缘电阻。

⑥ 在整个喷淋过程中绝缘电阻值应符合 GB4706 要求。

(2)溢水绝缘实验

本试验是模拟用户用电饭锅煮粥、煮汤在沸腾时汤水溢出使电饭锅电气绝缘性能降低的情况。

溢水绝缘性能试验测试步骤如下:

① 将电饭锅放置平稳,把锅盖盖好。

② 把兆欧表与电饭锅的绝缘电阻的测试部位连接好,兆欧表测量电压挡选择 500V 挡位。

③ 从电饭锅顶盖部的蒸汽泄放孔中向内锅流入自来水,至使内锅装满水并使水慢慢溢出流淌。

④ 以 5L/min 的流量向电饭锅内锅均匀流 5min 的自来水。

⑤ 用兆欧表 500V 电压挡位连续测量带电部分与非带电金属部分之间的绝缘电阻。

⑥ 在整个喷淋过程中绝缘电阻值应符合 GB4706 要求。

厨房中使用的电器和涉水电器都要进行淋水绝缘性能实验与溢水绝缘性能实验这两项测试。

### 3. 煮饭过程的时间测试

煮饭工艺过程可以分为升温阶段、米吸水阶段、测量米量阶段、加热升温阶段、顶加热阶段、沸腾焖饭阶段、膨胀阶段和保温阶段等 8 个阶段。按照煮饭的工艺过程,不同阶段采用的加热方式不同,不同的阶段各点的温度不同,利用温度的差别,就可以测量该阶段的所需时间。煮饭各阶段温度范围图如图 4-4 所示。

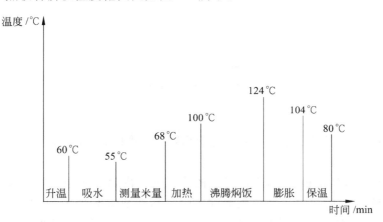

图 4-4　煮饭各阶段温度范围图

由图 4-4 可以看出,煮饭各个阶段所需的温度分别是:升温阶段由室内自然温度升高到 60℃,吸水阶段温度由 60℃降至 55℃,测量米量阶段温度由 55℃升至 68℃,加热煮阶段温度由 68℃升至 100℃,沸腾焖饭阶段温度由 100℃升至 124℃,米饭膨胀阶段温度由 124℃降至 104℃,最后保温阶段温度由 104℃降至 80℃。按此过程设计的积时计时装置如图 4-5 所示。

在进行时间测量之前,先在锅盖上相隔 10cm 处钻两个直径 8mm 的通孔,用以插入水银温度计。在插入水银温度计时应注意电接点水银温度计 1 要把有水银的玻璃段插入到米的中间,电接点水银温度计 2 要让有水银的玻璃段插入到锅盖内侧的空气中间。插入后,用胶布把水银温度计固定好。(注意:小心操作,不要把温度计碰坏了而流出水银。水银有毒!)

依据设定的某一过程段的最高温度,调节温度计的接通接点,使到达设定温度后,计时器停止计时,读出累计时间,这个时间就是这一煮饭过程的所用时间,把所有过程时间进行算术求和,整个煮饭时间就算出来了。

### 4. 煮饭过程的热性能测试

热性能是电饭锅的使用性能,热性能好的电饭锅可以节约能源,增加用户使用电饭锅

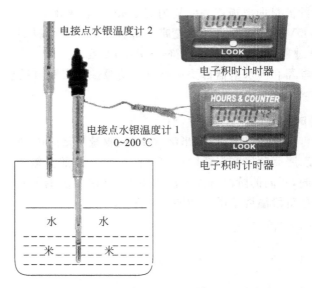

图 4-5    积时计时装置

的兴趣。

通常,电饭锅的使用性能测试是指电饭锅限温温度值、保温温度值和热效率的测量。

1) 限温温度的测量

根据自动电饭锅国标规定,限温温度的测定是向内锅加入额定容积 50％ 的水,再按米与水的重量比为 1∶2 加入三级籼米,按图 4-6 所示把两支水银温度计放在内锅底部中心直径 50mm 范围内,其中温度计 2 与内锅底部保持接触,温度计 1 距锅底 5mm,施加额定电压进行煮饭试验。在限温器切断电源后 5s 内读取温度计 2 读数,然后加入 50ml、80～90℃ 的热水,约 10min 后重新接通电源进行第二次试验,重复测定 3 次,取温度计 2 三次读数的平均值作为限温温度。

合格的限温范围为 $(T+0.5)℃ \sim (T+4.5)℃$,$T$ 为试验地点的沸点(以下假定 $T=100℃$)。

2) 保温温度的测量

根据国标规定,仍采用图 4-6 所示试验装置,在测量限温温度后再用温度计 2 测量保温温度。用保温器保温的电饭锅,在限温器切断加热电路后,记录保温器触点三次接通瞬间温度计 2 的读数,取其平均值为最低保温温度,同样上述三次断开瞬间温度计 2 的读数平均值为最高保温温度。电饭锅保温温度均应保持在 60～80℃ 范围内为合格。

用附加电热元件保温的电饭锅(用顶盖加热保温的电饭锅就属这一类),在限温器切断加热电路 4h 后,在 5s 内读取温度计 2 的读数,其读数(饭温)应比试验环境温度高 45～55℃ 为合格。

3) 空烧模拟测量

保温式自动电饭锅的限温温度、保温温度的测量法按国标为煮饭测量法。这种测量法作为形式试验或抽检是最直接的和最正确的,但作为产品的出厂检验则不是理想的方

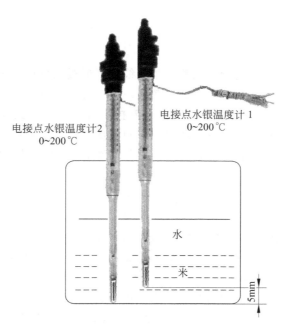

电接点水银温度计2
0~200℃

电接点水银温度计 1
0~200℃

水

米

5mm

图 4-6　温度计放置位置

法。这种测量方法太费时、费力、费粮,严重限制了电饭锅的生产量,因此必须寻找一种简单快捷的测量方法来代替煮饭测量法。这里用空烧模拟法来测量电饭锅的限温温度、保温温度。电饭锅通电加热时,即内锅里不放任何东西,测量从通电到保温器、限温器跳断的连续时间来间接反映保温温度、限温温度。目前,国内绝大多数电饭锅厂已经使用此法作为出厂检验时测量保温温度和限温温度的方法。

（1）能量法

一般来说,同一工厂生产的同一规格的相同功率电饭锅的热容量、热效率是相同的。在相同的条件下(环境温度、湿度和电源电压等)煮相同重量的米和水混合物至同一温度的饭,在理想状态下每个电饭锅消耗的电能是相同的。换言之,消耗电能多的电饭锅,饭温必定高;消耗电能少的电饭锅,饭温必定低,即电饭锅的保温温度、限温温度跟消耗电能成正比关系。同理,如果用空的锅加热,则加热到同一温度时各个电饭锅所消耗的电能也该是相同的,当然这要比煮饭消耗的电能少得多。用测量空烧消耗的电能代替煮饭测量限温温度和保温温度,最重要的一步就是要找出温度与空烧所耗电能之间的函数关系。虽然在理论上可由加热热量 $Q$ 得出温度与消耗电能的关系,如下:

$$Q = m \times C(\theta - \theta_{室}) \qquad\qquad (4\text{-}2)$$

$$Q = \frac{W}{\eta} \qquad\qquad (4\text{-}3)$$

式中,$m$——被加热物的质量;

$C$——质量热容;

$W$——消耗的电能;

$\eta$——热效率。

所以

$$\theta = \frac{W}{\eta mc} + \theta_{室} \tag{4-4}$$

但在实践中,温度与空烧耗电能的函数关系曲线可以通过大量试验来获得。试验时,环境温度必须一致,否则试验将会有较大的离散性。试验过程如下:先不按下煮饭开关,电饭锅通电空烧开始耗电能,当保温器跳断时(保温指示灯亮),记下保温所消耗的电能;再按下煮饭开关继续加热,直至限温器跳断时记录限温所消耗的电能(包括保温所消耗的电能在内);然后用同一电饭锅进行煮饭试验,测出保温温度和限温温度,得到一组对应的数据:

$$1 \begin{cases} \theta_{保1} \leftrightarrow W_{保1} \\ \theta_{限1} \leftrightarrow W_{限1} \end{cases}$$

用许多电饭锅重复进行上述两种对照试验,得如下数据集:

$$2 \begin{cases} \theta_{保2} \leftrightarrow W_{保2} \\ \theta_{限2} \leftrightarrow W_{限2} \end{cases} \quad 3 \begin{cases} \theta_{保3} \leftrightarrow W_{保3} \\ \theta_{限3} \leftrightarrow W_{限3} \end{cases} \quad \cdots \quad n \begin{cases} \theta_{保n} \leftrightarrow W_{保n} \\ \theta_{限n} \leftrightarrow W_{限n} \end{cases}$$

综合上述数据集,可以得到粗略的保温温度、限温温度与消耗电能的对应关系带,如图 4-7 所示。它并不是一一对应的精确关系的曲线,故保温温度(或限温温度)的合格范围 $\theta_1 \sim \theta_2$ 只能用最小的保温耗电能(或限温耗电能)范围 $W_2 \sim W_3$ 来表示。

(2)时间法

用空烧电能法来测量电饭锅的保温温度和限温温度还是比较麻烦的。事实上,从电能的计算公式 $W = Pt_s (\mathrm{J})$ 可以看出,只要电饭锅功率一定,就可以把测量保温温度或限温温度归结为测量保温空烧时间或限温空烧时间。

在环境温度、功率和额定电压均不变的情况下,进行大量电饭锅的许多次对照试验,也可得到温度与空烧时间的对应关系带,如图 4-8 所示。为了不误判,保温温度(或限温温度)的合格范围 $\theta_1 \sim \theta_2$ 只能用最小保温空烧时间范围(或限温空烧时间范围)$t_2 \sim t_3$ 来表示。

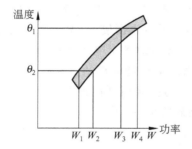

图 4-7    限保温温度与消耗电能的关系带

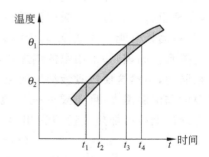

图 4-8    限保温温度与空烧时间的关系带

在实际生产时,同一规格的电饭锅的实际额定功率不可能都一样,国标规定偏差 $+5\% \sim -10\%$ 均是合格功率范围。这时可以根据电能相等的原则进行修正,即

$$t_{额} = \frac{P_{实} \times t_{实}}{P_{额}} \tag{4-5}$$

例如,在环境温度为 20℃,电压为 220V 情况下,某厂生产的 700W 电饭锅(或修正成 700W)的保温空烧时间的合格范围为 71～107s(模糊对应 60～80℃),限温空烧时间合格范围为 218～325s(模糊对应 100.5～104.5℃)。

同样道理,还需对环境温度对空烧时间的影响进行修正。环境温度低,实测保温通电时间和限温通电时间将延长;环境温度高,实测保温通电时间和限温通电时间将缩短。这也要从大量试验中找出关系曲线,然后分段加以修正。

3) 电饭锅的热效率测定

电饭锅热效率表示锅内饭所吸收的热量与电饭锅所消耗的电能之比,热效率越高,越节能。为了测量方便、精确,锅内以水代替饭。

试验前,在电饭锅的锅盖上钻一个排气孔,尺寸见表 4-7 所示。为了不使蒸汽从锅沿漏出,锅盖与内锅沿之间应加密封,室内温度控制在 20±5℃(最好在 22～25℃)。

表 4-7　排气孔尺寸及盛水量表

| 功率 $P$/W | 排气孔直径 $D$/mm | 蒸发水量 $G_2$/g | 盛水量 $G_1$/kg |
|---|---|---|---|
| ≤400 | 4.8 | 200 | 1 |
| ≤500 | 5.5 | 250 | 1.2 |
| ≤600 | 5.8 | 300 | 1.4 |
| ≤700 | 6.2 | 350 | 1.6 |
| ≤800 | 7.1 | 400 | 1.8 |
| ≤1000 | 8.2 | 500 | 3.0 |
| ≤1500 | 9.5 | 700 | 3.5 |
| ≤2000 | 11.5 | 900 | 4.5 |

将电饭锅放在秤上,内锅加规定水量 $G_1$,见表 4-7,水温接近室温(允许有 ±1℃ 偏差),然后给电饭锅接通额定电压的电源,同时开始计时,当内锅的水量蒸发到规定的重量(见表 3-7)时断开电源,10min 后记下总蒸发水量 $G_2$。

根据电饭锅热效率的含义,可得

$$\eta = \frac{Q}{W} \tag{4-6}$$

式中,$Q$——水所吸取的热量;

　　$W$——消耗的电能。

首先,水所吸取的热量由两部分组成,即 $Q = Q_1 + Q_2$,一部分是锅内盛水量 $G_1$ 从室温 20℃ 加热到 100℃ 所需热量:

$$Q_1 = 4.18 G_1 \times (100 - \theta_1) \times 10^3 (\text{J}) \tag{4-7}$$

式中,4.18kJ/(kg·K) 是水的比热容,$\theta_1$ 为室温。

另一部分是蒸发水量 $G_2$ 从 100℃ 的水变成 100℃ 的蒸汽所需热量:

$$Q_2 = 2256685 \times G_2 (\text{J}) \tag{4-8}$$

式中,2256685(J/kg) 是水的汽化热。

电饭锅所消耗的电能为

$$W = P \times t_s (\text{J}) = \frac{P \times t_m}{60} \times 3600 (\text{J}) \tag{4-9}$$

式中，$t_s$ 为以秒为单位的通电时间，$t_m$ 是以分为单位的通电时间，$P$ 为电饭锅的功率（W）。

所以，电饭锅的热效率 $\eta$ 为

$$\eta = \frac{Q_1 + Q_2}{W} = \frac{1.16G_1(100 - \theta_1 + 626G_2)}{P \times \dfrac{t_m}{60}} \times 100 \tag{4-10}$$

当完成煮饭程序后，需对煮饭的功能进行验证，除了饭熟与否之外，还有其他需要测试的内容，只有所有测试项均合格才能判定控制程序正确。判断智能电饭锅的煮饭功能是否正确，包含对以下几方面的验证：

① 从开始到进入保温阶段经历的时间。煮饭的时间不应超过 1h，避免因为烹饪时间太长，给用户带来生活上的不便。

② 饭的质量。首先应当保证饭熟，不能有夹生，尤其是大米量煮饭时，尤其要保证中部的米饭能煮熟，同时按照标注刻度加的水所煮的米饭不能过硬也不能过软，不能很干也不能偏湿，米心不应被煮烂。保证煮饭的质量是电饭锅最根本的功能。

③ 锅盖有无水溅出。锅盖有水溅出会影响用户的使用，有时甚至给用户带来不必要的伤害，因此软件设计时应当考虑不应使水过度沸腾而导致有水溅出。

在实际进行测试时，首先应当在电饭锅标注的不同工作环境下进行测试，如电饭锅标注的工作电压为 220V±10%，则应当在 220V、198V、242V 时分别就煮饭功能进行测试。测试时，应当记录不同阶段出现的现象，当出现不合格现象时，分析在其所处阶段的程序，修改后重新测试。

# 4.5  控制程序设计

本教材提供的平台实验程序（见附录 D）中包括基本的蜂鸣器控制、按键、显示、读 AD、时钟处理和外设控制程序，在平台程序基础上，读者可以按照烹饪功能的要求完成烹饪程序的编写与测试。有些电饭锅可以实现的其他功能，如自诊断、预约时间等功能不包含在平台程序内，若读者感兴趣可以自行完成。以下的子函数平台程序提供现成的代码，见附录 D。

（1）主函数

void main(void);

（2）读键

void ReadKey(void);

（3）显示处理

void DisplayLCD(void);

（4）HT1621 初始化

void display_init(void);

（5）传送数据至 1621

void send_data(byte,byte )；

（6）延时

void Delay(word)；

（7）读 AD

void ReadAd(void)；

（8）温度转换

byte CnvtRomTemp(byte)；

（9）底加热盘控制函数

void H_Bot_Ctrl(void)；

（10）底加热盘功率设置

void MainPower_Set(byte BottomHeatOnTime，byte BottomHeatCycle)；

（11）加热外设驱动控制函数

void Drv_output(void)；

以下的子函数根据不同的功能必须做一些调整。

（1）初始化

void Init(void)；

（2）定时器溢出中断

void interrupt 6 TimISR(void)；

（3）按键操作

void KeyOpt(void)；

（4）显示数据设置

void Display_set(void)；

（5）蜂鸣器控制设置

void BeepCtrl(void)；

烹饪控制 void Cook_Ctrl(void)，子函数由读者自己编写。

自诊断 void Self_Diagnosis(void)；子函数由读者有选择性地编写。

## 1. 总体程序流程

如图 4-9 所示，主程序包括初始化程序和主循环程序，初始化程序对寄存器和端口进行初始化，主循环程序处理电饭锅的工作过程。读键子程序读取按键状态并对按键进行

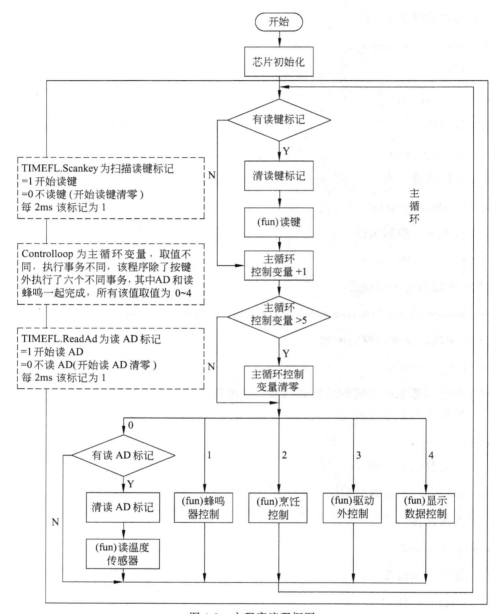

图 4-9    主程序流程框图

处理；读 AD 子程序读取锅顶、锅底温度 AD 值，并将其转换为实际温度；烹饪控制子程序（void Cook_Ctrl(void)）由读者按照烹饪功能的要求完成；显示数据控制子程序对液晶显示数据、LED 显示进行设置；外设驱动控制程序按照上层程序的要求对底加热盘、侧加热盘、顶加热盘进行控制。

**2. 初始化程序**

如图 4-10 所示，电饭锅控制程序的初始化程序主要进行了以下工作：

① 定时器溢出中断设置。在程序中，读键、读 AD、送显示数据和计时等程序均需要

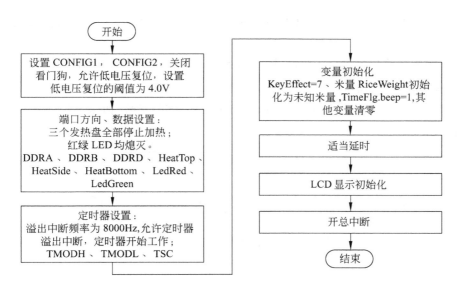

图 4-10  初始化程序流程框图

定时器溢出中断。在该程序中,定时器每秒中断 8000 次,外部晶振为 8MHz。

② 输入输出端口设置。该电饭锅控制板,采用如图 4-11 所示管脚布局。在初始化程序中要按照芯片管脚的配置初始化输入/输出端口的方向寄存器,同时初始化输入/输出端口的数据寄存器,一般应当先设置口数据再设置口方向。

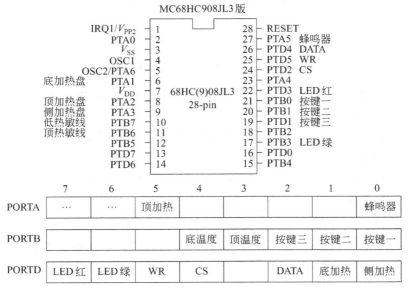

图 4-11  管脚分配

③ 配置寄存器初始化。对单片机工作方式进行设置。

④ 变量初始化。上电时,蜂鸣器响一声,所有发热盘不加热,所有计时变量清零。

⑤ LCD 初始化。使用 HT1621 驱动液晶显示器必需先将 1621 初始化,该程序是用一个函数完成的。

电饭锅的初始化程序在主程序部分,书写在函数 void Init(void)中。

**3. 定时器溢出中断**

定时器溢出中断使用 void interrupt 6 TimISR(void)函数,如图 4-12 所示,该函数主要执行了以下功能:

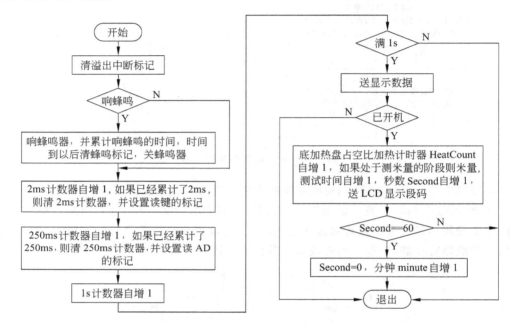

图 4-12    定时器溢出中断流程框图

① 计算系统的时间。该系统 125μs 中断一次,在此基础上进行系统时间的计算,分别得到 2ms 平台、250ms 平台、1s 平台。

② 由于系统采用了无源蜂鸣器,需要脉冲驱动,在定时器溢出中断程序中还要对蜂鸣器进行时间控制。

③ 标志位处理。处理读键标志位,读 AD 标志位、秒标志位。

④ 送 LCD 显示段码。系统每 1s 送显示段码。

**4. 按键功能**

按键功能子程序(void ReadKey(void)函数)的处理包括读按键的状态和对按键的处理。

(1) 读键

为了提高程序工作效率,程序设置 2ms 读一次按键,在定时器溢出中断中,设置 TimeFlg. scankey 为按键标志,每当系统运行 2ms,则设置 TimeFlg. scankey 为 1,主循环体判断 TimeFlg. scankey 为 1 时,则进行如图 4-13 所示操作。

在程序中,将 KeyBuffer 定义为按键缓冲变量,KeyEffect 定义为有效键值,KeyCnt

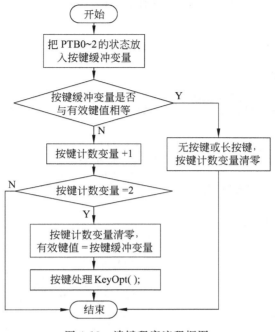

图 4-13　读键程序流程框图

定义为按键计数变量。读取按键端口的状态实质上相当于读取 PORTB 0 1 2(见图 4-14)三个管脚的状态。按键计数变量的应用是为了进行软件消抖。按键端口有时受到外部电路的影响会产生瞬时变化,但实际上并没有按键动作发生,采用按键计数变量只有当前按键状态连续多次程序运行时与原有按键状态不同,才认为是按键有效,执行按键处理函数 void KeyOpt(void)。

图 4-14　按键示意图

（2）按键处理

按照电路的设计,当有按键时,相应端口则输入低电平;无按键,则相应端口输入高电平。因此,无按键时,KeyEffect 的值就为 7;按下按键一(开机键),KeyEffect 值为 3;按下按键二(保温加热切换键),KeyEffect 值为 5;按下按键三(显示切换键),KeyEffect 值为 6。

在程序处理中,使用按键一作为开关键使用,按下开机键开始执行烹饪功能;再次按下,执行关机停止所有功能,关闭所有加热盘。按键二作为保温切换键,按下该键不论执行什么功能,均切换至保温状态。按键三为显示切换键,按下该键在显示锅底温度、显示锅顶温度、显示烹饪阶段之间切换。在后面的章节中,为了调试程序的方便,有时会将按键二、按键三屏蔽,不使用。

按键处理子程序处理的是电饭锅的工作标志,并不实际处理电饭锅的工作,具体功能

的执行是由其他子程序执行的。程序并没有处理同时按键及连击键。按键处理程序流程
框图见图4-15。

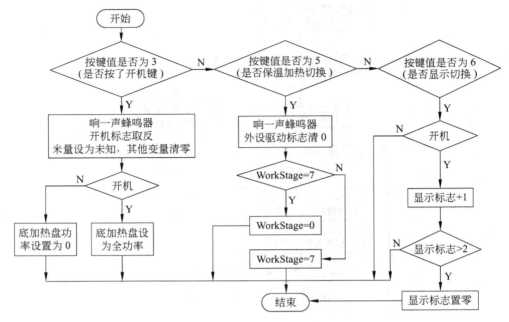

图4-15　按键处理程序流程框图

### 5. 显示控制

显示功能的实现，包括LED指示灯显示及LCD显示，其中LCD的显示使用
HT1621作为液晶驱动芯片来实现，HT1621的详细使用方法可参照参考文献17。本教
材使用几个子程序完成了显示功能的实现。

① HT1621初始化程序(void display_init(void)函数)。写在初始化程序段，对
HT1621配置工作环境。

② 显示数据控制子程序(void Display_hdl(void)函数)。写在主循环，控制LED的
显示，设置LCD显示的数据，主要确定4个数码段分别显示的数字。

③ 送显示数据(void DisplayLCD(void)函数)。写在定时器溢出中断，每1s就向
HT1621送一次显示数据。

在这里不对显示数据控制函数多做说明，重点说明LCD显示的实现。

对1621的操作是从选通1621开始的，当CS输入低电平时，才能进行写数据及写命
令操作。对1621写数据及写命令时，须向WR送方波，在一个完整的方波周期，可以向
DATA送一位数据，送高电平时送数据"1"，送低电平时送数据"0"。在该程序中，使用
send_data(byte data_temp, byte loop)函数传送数据，其中data_temp为传送的数据，
loop为传送数据的长度。送码子程序流程框图见图4-16。

(1) HT1621初始化程序

该子程序写在初始化程序段，对HT1621配置工作环境。

如图 4-17 所示，HT1621 初始化程序 display_init（void）函数的主要作用是向 HT1621 送命令码，使得 1621 可以正常工作以驱动 LCD 工作。通过 DATA 引脚，送二进制码 100 表示将向 1621 送命令，而非 RAM 数据。1621 工作在命令模式后，依次向 1621 送以下代码，完成了对 1621 的设置。

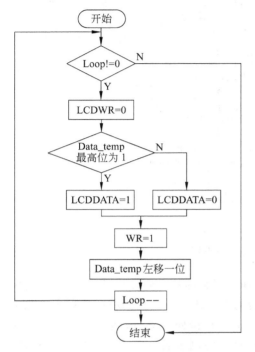

图 4-16　送码子程序流程框图　　　图 4-17　HT1621 初始化子程序流程框图

```
0x01        //打开系统振荡器命令
0x03        //打开 LCD 偏压发生器命令
0x05        //WDT 溢出标志输出失效命令
0x06        //时基输出使能命令
0x18        //系统时钟源片内 RC 振荡器命令
0x29        //LCD1/3 偏压选项 4 个公共口命令
0xa0        //时基/WDT 时钟输出 1Hz 命令
0x88        //使/IRQ 输出有效命令
```

（2）送显示数据

该子程序写在定时器溢出中断，每 2ms 钟就向 HT1621 送一次显示数据。

DisplayLCD（void）函数为定时器溢出中断中，向 HT1621 送显示数据的函数。如图 4-18 所示，该函数执行时要先向 1621 送些命令码 101，然后送数据的地址，最后送 RAM 区的内容。

**6. 外设驱动控制**

在程序处理中，烹饪功能程序需要确认是否开侧加热盘、顶加热盘，同时需要确定底加热盘以何种占空比工作，三个加热盘是使用继电器进行控制的，在实际处理上，将外设

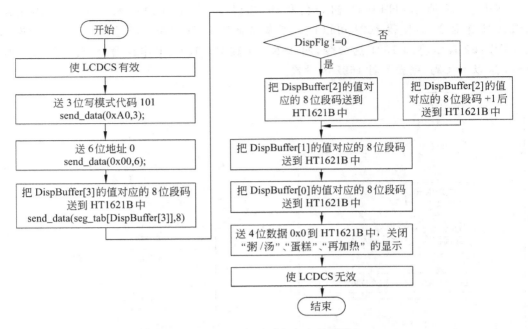

图 4-18　送段码子程序流程框图

的控制分为了上层处理和下层处理程序,上层处理程序管理的是侧加热盘、顶加热盘的标志位,而不直接处理端口,同时还要处理底加热盘的占空比。下层控制程序根据占空比确定是否应当开底加热盘,设置底加热盘的标志位,也不直接处理端口,然后根据上层程序得到的标志进行端口的处理。上层处理程序是在烹饪控制函数 void Cook_Ctrl(void)中实现的。

　　因此,下层处理程序(void Main_drv(void)函数)的功能包括底加热盘占空比控制(void H_Bot_Ctrl(void)函数)以及驱动的端口输出(void Drv_output(void)函数)。

　　(1)底加热盘占空比控制

　　当底加热盘使用占空比加热时,底加热盘开关就不能够简单地给端口送高低电平来实现,此时需要将底加热盘的程序分为底层加热程序与上层控制程序。上层控制程序只修改占空比的加热时间与总周期时间,底层加热程序则实际处理底加热盘加热的状态。底层加热控制程序流程框图如图 4-19 所示,上层控制程序给加热周期时间长度及加热时间长度赋值,根据实际需要的情况确定加热占空比,加热计时器在定时器程序中,每 1s 加 1,在加热控制程序中,当计时器的值大于等于加热周期时间长度时,说明应该开始一个新的加热周期,将计时器清零重新计时,新的加热周期首先要开底加热盘,直到加热计时器的值超过加热

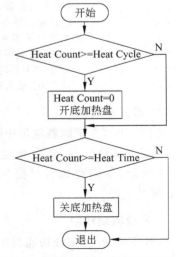

图 4-19　底层加热控制程序流程框图

时间长度,则关底加热盘。

按照流程图,在程序中定义了三个变量,其底加热盘控制函数如下:

```
byte Heat_Count;                    //占空比加热时,加热计时器
byte Heat_Cycle;                    //占空比加热时,加热盘周期时间长度
byte Heat_Time;                     //占空比加热时,加热盘开时间长度
/* ========底加热盘控制函数========== */
void H_Bot_Ctrl(void)
{
  if(Heat_Count>=Heat_Cycle)
  {
     Heat_Count=0;
     DrvFlg= DrvFlg |0x02;          //开底加热盘
  }
  if(Heat_Count>=Time)
  {
       DrvFlg= DrvFlg &0x0FD;       //关底加热盘
  }
}
```

在上层的控制程序当中,若实现底加热盘开 8s、关 23s 的操作,则执行以下语句:

```
Heat_Cycle=31;
Heat_Time=8;
```

若实现底加热盘不加热,则执行:

```
Heat_Cycle=31;
Heat_Time=0;
```

若底加热盘全功率加热,则执行:

```
Heat_Cycle=31;
Heat_Time=31;
```

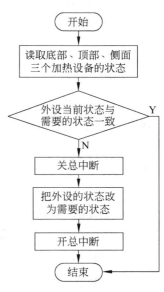

图 4-20　送驱动程序流程框图

(2) 驱动端口输出

在进行外设驱动输出时,首先比较外设实际状态与需要控制状态是否相同,当二者相同时表示端口的状态无需改变,二者不同时需要改变外设的输出状态。在改变端口输出状态时,要先将中断关闭,电平输出完成时再打开中断,确保输出的稳定。按照管脚布局,送驱动程序流程框图如图 4-20 所示。

实现程序如下:其中 DrvFlg 如图 4-21 所示,第 0 位为侧加热盘标志、第 1 位为底加热盘标志、第 4 位为顶加热盘标志,标志位为 1 时需要加热,否则不需要加热。

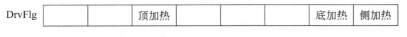

图 4-21　DrvFlg 含义

```
void Drv_output(void)
{
    byte tmp；
    tmp ＝ PORTA&0X20＋PORTD&0X03；
    if(DrvFlg!＝tmp)      //驱动口设置需要改变
    {
        asm
          {
            SEI          //关中断
          }
        PORTD ＝ (PORTD&0XFC)＋(DrvFlg&0X03)；
        PORTA ＝ (PORTD&0XDF)＋(DrvFlg&0X20)；
        asm
          {
            CLI          //开中断
          }
    }
}
```

综上所述,在程序中,如果计划实现的控制为开侧加热盘、关顶加热盘、底加热盘开 14s 开 17s,则在烹饪控制程序(void Cook_Ctrl(void)函数)的相应程序段写如下代码即可:

```
DrvFlg＝0x01；
Heat_Cycle＝31；
Heat_Time＝14；
```

本教材的电饭锅控制程序和空调控制程序的中处理蜂鸣器都是采用相同的处理方法,在第 11 章将会详细论述,在本章不多做介绍。

# 4.6  实训任务:模仿机械式电饭锅煮饭

### 1. 实训目的

通过本次实训,能对煮饭工艺过程做出分析,按照煮饭工艺过程完成程序,能使用电阻箱调试、更改程序。

### 2. 知识要点

机械式电饭锅的煮饭过程参照 4.1 节的介绍,只要对锅底温度进行读取,开机时,当锅底温度低于 103℃则开底加热盘,高于 103℃时,停止加热,进入保温状态。保温状态工作时,底温低于 70℃时,底加热盘加热,高于 80℃时,停止加热,将温度维持在 70～80℃之间。机械式电饭锅加热程序控制流程框图见图 4-22。

### 3. 实训任务

① 按照图 4-22 所示流程框图完成机械式电饭锅烹饪控制函数 void Cook_Ctrl (void)程序的书写。

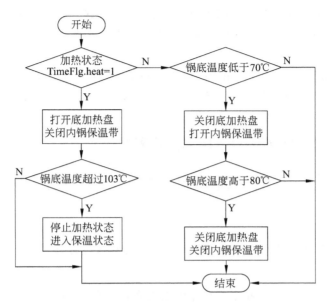

图 4-22 机械式电饭锅加热程序控制流程框图

② 使用电阻箱模拟热敏线,检测程序是否正确。

③ 加两杯米,按照刻度要求加水,用自行完成的程序测试煮饭过程。在实训过程中,每分钟使用万用表测量底热敏线端口电压,描绘和填写电压-温度-加热情况数据表。

**4. 实训环境**

① 电饭锅控制板。

② 万用表。

③ 电阻箱。

④ 2 杯米。

⑤ 电饭锅外围设备。

**5. 实训准备**

两位同学一组,每组一套实训器材。

使用"机械式电饭锅平台程序",该程序液晶显示锅底温度,上电时不亮灯,按开机键亮红灯,底加热盘加热时亮绿灯,不加热时不亮绿灯。

**6. 实训课时**

2 学时。

**7. 实训步骤**

① 按照图 4-22 所示的流程框图完成机械式电饭煲的烹饪控制函数 void Cook_Ctrl (void)程序的编写并确保函数中没有语法错误。

② 使用 1 个电阻箱代替底热敏线,模拟实际煮饭过程中温度的变化,观察控制板继电器的输出。

③ 如果控制板的现象与流程图不符,则程序书写有误,检查并修改代码。一般来讲,与流程图不相符的地方即是程序发生错误的地方,改正后重复步骤②直到控制板的现象与流程图相符,进入步骤④。

④ 给电饭锅加入 2 杯米,按照锅内刻度提示加水,并用自己完成的程序进行煮饭,同时每分钟记录底温度数据,饭熟后检查煮饭的质量。

**8. 实训习题**

使用记录的数据绘制温度-时间表,划分煮饭阶段。

# 4.7 实训任务:用智能电饭锅烧饭,记录温度-时间曲线

**1. 实训目的**

通过本次实训,掌握分支结构程序的编写,了解煮饭过程,能使用电阻箱调试程序。

**2. 实训任务**

① 按照 4.3 节介绍的内容完成智能电饭煲煮饭流程图,并完成智能电饭锅煮饭程序的书写。

② 使用电阻箱模拟热敏线,检测程序是否正确。

③ 分别使用 2 杯米、4 杯米、8 杯米,按照刻度要求加水,用自行完成的程序测试煮饭过程。在实训过程中,每分钟使用万用表测量底热敏线端口电压,绘制和记录电压-温度-加热情况数据表。

**3. 实训环境**

(1) 电饭锅控制板。

(2) 万用表。

(3) 电阻箱。

(4) 2 杯米、4 杯米、8 杯米。

(5) 电饭锅外围设备。

**4. 实训准备**

两位同学一组,每组一套实训器材。

使用"智能电饭锅平台程序",该程序的液晶最高位显示的是当前处于第几阶段,低于三位显示锅底温度,上电时不亮灯,按开机键亮红灯,底加热盘加热时亮绿灯,不加热时不亮绿灯。

**5. 实训课时**

4 学时。

**6. 实训步骤**

① 按照流程框图的书写要求,使用 Visio 软件编写精煮过程的流程框图,按照流程框图完成烹饪控制函数 void Cook_Ctrl (void)程序的编写并确保函数中没有语法错误。

② 使用两个电阻箱代替热敏线,模拟实际煮饭过程中底和顶温度的变化,对照表 4-6

要求观察控制板继电器的输出。

　　③ 如果控制板的现象与表 4-6 要求不符,则有可能是流程框图绘制有误,也有可能是程序书写有误,检查并修改流程框图或者代码,改正后重复步骤②直到控制板的现象与表 4-6 要求相符,进入步骤④。

　　④ 分别给电饭锅加入 2 杯米、4 杯米、8 杯米,按照锅内刻度提示加水,并用自己完成的程序进行煮饭,同时每分钟记录底温度数据,饭熟后检查煮饭的质量。

**7. 实训习题**

　　① 使用记录的数据绘制温度—时间表,划分煮饭阶段。

　　② 对比机械式电饭锅与智能电饭锅的煮饭效果,找出两者有什么不同。

　　③ 由于更换米种的吸水能力很强,现需修改程序。当处于低温吸水时,吸水时间限定在 10min,高温吸水时,吸水时间限定在 1min,请修改程序,并做测试。

　　④ 由于底加热盘功率偏高,所以需要调整底加热盘加热占空比,要求每个加热周期,开加热盘的时间缩短 1s,请修改程序,并做测试。

# 思考与练习

　　1. 当加热盘按照以下方式加热时,火力最大的是_____,火力最小的是_____。

　　　　A. 15s 开,20s 关　　　　　　　　　B. 18s 开,17s 关

　　　　C. 32s 开,3s 关　　　　　　　　　 D. 3s 开,32s 关

　　2. 如果所煮的米吸水能力很弱,则应当_____。

　　　　A. 缩短吸水阶段的时间　　　　　　B. 延长吸水阶段的时间

　　　　C. 加强低温升温阶段的火力　　　　D. 减弱低温升温阶段的火力

　　3. 模糊控制煮饭,以快速升温阶段中两个温度点之间的加热时间作为测米量的依据,加热时间越长,米量越_____。

　　　　A. 多　　　　　　　　　　　　　　　B. 少

　　4. 如果设计的电饭锅底加热盘功率较高,在模糊煮饭程序设计中,应当注意什么事项? 若底加热盘功率较低,应当注意什么事项?

　　5. 热敏线位置对于电饭锅产品来说相当重要,如果热敏线安装位置不当会引起什么后果?

# 第 5 章

# 用电饭锅煮粥

知识点：
- 煮粥工艺过程。
- 根据流程框图编写程序。

技能点：
- 能根据检测要求进行功能检测。
- 能分析软件流程框图。
- 能使用电阻箱模拟热敏线调试程序。

## 5.1　煮粥过程控制

　　电饭锅煮粥是电饭锅控制器中比较难的控制任务。煮粥时，要求开始阶段以大火力加热锅底，使锅内的米、水混合物快速升温并沸腾，然后控制底加热盘和顶加热盘使米、水混合物保持沸腾并使整锅的温度基本一致，在整个煮粥过程中不允许有溢出现象。为了能够使米、水混合物保持沸腾又不溢出，必须小心地控制底部加热盘的火力。

　　煮粥工艺图如图 5-1 所示，煮粥时，总的过程可以分为加热、沸腾、慢熬、保温 4 个过程，而每个过程又分为几个阶段，其中加热过程包含第 1～2 阶段，沸腾包含 3～6 阶段，慢熬是第 7 阶段，保温指第 8 阶段。

　　（1）各个过程的作用

　　加热过程：对锅进行较大功率的加热，使水温不断升高。

　　沸腾过程：对锅进行中等功率的加热，使锅内的水沸腾，并使锅顶和锅底的温度基本一致，尽量做到整锅温度均匀分布。

　　慢熬过程：对锅进行小功率的加热，使锅内的米、水混合物保持沸腾而又不溢出，粥的稀烂程度主要由这个过程决定。

　　保温阶段：保温阶段在饭锅的温度下降到 74℃ 时开始执行。通过使粥处于恒定的 75℃ 的温度，使粥在 12h 内保持最优质量。

　　（2）各个阶段的火力和温度控制

　　第 1 阶段：底加热盘以全功率工作，使锅内的温度快速的升高，当锅的顶部温度达到 75℃ 时底加热盘停止工作，这个温度是很重要的，太低不利于锅内米、水混合物的快速沸

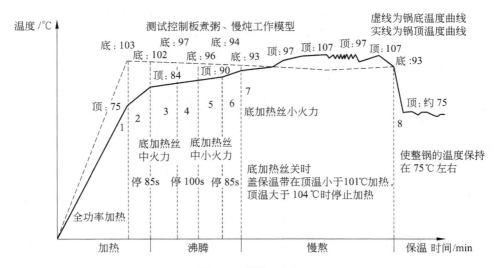

图 5-1　煮粥工艺图

腾;太高会使米、水混合物在底加热盘余温的加热情况下产生溢出。

　　第 2 阶段:所有的加热盘停止工作,这个阶段持续 85s。在这个阶段,底加热盘余温继续加热锅内的米、水混合物,该阶段结束时,锅顶的温度大概为 79℃,锅内的米、水混合物接近沸腾的温度。

　　第 3 阶段:底加热盘间歇性的工作,按照中火力进行控制,当锅顶温度达到 84℃时该阶段结束,锅内的米、水混合物已经开始沸腾。

　　第 4 阶段:所有的加热盘停止工作,这个阶段持续 100s。在这个阶段,底加热盘余温继续加热锅内的米、水混合物,使米、水混合物保持沸腾而又不溢出。该阶段结束时,锅顶的温度大概为 88℃。

　　第 5 阶段:底加热盘间歇性的工作,按照中小火力进行控制,当锅顶温度达到 90℃时该阶段结束。锅内的米、水混合物继续保持沸腾。

　　第 6 阶段:所有的加热盘停止工作,这个阶段持续 85s。在这个阶段,底加热盘余温继续加热锅内的米、水混合物,该阶段结束时,锅顶的温度大概为 91℃,锅内的米、水混合物继续保持沸腾。

　　第 7 阶段:底加热盘间歇性的工作,按照小火力进行控制;底加热盘关时,当顶部温度小于 101℃时顶加热盘开启,当顶部温度大于 104℃时顶加热盘关闭。在这个阶段中,锅底的温度保持在 96℃,锅顶的温度保持在 97～107℃,米、水混合物继续保持沸腾。这个阶段是煮粥的主要阶段,占据了煮粥总时间的大部分时间,第 1～7 阶段总共持续的时间为 70～90min,时间越长粥越烂(糊化更加充分),第 1～6 阶段持续的时间大概为 10min,第 7 阶段持续的时间大概为 60～80min。

　　第 8 阶段:保温阶段,使整锅的温度保持在 75℃左右。当顶部温度低于 74℃时顶加热盘开始加热,顶部温度不低于 74℃顶加热盘停止加热;底部温度低于 69℃时,底加热盘间歇性的工作,按照大火力进行控制;底部温度不低于 69℃ 时,底加热盘停止加热,同时,当顶部温度低于 72℃ 时,侧加热盘开始加热,当顶部温度高于 72℃ 时,侧加热盘停止加热。

煮粥各阶段温度、火力一览表见表 5-1。

表 5-1　煮粥各阶段温度、火力一览表

| 过　程 | 阶段结束条件 | 底加热盘 | 侧加热盘 | 顶加热盘 |
|---|---|---|---|---|
| 第 1 阶段 | 锅顶温度达到 75℃ | 全功率加热 | 停止加热 | 停止加热 |
| 第 2 阶段 | 满 85s | 停止加热 | 停止加热 | 停止加热 |
| 第 3 阶段 | 锅顶温度达到 84℃ | 中火力加热 | 停止加热 | 停止加热 |
| 第 4 阶段 | 满 100s | 停止加热 | 停止加热 | 停止加热 |
| 第 5 阶段 | 锅顶温度达到 90℃ | 中小火力加热 | 停止加热 | 停止加热 |
| 第 6 阶段 | 满 85s | 停止加热 | 停止加热 | 停止加热 |
| 第 7 阶段 | 满 60～80min | 小火力加热 | 停止加热 | 底加热盘关且锅顶温度小于 101℃:开启;底加热盘关且锅顶温度大于 104℃:关闭 |
| 第 8 阶段 | 无 | 锅底温度低于 69℃ 时,大火力加热;锅底温度不低于 69℃ 时,停止加热 | 底加热盘停止加热且当锅顶温度低于 72℃:加热;底加热盘停止加热且当锅顶温度高于 72℃ 时,停止加热 | 锅顶温度低于 74℃ 时加热,锅顶温度不低于 74℃ 停止加热 |

需要注意的是图 5-1 所示的煮粥模型,只适合本教材实训用的电饭锅,对于不同的电饭锅,阶段数以及各个阶段的温度点不同。

## 5.2　煮粥功能测试

煮粥的功能测试包含以下几个方面的内容:
① 第 7 阶段之前,锅顶的温度是否逐步升高的。
② 第 3～7 阶段,米、水混合物是否持续沸腾。
③ 煮粥的过程中,锅盖有没有水溢出。
④ 最小米量和最大米量是否都能够按照工作模型进行。
⑤ 煮粥的过程中是否有焦化的现象出现。
⑥ 煮粥的过程中,水分是否过量蒸发。
⑦ 煮好的粥品质如何。

## 5.3　烹饪控制函数 void Cook_Ctrl（void）

　　烹饪控制函数 void Cook_Ctrl（void）程序的流程框图如图 5-2 所示,这是一个梅花瓣结构,可以用 switch-case 结构来实现,具体的代码请读者根据图 5-2 所示的流程框图自己编写。

## 5.4　实训任务：煮粥程序的完善以及调试

**1. 实训目的**

　　通过本次实训,了解煮粥的工艺过程,进一步掌握分支结构程序的编写,完成煮粥程序中的烹饪控制函数 void Cook_Ctrl（void）,并掌握程序的调试方法。

**2. 实训任务**

　　① 按照图 5-2 所示的流程框图完成智能电饭锅煮粥程序中的烹饪控制函数 void Cook_Ctrl（void）程序的编写。

　　② 程序的测试。

　　③ 完成实际的煮粥实训。

**3. 实训环境**

　　① 电饭锅控制板。

　　② 万用表。

　　③ 电阻箱。

　　④ 2 杯米。

　　⑤ 电饭锅外围。

**4. 实训准备**

　　两位同学一组,每组一套实训器材。

　　软件平台："智能电饭锅平台程序"。

**5. 实训课时**

　　6 学时。

**6. 实训步骤**

　　① 按照图 5-2 所示的流程框图完成智能电饭锅煮粥程序中的烹饪控制函数 void Cook_Ctrl（void）程序的编写并确保函数中没有语法错误。

　　② 使用两个电阻箱代替热敏线,模拟实际煮粥过程中电饭锅底和顶温度的变化,对照表 5-1 要求观察控制板继电器的输出。

　　③ 如果控制板的现象与表 5-1 要求不符,则程序书写有误,检查并修改流程框图或者代码,改正后重复步骤②,直到控制板的现象与表 5-1 要求相符,进入步骤④。

　　④ 给电饭锅装入 1/4 锅的水,并用自己完成的程序进行煮水,检验程序是否正确,如

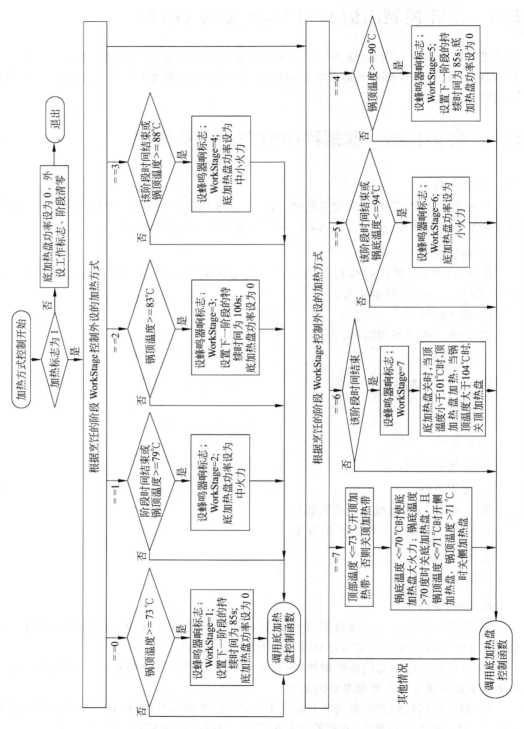

图 5-2　烹饪控制函数 void Cook_Ctrl (void)程序流程框图

果有错误则重新修改加热盘控制子函数。提示：为了快速判断程序是否按照煮粥工作模型各个阶段进行，可以适当调低各个温度点。另外，每次煮水后，可以用锅装上冷水并放入电饭锅中，达到快速冷却各个加热盘的效果，以便能很快进行下一次实训。

⑤ 通过步骤④确定烹饪控制函数 void Cook_Ctrl（void)正确后进行真正的煮粥测试。加半杯米，按照刻度要求加水，用自行完成的程序测试煮粥过程。在实训过程中，每分钟使用万用表测量底热敏线和顶热敏线端口电压，绘制和记录两个热敏线的电压-温度-加热情况数据表。

⑥ 如果发现煮粥过程中锅盖上有水溢出则应该调低该阶段的火力，或者降低上一阶段的停止温度点；如果发现水一直不能沸腾，则应该适当调高相应阶段的停止温度点。

⑦ 重复步骤⑤、⑥，直到煮成一锅质量良好的粥。

**7. 进阶实训**

改变第 1 阶段底加热盘的功率，并把第 1 阶段的停止温度改为 80℃，把前面 1～6 六个阶段压缩为 1～5 共 5 个阶段，自己绘制改变后的烹饪控制函数流程框图，编写相应的程序，并进行测试。

# 思考与练习

1. 当发现在第 2 阶段锅盖上有水溢出的时候，可以采取下面的_____措施。

　　A. 降低第 1 阶段底加热盘加热的功率

　　B. 调低第 1 阶段的停止温度点

　　C. 延长第 2 阶段的工作时间

2. 如果电饭锅的底加热盘换成一个功率小一点的加热盘，则工作模型可以如何修改_____。

　　A. 加大各个阶段底加热盘的加热功率

　　B. 提高 1、3、5 阶段的停止温度点

　　C. 缩短 2、4、6 阶段的时间

3. 使用不同的米煮粥会引起不同的效果，但是为了达到控制溢出的目的，应当使用_____。

　　A. 黏性较强，容易糊化的米

　　B. 黏性较弱，不容易糊化的米

　　C. 任意米种

4. 整个煮粥过程中没有发生溢出现象，但是最后煮粥结束发现水消耗很多，粥很稠，是煮粥过程当中第几阶段控制不好？应当如何修改？

5. 整个煮粥过程中没有发生溢出现象，但在最后一阶段，水几乎不沸腾，应当如何修改程序？

# 第6章

# 用电饭锅实现其他烹饪功能

**知识点：**

煲汤、蛋糕、泡饭、蒸煮、快煮、煲仔饭工艺过程。

**技能点：**

- 能根据检测要求进行功能检测。
- 能根据要求绘制软件流程框图。
- 能根据流程框图编写程序。

由于微电脑控制式电饭锅有两个传感器读取温度，有三个加热盘进行控制，因此可以实现很多传统机械式电饭锅不能实现的烹饪功能，包括煲汤、蛋糕、泡饭、蒸煮、快煮、煲仔饭等，本章将分别介绍烹饪功能。

## 6.1　煲汤烹饪功能

### 1. 煲汤过程控制

煲汤的控制过程与煮粥控制的过程比较相似，大体上可以分为全功率加热、溢出控制、小火力维持水沸腾三个阶段，整个煲汤过程控制在一个特定长度的时间，仿照人们日常的烹饪习惯，整个烹饪时间维持在 1h 以上，在实际应用中，时间的长度可以通过按键进行设置，通常设置在 1～4h。

（1）全功率阶段

该阶段，底加热盘全功率加热，将锅底温度迅速提升至沸腾。由于煲汤时，水很多，与煲汤的材料之间有很好的对流，热量交换及时，并不需要担心底温升温过快导致底部的材料与上面水温之间温度差异太大，因此对底加热盘的控制可以不使用占空比加热。

（2）溢出控制

当水基本沸腾时，如果控制地不好，会导致溢出。通过锅底温度是无法判断是否溢出的，只能通过锅顶温度来进行溢出控制。通常水刚沸腾时顶温会随之升到一定温度，本教材使用的电饭锅顶温会升至 63℃，此时底加热盘必须停止加热，缓和水的沸腾。虽然底加热盘停止了加热，但是其余温还会导致水持续沸腾，因此底加热盘需要停止一段时间，温度回落之后小火力加热，使得水继续沸腾。通过实验测定，在产生溢出的温度点停止加热,缓解水的沸腾,如此循环数次,当顶温升至特定温度点,整个锅体温度基本保持一致,则可以停止这一阶段,进入第三阶段。

（3）小火力维持水沸腾

在最后阶段,使用小火力加热,维持水的沸腾,同时又不能使得水沸腾过度,否则长时间的沸腾后会导致锅烧干。所以,在这个阶段火力要控制到能够刚刚使得大水量的水维持沸腾,火力太小,水不会沸腾;火力太大水会烧干,都是不合格的煲汤程序。不同结构的锅体,底加热盘火力占空比的设置需要做水沸腾实验确定。在此阶段,开顶加热盘,将锅盖的温度维持在 100℃ 左右,使得锅内能够均匀加热。

煲汤具体的过程分解见表 6-1。

表 6-1　煲汤过程分解

| 过　　程 | 阶段结束条件 | 底 加 热 盘 | 顶 加 热 盘 |
|---|---|---|---|
| 全功率加热 | 锅顶温度达到 63℃ | 全功率加热 | 停止加热 |
| 溢出控制 | 达到时间要求 | 停 85s | 停止加热 |
| | 锅顶温度达到 74℃ | 中小火力加热 | 停止加热 |
| | 达到时间要求 | 停 85s | 停止加热 |
| | 锅顶温度达到 78℃ | 中小火力加热 | 停止加热 |
| | 达到时间要求 | 停 85s | 停止加热 |
| | 锅顶温度达到 81℃ | 中小火力加热 | 停止加热 |
| | 达到时间要求 | 停 85s | 停止加热 |
| | 锅顶温度达到 82℃ | 中小火力加热 | 停止加热 |
| | 达到时间要求 | 停 85s | 停止加热 |
| | 锅顶温度达到 83℃ | 小火力加热 | 停止加热 |
| 小火力加热 | 整个烹饪过程持续了 2h(时间可设定) | 小火力加热 | 锅顶温度低于 100℃ 开始加热,高于 104℃ 停止加热 |

在煲汤过程中,锅顶温度随着过程阶段的变化,呈现出如图 6-1 所示的曲线,其中纵坐标为温度,横坐标为烹饪时间。

**2. 煲汤功能测试方法**

从用户安全、功能效果出发,对煲汤功能的测试包含以下几个方面:

① 是否能将材料煮熟是一个关键的测试因素。开发者难以确定用户将会使用什么材料来煲汤,在实验中可以考虑煮黄豆、绿豆等难以煮烂的材料进行验证,当进入保温时能够将这些材料煮烂说明煲汤程序具备基本的烹饪功能。

② 同煮粥一样,是否会溢出是一个重要的指标。

③ 进入保温时,水的消耗应当不能太大,否则难以保证烹饪的效果,不能满足用户的要求。如果这样,则煲汤程序为不合格。

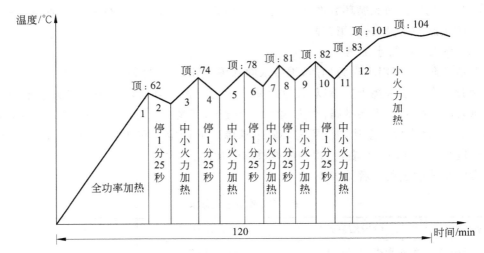

图 6-1    煲汤过程顶温度-时间曲线

以上 3 点全部合格才能是合格的程序,否则要分析不合格的原因,修改程序。当材料不能煮熟时,可能是由于后期火力控制不好水不沸腾导致的,应当保持水的沸腾直至进入保温状态;如果产生溢出,则可能是中间某个阶段停止加热温度点设置不好,需要重新测量设置;如果水的消耗太大,则说明最后阶段火力太大,加快了水的蒸发,此时的火力应当维持在能够使水刚刚好沸腾效果最佳。

# 6.2    快煮烹饪功能

第 3 章中介绍了精煮功能的实现,按照精煮的工艺过程完成整个烹饪过程一般在 1h 左右,然而很多实际的应用场合,用户不会选择用 1h 的时间来煮饭,要求煮饭的过程不能花费太长时间,快煮功能就是为了满足用户的这个需要而设定的,完整的快煮过程所需的时间为 20～30min。

快煮烹饪功能是对精煮功能的简化,快煮功能跳过了精煮过程中的吸水阶段,仅此项就将焖饭的时间缩短了 5min。

(1)加热阶段

该阶段分为两步完成,第一步为全功率加热,此时底加热盘全时段打开,没有采用占空比的加热方式,这一阶段是为了使得锅内温度迅速上升,使水尽快沸腾。第二阶段时,底加热盘停止加热,但是顶加热盘打开将锅顶温度加热至 104℃后停止加热,低于 100℃时,顶加热盘重新打开,继续加热。在这一阶段采用这种加热方式,首先是为了让米在高温时充分吸水避免水沸腾结束后造成米吸水不足,其次锅底暂停加热,锅顶加热到 100℃左右,是为了使得整个锅体均匀加热,避免下热上冷加热不匀,否则就会导致一锅米饭整体上效果有差异。

(2)沸腾

在该阶段是用中大火力加热,底温温度会升至 124℃才停止底加热盘的加热。

（3）焖饭阶段

该阶段维持时间为 10min，完成了膨胀工艺过程。在这阶段的前 5min，底加热盘停止加热，在最后 5min 为了保证煮饭的效果，每分钟进行一次小火力加热。

快煮烹饪过程分解见表 6-2。

表 6-2　快煮烹饪过程分解

| 过　　程 | 阶段结束条件 | 底 加 热 盘 | 锅顶加热盘 |
|---|---|---|---|
| 加热 1 | 锅顶温度达到 68℃ | 全功率加热 | 停止加热 |
| 加热 2 | 满足设定时间（3min） | 停止加热 | 锅顶温度低于 100℃ 开始加热，高于 104℃ 停止加热 |
| 沸腾 | 锅底温度达到 124℃ | 中大火力加热 | |
| 焖饭 | 满 15min | 最后 5min，每分钟小火力加热一次 | |

在煮饭过程中，锅底温度随着煮饭过程阶段的变化，呈现出如图 6-2 所示的曲线，其中纵坐标为温度，横坐标为烹饪时间。

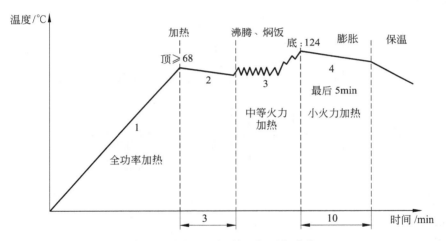

图 6-2　快煮过程锅底温度-时间曲线

和精煮的测试方法类似，但是这里要求煮饭的时间不能过长，具体指标参照 4.4 小节内容。

# 6.3　蛋糕烹饪功能

蛋糕见证了人们生活中所有快乐的时光，生日、节日、庆典、婚礼都有美味的蛋糕锦上添花。日常人们也喜欢以蛋糕为早餐或茶点。

蛋糕是一种面食，通常是甜的，典型的蛋糕是以烤的方式制作出来。蛋糕的材料主要包括了面粉、甜味剂（通常是蔗糖）、黏合剂（一般是鸡蛋，素食主义者可用面筋和淀粉代替）、蛋糕乳化剂、起酥油（一般是牛油或人造牛油，低脂肪含量的蛋糕会以浓缩果汁代替）、啫喱粉、液体（牛奶、水或果汁）、香精和发酵剂（例如，酵母或者发酵粉）。

　　蛋糕的主要营养成分含有碳水化合物、蛋白质、脂肪、维生素及钙、钾、磷、钠、镁、硒等矿物质,食用方便,是人们最常食用的糕点之一。

　　有些微电脑控制式电饭煲可以将发酵好的面块制成简单的蛋糕,其工艺过程分为以下几个阶段。

　　(1) 加热阶段

　　在这个阶段,将会迅速升温,让锅体内温度达到110℃以上,蛋糕胚在酵母发酵后的酸性物与膨胀剂的作用下膨起,气体充分膨大,淀粉作为填充物于气室之间形成膨松、柔软面包结构。

　　(2) 烘烤阶段

　　后续的一段加热时间,温度在110~117℃之间,总的烹饪时长约50min。使蛋糕胚表面面粉酥脆,并且减轻蛋腥味。黄油外透与盐、糖结合在一起使口感清香,增加风味,表皮呈金黄色,并富有光泽。

　　蛋糕烹饪过程锅底温度-时间曲线如图6-3所示。

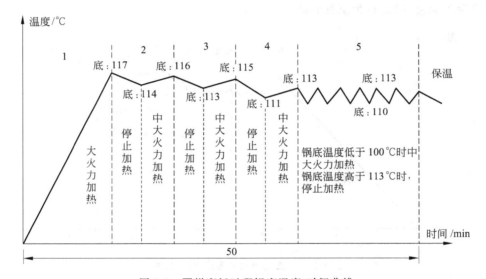

图 6-3　蛋糕烹饪过程锅底温度-时间曲线

　　通过验证蛋糕的质量,验证该功能的正确性,首先底部不能烤焦,其次中间必须烤熟,整个蛋糕内部材料均匀,这样相应的程序才能称为合格的蛋糕程序。

# 6.4　煲仔饭烹饪功能

## 1. 煲仔饭过程控制

　　煲仔饭的基本控制过程与精煮的控制过程相差不多,但是在煲仔饭中第一要求米饭较硬,其次要求加在煲仔饭中的配料最终要能被焖熟,所以煲仔饭的控制过程是在精煮的基础上进行了一些改良。首先是缩短了吸水的时间,精煮时吸水时间为15min,煲仔饭缩短到7min,其次对后面的膨胀过程进行高温加热,在这个阶段用户会将煲仔饭的材料放入锅中,因此需要长时间的高温处理将材料蒸熟,这个阶段维持 45min。

煲仔饭过程分解见表 6-3。

表 6-3 煲仔饭过程分解

| 过 程 | 阶段结束条件 | 底加热盘 | 侧加热盘 | 顶加热盘 |
|---|---|---|---|---|
| 低温升温 | 锅底温度达到 63℃ | 中大火力加热 | 停止加热 | 停止加热 |
| 吸水 | 满 7min | 锅底温度低于 55℃ 中大火力加热,高于 58℃ 停止加热 | 停止加热 | 停止加热 |
| 测米量 | 锅顶温度达到 63℃ | 大火力加热 | 停止加热 | 停止加热 |
| 加热升温 | 锅顶温度达到 68℃ | 大火力加热 | 停止加热 | 停止加热 |
| 加热防溢出 | 满足设定时间(1min) | 停止加热 | 停止加热 | 锅顶温度低于 100℃ 开始加热,高于 104℃ 停止加热 |
| 沸腾 | 锅底温度达到 124℃ | 按照米量控制火力大小 | 停止加热 | |
| 焖饭 | 满 45min | 锅底温度低于 136℃ 中等火力加热,高于 136℃ 停止加热 | 停止加热 | |
| 保温 | 无 | 锅底温度低于 70℃ 小火力加热,高于 70℃ 停止加热 | 锅底温度低于 72℃ 开始加热,高于 74℃ 停止加热 | 锅顶温度低于 72℃ 开始加热,高于 73℃ 停止加热 |

煮煲仔饭过程温度-时间曲线见图 6-4。

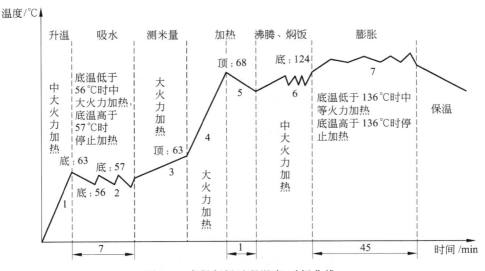

图 6-4 煮煲仔饭过程温度-时间曲线

## 2. 煲仔饭功能测试方法

煲仔饭的控制过程与精煮的控制过程基本相似,其功能检测方式基本相同,都要求能

够将饭煮熟,质量适中,锅盖不能有水溅出,但是煲仔饭还需要满足其他的要求:

① 米饭偏干但是底部不能烧糊。

② 要求煲仔饭中的材料要熟且不能被焖烂,以保证材料的口感。

满足以上两点才能取得较好的烹饪效果。

# 6.5    蒸煮烹饪功能

蒸煮功能是人们日常生活中经常使用的一种烹饪功能,蒸干性食物、煮一些菜肴等都会使用的该功能,其一个重要的特点是使水或者浆汁沸腾,所以蒸煮工作过程的关键是维持水的沸腾,起初底加热盘会全功率工作使得锅底温度迅速上升到99℃,然后以中等火力加热维持水的沸腾。在蒸煮过程中如果不干锅则整个过程持续25min,若出现干锅的情况,即锅底温度上升到一个很高的温度时也会停止加热进入保温状态。

蒸煮过程分解见表6-4。

表 6-4    蒸煮过程分解

| 过　　程 | 阶段结束条件 | 底加热盘 | 锅顶加热盘 |
|---|---|---|---|
| 低温升温 | 锅底温度达到99℃ | 全功率加热 | 停止加热 |
| 沸腾 | 满 25min 或者底温超过 138℃ | 中等火力加热 | 锅顶温度低于 100℃ 开始加热,高于 104℃ 停止加热 |

在烹饪过程中,锅底温度随着阶段的不同而变化,随时间呈现出如图 6-5 所示的曲线,其中纵坐标为温度,横坐标为烹饪时间。

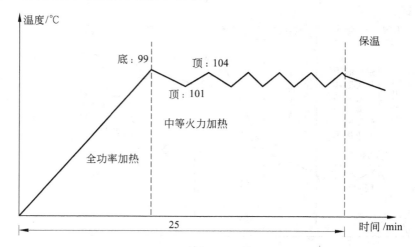

图 6-5    蒸煮过程锅底温度-时间曲线

对于蒸煮功能的时间和温度的测量,只要测量锅盖内侧的空气温度,参照图 6-5 所示曲线,去除电接点水银温度计 1 而保留电接点水银温度计 2 就能同时测量过程中的温度变化和过程完成的时间。

## 6.6 泡饭烹饪功能

泡饭功能是在煮好的饭中,加入多量水,获得类似粥的烹饪效果。其烹饪过程是,首先要大火力加热升温,由于米与水之间对流较差,温度上升时应当注意不能一直大火力加热,要停止加热一段时间促进温度对流,达到均匀加热的目的,当米水混合之后,控制不当会引起溢出,因此要加入溢出控制,最后小火力加热使得即能保证水的沸腾,又不至于将水耗干。整个烹饪过程时间控制在 30min。

泡饭过程分解见表 6-5。

**表 6-5　泡饭过程分解**

| 过　　程 | 阶段结束条件 | 底加热盘 | 锅顶加热盘 |
| --- | --- | --- | --- |
| 低温升温 | 锅顶温度达到 49℃ | 全功率加热 | 停止加热 |
| 温度对流 | 满足设定时间 | 停止加热 | 停止加热 |
| 防止溢出 | 锅顶温度达到 82℃ | 中小火力加热 | 停止加热 |
| 维持沸腾 | 整个过程满 30min | 小火力加热 | 停止加热 |

在泡饭过程中,顶温度随着泡饭过程阶段的不同而变化,随时间呈现出如图 6-6 所示的曲线,其中纵坐标为温度,横坐标为烹饪时间。

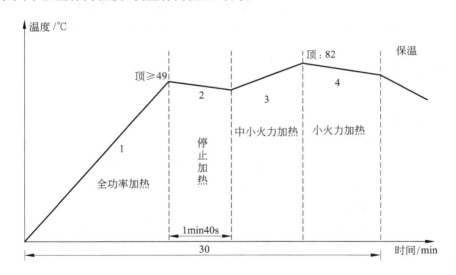

图 6-6　泡饭过程锅底温度-时间曲线

泡饭功能中主要的测试指标是水是否沸腾、有无溢出。

# 6.7 实训任务：完成蒸煮功能

**1. 实训目的**

通过本次实训，掌握蒸煮的烹饪过程，能使用电阻箱调试程序。

**2. 实训任务**

① 按照表 6-5 绘制蒸煮烹饪过程控制流程框图。

② 使用电阻箱模拟热敏线，检测蒸煮程序是否正确。

③ 使用自己编写的蒸煮程序，加 2 刻度水，检测蒸煮程序是否正确。

**3. 实训环境**

① 电饭锅控制板。

② 万用表。

③ 电阻箱。

④ 电饭锅外围设备。

**4. 实训准备**

两位同学一组，每组一套实训器材。

使用"智能电饭锅平台程序"，该程序液晶的最高位显示的是当前处于第几阶段，低三位显示锅底温度，上电时不亮灯，按开机键亮红灯，底加热盘加热时亮绿灯，不加热时不亮绿灯。

**5. 实训课时**

2 学时。

**6. 实训步骤**

① 按照流程框图的书写要求，使用 Visio 软件完成蒸煮过程的流程框图，按照流程框图完成烹饪控制函数 void Cook_Ctrl（void）程序的编写并确保函数中没有语法错误。

② 使用两个电阻箱代替热敏线，模拟实际蒸煮过程中底和顶温度的变化，对照表 6-4 要求观察控制板继电器的输出。

③ 如果控制板的现象与表 6-4 不符，则有可能是流程框图绘制有误，也有可能是程序书写有误，检查并修改流程框图或者代码，改正后重复步骤②直到控制板的现象与表 6-4 要求相符，进入步骤④。

④ 给电饭锅加入 2 刻度水，用自己完成的程序进行蒸煮功能测试，同时每分钟记录底温度数据，检查水最终有没有煮沸，当水烧干时，有没有很快进入保温状态，如果没有进入保温状态，检查最后阶段程序，修改温度参数，重复步骤④，直至蒸煮功能完成。

**7. 实训习题**

① 蒸煮程序实训时记录发生干烧时底加热盘的温度。

② 修改程序，使得一旦发生干烧就能马上停止加热。

## 6.8　实训任务：完成蛋糕功能

**1. 实训目的**

通过本次实训,掌握蒸煮的烹饪过程,能使用电阻箱调试程序。

**2. 实训任务**

① 按照图 6-3 绘制蛋糕烹饪过程控制流程框图,并完成蛋糕程序。

② 使用电阻箱模拟热敏线,检测蛋糕程序是否正确。

③ 使用自己编写的蛋糕程序,实际蛋糕烹饪,检测蛋糕程序是否正确。

**3. 实训环境**

① 电饭锅控制板。

② 万用表。

③ 电阻箱。

④ 电饭锅外围设备。

**4. 实训准备**

两位同学一组,每组一套实训器材。

使用"智能电饭锅平台程序",该程序液晶的最高位显示的是当前处于第几阶段,低三位显示锅底温度,上电时不亮灯,按开机键亮红灯,底加热盘加热时亮绿灯,不加热时不亮绿灯。

**5. 实训课时**

2 学时。

**6. 实训步骤**

① 按照流程框图的书写要求,使用 Visio 软件完成蒸煮过程的流程框图,按照流程框图完成烹饪控制函数 void Cook_Ctrl (void)程序的编写并确保函数中没有语法错误。

② 使用两个电阻箱代替热敏线,模拟实际蒸煮过程中底和顶温度的变化,对照图 6-3 观察控制板继电器的输出。

③ 如果控制板的现象与图 6-3 不符,则有可能是流程框图绘制有误,也有可能是程序书写有误,检查并修改流程框图或者代码,改正后重复步骤②直到控制板的现象与图 6-3 相符,进入步骤④。

④ 在电饭锅中加入相应材料,用自己完成的程序进行蛋糕烹饪程序功能测试,同时每分钟记录底温度数据,最后检查蛋糕质量是否合格。

# 思考与练习

1. 针对高原地区开发的电饭锅,其蒸煮功能应当注意什么事项? 按照过程控制分解,哪些参数需要修改?

2. 如果发现煲仔饭功能烹饪的肉类材料偏烂,分析是哪个过程控制出现问题? 对应的过程参数应当如何修改?

3. 煲汤程序在大容量煲汤时发现最后阶段水不沸腾,分析是哪个过程控制出现问题? 对应的过程参数应当如何修改?

4. 如果使用蛋糕程序时发现锅底的蛋糕焦黑,分析是哪个过程控制出现问题? 对应的过程参数应当如何修改?

5. 在蒸煮功能中,实训中除了估计水沸腾的温度点确定水沸腾与否外,有没有其他办法能够确定水的沸腾?

6. 如果使电饭锅也具有煮水的功能,请自行设计过程控制程序。

# 第 **7** 章

# 电饭锅烹饪过程程序优化

**技能点：**

- 能对复杂程序进行分析、分解。
- 能使用查表的方式进行复杂程序处理。

## 7.1 烹饪功能控制程序设计

现在，市场上的大多数微电脑控制式电饭锅均能实现第 5、6 章介绍的烹饪功能。在功能实现时，功能的选择在按键处理程序中完成，在烹饪控制程序中，按照选择的功能，执行相应的功能控制程序。实现同一功能的方法可以各不相同，本章将介绍烹饪功能常规的实现方法及适合用单片机控制系统的程序设计方法。

### 1. 按键处理程序选择烹饪功能

若微电脑控制式电饭锅可以实现精煮、快煮、泡饭、煮粥、煲汤、蛋糕、煲仔饭、蒸煮、保温 9 项功能，程序中可设功能模式变量 Cook_Mode，Cook_Mode 值取为 0～8，对应以上 9 种烹饪功能。默认情况下，电饭锅工作在精煮功能模式下，即 Cook_Mode 初始值为 0。

使用按键可以切换烹饪功能，功能键每按下一次，Cook_Mode 加 1，当 Cook_Mode 加到 9 时，Cook_Mode 清零，使得功能键选择的功能可以在 9 种工作模式下切换，其实现的流程框图见图 7-1，该段程序写在按键处理程序（void key-op(void)）中。

### 2. 烹饪控制程序设计

在前面章节中介绍的烹饪控制程序（void Cook_ctrl(void)）只能实现一个单一的烹饪功能，若电饭锅实现多个烹饪功能，则在烹饪控制程序就需要根据 Cook_Mode 的值，进行程序的分支选择。

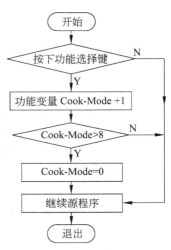

图 7-1 按键切换烹饪功能流程框图

```
void Cook_ctrl(void)
{
  switch (cook_Mode)
  {
    case 0：{ cook_rice()；break;}          //精煮功能
    case 1：{ cook_quick_rice()；break; }    //快煮功能
    case 2：{ cook_rice_sp()；break; }       //泡饭功能
    case 3：{ cook_rice_zhou()；break; }     //煲粥功能
    case 4：{ cook_soup ()；break; }         //煲汤功能
    case 5：{ cook_cake ()；break; }         //蛋糕功能
    case 6：{ cook_baozai ()；break;}        //煲仔饭功能
    case 7：{ cook_zhengzhu()；break; }      //蒸煮功能
    case 8：{ cook_baowen() ；break; }       //保温功能
  }
}
```

烹饪控制程序流程框图见图 7-2。

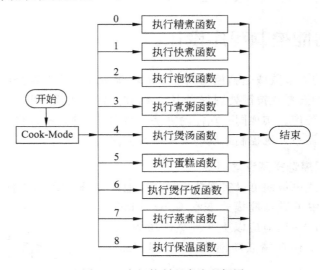

图 7-2　烹饪控制程序流程框图

使用该程序可以实行多种烹饪功能,但是程序中要编写 9 个函数,对于单片机系统来说,这种实现方式会占去大量的内存,是非常不经济的一种程序设计方法,在实际工业产品中可能会因此而引起成本的升高,因此有必要对程序进行优化,减少代码的长度,减少要占用的内存空间。

# 7.2　烹饪程序优化

对烹饪控制程序的优化,是将控制过程不同的几个烹饪功能的程序进行归一化的分析和处理,尽量统一在同一个函数中执行,节省程序所占的空间,降低单片机的成本。

### 1. 烹饪程序分析

本教材所介绍的几个烹饪功能的控制过程有以下几点共同之处。

（1）烹饪功能结束控制

除保温功能之外的每个烹饪功能都由多个阶段构成，如表 7-1 所示。另外，除保温功能之外，一个烹饪功能的所有过程结束后，应当转入保温模式，个别烹饪功能结束条件为是否达到烹饪设定时间，如泡饭、煮粥、煲汤、蒸煮，见表 7-2，其他功能结束的条件是所有烹饪阶段结束。

表 7-1　不同烹饪功能阶段划分表

| Cook_Mode | 0 | 1 | 2 | 3 | 4 | 5 | 6 | 7 | 8 |
|---|---|---|---|---|---|---|---|---|---|
| 烹饪功能 | 精煮 | 快煮 | 泡饭 | 煮粥 | 煲汤 | 蛋糕 | 煲仔饭 | 蒸煮 | 保温 |
| 阶段总数 | 7 | 4 | 4 | 11 | 11 | 5 | 8 | 2 | 1 |

表 7-2　烹饪结束时间表

| Cook_Mode | 0 | 1 | 2 | 3 | 4 | 5 | 6 | 7 |
|---|---|---|---|---|---|---|---|---|
| 烹饪功能 | 精煮 | 快煮 | 泡饭 | 煮粥 | 煲汤 | 蛋糕 | 煲仔饭 | 蒸煮 |
| 时间长度/min | — | — | 30 | 90 | 120 | 50 | — | 25 |

（2）烹饪阶段结束控制

除保温及蛋糕功能外，各个烹饪功能实现过程中，每个阶段结束时，判断条件是锅底温度（底温）或者锅顶温度（顶温）超过了温度阈值或阶段经历的时间，具体情况见表 7-3。

表 7-3　阶段结束条件表

| 序号 | 功能序号 | 阶段 | 阶段结束条件 底温/℃ | 顶温/℃ | 时间/℃ | 序号 | 功能序号 | 阶段 | 阶段结束条件 底温/℃ | 顶温/℃ | 时间/℃ |
|---|---|---|---|---|---|---|---|---|---|---|---|
| 0 | 精煮（0） | 0 | 63 | — | — | 13 | 泡饭（2） | 2 | — | 82 | — |
| 1 | | 1 | — | — | 15min | 14 | | 3 | — | — | — |
| 2 | | 2 | — | 63 | — | 15 | 煮粥（3） | 0 | — | 75 | — |
| 3 | | 3 | — | 68 | — | 16 | | 1 | — | — | 1min25s |
| 4 | | 4 | — | — | 1～3min | 17 | | 2 | — | 84 | — |
| 5 | | 5 | 124 | — | — | 18 | | 3 | — | — | 1min40s |
| 6 | | 6 | — | — | 15min | 19 | | 4 | — | 90 | — |
| 7 | 快煮（1） | 0 | — | 68 | — | 20 | | 5 | — | — | 1min25s |
| 8 | | 1 | — | — | 3min | 21 | | 6 | — | — | — |
| 9 | | 2 | 124 | — | — | 22 | 煲汤（5） | 0 | — | 62 | — |
| 10 | | 3 | — | — | 10min | 23 | | 1 | — | — | 1min25s |
| 11 | | 0 | — | 49 | — | 24 | | 2 | — | 74 | — |
| 12 | 泡饭（2） | 1 | — | — | 1min40s | 25 | | 3 | — | — | 1min25s |

续表

| 序号 | 功能序号 | 阶段 | 阶段结束条件 | | | 序号 | 功能序号 | 阶段 | 阶段结束条件 | | |
|---|---|---|---|---|---|---|---|---|---|---|---|
| | | | 底温/℃ | 顶温/℃ | 时间/℃ | | | | 底温/℃ | 顶温/℃ | 时间/℃ |
| 26 | 煲汤(5) | 4 | — | 78 | — | 38 | 煲仔饭(7) | 0 | 63 | — | — |
| 27 | | 5 | — | — | 1min25s | 39 | | 1 | — | — | 7min |
| 28 | | 6 | — | 81 | — | 40 | | 2 | — | 63 | — |
| 29 | | 7 | — | — | 1min25s | 41 | | 3 | — | 68 | — |
| 30 | | 8 | — | 82 | — | 42 | | 4 | — | — | 1～3min |
| 31 | | 9 | — | — | 1min25s | 43 | | 5 | 124 | — | — |
| 32 | | 10 | — | — | — | 44 | | 6 | — | — | 45min |
| 33 | 蛋糕(6) | 0 | 117 | — | — | 45 | 蒸煮(8) | 1 | 99 | — | — |
| 34 | | 1 | 116 | — | — | 46 | | 2 | — | — | — |
| 35 | | 2 | 115 | — | — | | | | | | |
| 36 | | 3 | 113 | — | — | | | | — | | |
| 37 | | 4 | — | — | — | | | | | | |

（3）各阶段内加热盘控制

除了保温功能外，所有阶段都是对底加热盘或顶加热盘的加热控制。对底加热盘基本采用占空比来控制火力的大小，也有一些烹饪阶段用温度进行底加盘的开关控制，低于某一特定温度时底加热盘以一定的火力加热，高于某一特定温度时，底加热盘停止加热，但是蛋糕功能的多数阶段不符合这种控制方式。对于顶加热盘一般使用锅顶温度控制其开合，通常是高于104℃停止加热，低于100℃开始加热，各烹饪功能的各阶段加热盘控制见表7-4。

**2. 烹饪程序优化**

按照上文的所述，虽然各阶段控制的内容有所区别，但有很多共同之处，可以按如下思路理解烹饪程序。

（1）烹饪功能结束控制

除保温功能外，所有烹饪功能结束的条件是满足总的烹饪时间或烹饪功能所控制的所有阶段结束。因此在判定是否结束功能进入保温模式时，判定的条件可以设为烹饪时间大于设定时间或者烹饪所有阶段结束。对于不受时间长度控制的烹饪功能，如精煮、快煮、煲仔饭，其烹饪时间并不是事先确定的，但可以将其控制时间设为255min，家用电饭锅实现三个烹饪功能时的总时间均不会超过255min。程序处理中，可以将各烹饪功能的总时间及总阶段数放入表7-4中。

表 7-4　各烹饪功能的各阶段加热盘控制

| 序号 | 功能序号 | 阶段 | 底加热盘控制 | | 是否对顶加热盘控制 | 序号 | 功能序号 | 阶段 | 底加热盘控制 | | 是否对顶加热盘控制 |
|---|---|---|---|---|---|---|---|---|---|---|---|
| | | | 低阈值/℃ | 高阈值/℃ | | | | | 低阈值/℃ | 高阈值/℃ | |
| 0 | 精煮(0) | 0 | — | — | 否 | 22 | 煲汤(5) | 0 | — | — | 否 |
| 1 | | 1 | 56 | 58 | 否 | 23 | | 1 | — | — | 否 |
| 2 | | 2 | — | — | 否 | 24 | | 2 | — | — | 否 |
| 3 | | 3 | — | — | 否 | 25 | | 3 | — | — | 否 |
| 4 | | 4 | — | — | 是 | 26 | | 4 | — | — | 否 |
| 5 | | 5 | — | — | 是 | 27 | | 5 | — | — | 否 |
| 6 | | 6 | — | — | 是 | 28 | | 6 | — | — | 否 |
| 7 | 快煮(1) | 0 | — | — | 否 | 29 | | 7 | — | — | 否 |
| 8 | | 1 | — | — | 是 | 30 | | 8 | — | — | 否 |
| 9 | | 2 | — | — | 是 | 31 | | 9 | — | — | 否 |
| 10 | | 3 | — | — | 是 | 32 | | 10 | — | — | 是 |
| 11 | 泡饭(2) | 0 | — | — | 否 | 33 | 蛋糕(6) | 0 | — | — | 是 |
| 12 | | 1 | — | — | 否 | 34 | | 1 | 114 | 116 | 是 |
| 13 | | 2 | — | — | 否 | 35 | | 2 | 113 | 115 | 是 |
| 14 | | 3 | — | — | 否 | 36 | | 3 | 111 | 113 | 是 |
| 15 | 煮粥(3) | 0 | — | — | 否 | 37 | | 4 | 110 | 113 | 是 |
| 16 | | 1 | — | — | 否 | 38 | 煲仔饭(7) | 0 | — | — | 否 |
| 17 | | 2 | — | — | 否 | 39 | | 1 | 56 | 57 | 否 |
| 18 | | 3 | — | — | 否 | 40 | | 2 | — | — | 否 |
| 19 | | 4 | — | — | 否 | 41 | | 3 | — | — | 否 |
| 20 | | 5 | — | — | 否 | 42 | | 4 | — | — | 是 |
| 21 | | 6 | — | — | 是 | 43 | | 5 | — | — | 是 |
| | | | | | | 44 | | 6 | 135 | 136 | 是 |
| | | | | | | 45 | 蒸煮(8) | 0 | — | — | 是 |
| | | | | | | 46 | | 1 | 98 | 99 | 是 |

```
byte const Cook_Time={255,255,30,90,120,50,255,25};      //各烹饪功能时间
byte const Cook_All_Stage={7,4,4,11,11,5,8,2,1};          //各烹饪功能阶段数
byte Work_Stage;                                          //烹饪所处阶段序号
byte Cook_All_Time;                                       //烹饪功能经历的时间
```

则烹饪结束转入保温模式的程序如下,其流程框图见图 7-3。

```
if((Cook_All_Time>= Cook_Time[Cook_Mode])|| Work_Stage>= Cook_Time[Cook_Mode]
{
    Cook_Mode=8;
}
```

其中,要求 Cook_All_Time 在定时器程序中,开机且执行了除保温外的烹饪功能情况下每分钟自增 1,达到烹饪计时的效果。

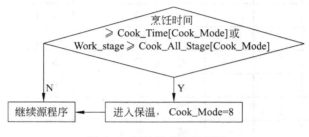

图 7-3　烹饪结束流程框图

（2）烹饪阶段结束控制

除了蛋糕和保温功能及有关米量的相关时间控制外,各个烹饪功能的各阶段结束条件由烹饪时间长度、底温及顶温的高阈值共同决定。虽然一个阶段结束的条件只由三者之一判决,另外两个条件可以给一个极限值。如精煮的第 0 阶段,只判底温超过 63℃进入下一阶段,可以将这个条件设为底温超过 63℃或阶段时间大于等于 255min,或顶温超过 255℃时,结束当前阶段,进入下一阶段。即表 7-3 中,每一个"—"处用 255 代替,三个条件满足其中一个即可进入下一阶段,这样处理就会将本来各个不同的阶段结束判定条件统一为一个条件,其阶段结束判定条件见表 7-5。

若当前工作模式为 Cook_Mode,当前阶段为 Work_Stage,则在表 7-5 中,第 Offset 行数据为该阶段结束条件,其中表的偏移量 Offset 的值通过式（7-1）计算：

$$\text{Offset} = \sum_{i=0}^{\text{Cook\_Mode}-1} \text{Cook\_All\_Stage}[i] + \text{Work\_stage} \tag{7-1}$$

用程序表示为

```
for(i=0;i<Cook_Mode,i++)
Offset=Offset+Cook_All_Stage[i];
Offset=Offset+Work_Stage;
```

若在程序中将表 7-5 中阶段结束判定条件的底温、顶温、时间分别定义为如下 3 个数据表：

**表 7-5　阶段结束判定条件表**

| 序号 | 功能序号 | 阶段 | 阶段结束条件 | | | 序号 | 功能序号 | 阶段 | 阶段结束条件 | | |
|---|---|---|---|---|---|---|---|---|---|---|---|
| | | | 底温/℃ | 顶温/℃ | 时间/℃ | | | | 底温/℃ | 顶温/℃ | 时间/℃ |
| 0 | 精煮(0) | 0 | 63 | 255 | 255min | 22 | 煲汤(5) | 0 | 255 | 62 | 255min |
| 1 | | 1 | 255 | 255 | 15min | 23 | | 1 | 255 | 255 | 1min25s |
| 2 | | 2 | 255 | 63 | 255min | 24 | | 2 | 255 | 74 | 255min |
| 3 | | 3 | 255 | 68 | 255min | 25 | | 3 | 255 | 255 | 1min25s |
| 4 | | 4 | 255 | 255 | 1~3min | 26 | | 4 | 255 | 78 | 255min |
| 5 | | 5 | 124 | 255 | 255min | 27 | | 5 | 255 | 255 | 1min25s |
| 6 | | 6 | 255 | 255 | 15min | 28 | | 6 | 255 | 81 | 255min |
| 7 | 快煮(1) | 0 | 255 | 68 | 255min | 29 | | 7 | 255 | 255 | 1min25s |
| 8 | | 1 | 255 | 255 | 3min | 30 | | 8 | 255 | 82 | 255min |
| 9 | | 2 | 124 | 255 | 255min | 31 | | 9 | 255 | 255 | 1min25s |
| 10 | | 3 | 255 | 255 | 10min | 32 | | 10 | 255 | 255 | 255min |
| 11 | 泡饭(2) | 0 | 100 | 255 | 255min | 33 | 蛋糕(6) | 0 | 117 | 255 | 255min |
| 12 | | 1 | 255 | 255 | 1min40s | 34 | | 1 | 116 | 255 | 255min |
| 13 | | 2 | 255 | 82 | 255min | 35 | | 2 | 115 | 255 | 255min |
| 14 | | 3 | 255 | 255 | 255min | 36 | | 3 | 113 | 255 | 255min |
| 15 | 煮粥(3) | 0 | 255 | 75 | 255min | 37 | | 4 | 255 | 255 | 255min |
| 16 | | 1 | 255 | 255 | 85min | 38 | 煲仔饭(7) | 0 | 63 | 255 | 255min |
| 17 | | 2 | 255 | 84 | 255min | 39 | | 1 | 255 | 255 | 7min |
| 18 | | 3 | 255 | 255 | 100min | 40 | | 2 | 255 | 63 | 255min |
| 19 | | 4 | 255 | 90 | 255min | 41 | | 3 | 255 | 68 | 255min |
| 20 | | 5 | 255 | 255 | 85min | 42 | | 4 | 255 | 255 | 1~3min |
| 21 | | 6 | 255 | 255 | 255min | 43 | | 5 | 124 | 255 | 255min |
| | | | | | | 44 | | 6 | 255 | 255 | 45min |
| | | | | | | 45 | 蒸煮(8) | 1 | 99 | 255 | 255min |
| | | | | | | 46 | | 2 | 255 | 255 | 255min |

```
byte const Stage_Tmp_B[]={63,255,255,255,255,124,255,255,255,124,255,100,255,
        255,255,255,255,255,255,255,255,255,255,255,255,
        255,255,255,255,255,255,117,116,115,113,255,63,
        255,255,255,255,124,255,99,255};
byte const Stage_Tmp_T[]={255,255,63,68,255,255,255,68,255,255,255,255,255,
        82,255,62,255,74,255,78,255,255,62,255,74,255,
```

```
                          78,255,81,255, 82,255,255,255,255,255,255,255,255,
                          255, 63, 68,255,255,255,255,255};
byte const Stage_Time[]={255, 15,255,255, 3,255, 15,255, 3,255, 10,255,100,
                         255,255,255, 85,255, 85,255, 85, 255,255, 85,255, 85,
                         255, 85,255, 85,255, 85,255,255,255,255,255,255,255,
                         7,255,255, 3,255, 45,255,255};
```

则 Stage_Tmp_B[Offset],Stage_Tmp_T[Offset],Stage_Time[Offset]就是结束当前阶段应满足的 3 个阈值条件。阶段结束,进入新阶段,Offset 自增 1,指向新阶段的相关参量。需要注意的是,由于阶段时间控制有分钟控制也有秒控制,当 Offset 为 12、16、18、20、23、25、27、29、31 时,需要用秒来控制阶段时间,因此程序中需要查询 Offset 的值,为以上值时做特别处理。将以上数值存入数据表 Sec_Ctr 中:

```
byte const Sec_Ctr[]={12,16,18,20,23,25,27,29,31};
```

当在表中检索到 Offest 的值时,要将阶段控制时间设置为秒控制,而不是分钟控制。

综上,判断一个阶段结束与否,采取如图 7-4 所示流程框图,当阶段结束时,Work_Stage+1,进入下一阶段,新的阶段设置阶段时间为 Stage_Time[Offset],若程序检索到 Offest 为 Sec_Ctr 表中的值,则设置时间的单位为秒,否则为分钟。同时设置新阶段底加热盘的加热情况(具体设置见后文所述)。

另外,与由米量来进行的时间阶段控制有关的阶段是精煮的第 4 阶段及煲仔饭的第 4 阶段,对应的 Offset+1 值为 4 和 42,在表 Stage-Time 中给出的是该阶段可能控制的最长时间,米量变化时,实际控制时间应当比这个时间小,在进入这两个阶段前,对时间的设置为表 Stage-Time 中的数据减去由米量带来的时间差量。若 Rice_Value=0,1,2 时分别代表米量的少、中、多,定义数据表 byte const Rice_Time={0,1,2};表示米量少、中、多对应的时间差量,Offset 值为 4 和 42 时应当进行的时间长度为 Sec_Ctr[Offset]－ Rice_Time[Rice_Value]。

阶段结束处理程序流程框图如图 7-4 所示,其代码如下:

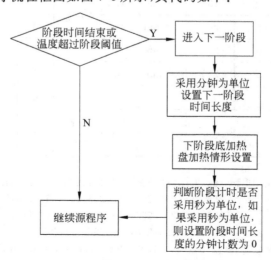

图 7-4　阶段结束处理程序流程框图

```
if((Tmp[0]>Stage_Tmp_B[Offset])||(Tmp[1]>Stage_Tmp_T[Offset])||(Cook_Min+Cook_
Sec==0))                                    //满足阶段结束条件
{
    Work_Stage++；
    Offset++；
                                            //默认采用分钟进行阶段计时
    Cook_Min = Stage_Time[Offset]；
    Cook_Sec = 0；
                                            //特殊情况处理
    if((Offset==4)||（Offset==42))
        Cook_Min = Stage_Time[Offset] - Rice_Time[Rice_Value]；
                                            //底加热盘加热情形设置
            Heat_Time=Bottom_H_T [Offset]；
    if((Offset==5)||（Offset==43))          //特殊情况处理
        Heat_Time=Bottom_H_T [Offset]+(2 * Rice_Value)；

                                            //判断阶段计时是否采用秒为单位
    for(i=0;i<11;i++)
      {
        if(Offset== Sec_Ctr[i])
        {
            Cook_Min = 0；
            Cook_Sec = Stage_Time[Offset+1]；
            break；
        }
      }
}
```

（3）各阶段内加热盘控制

如表 7-4 所示，除保温和蛋糕功能及有关米量的加热盘控制外，各烹饪阶段中大部分的底加热盘控制不需要使用阈值控制，只有 Offset 为 1、39、44、46 时需要温度控制底加热盘的开关与否，因此其他阶段只需要在上一阶段结束时对底加热盘的占空比进行赋值即可，而在当前阶段控制中如果 Offset 的值为以上 4 个之一，则该阶段的控制需要加入阈值控制。对于底加热盘的占空比控制，参照表 7-6，可将所有加热情况的总的加热周期设为一个固定的数，一般为 30s 左右，其设置的语句可以放在初始化程序中，在单个周期内开加热盘的时间长度 Bottom_H_T 数组中进行查询控制，则 Bottom_H_T 中第 Offset 个元素就是当前阶段对加热盘的占空比控制方式。对于顶加热盘的控制，参照表 7-4，定义表 Top_H_F，表中的第 Offset 个元素为 1 时，说明需要对顶加热盘进行控制，否则不需要顶加热盘加热。一般情况下，底加热盘开时为了防止加热功率过高，不会开顶及侧加热盘。

表 7-6　阶段底加热盘控制方式

| 序号 | 功能序号 | 阶段 | 底加热盘控制 低阈值/℃ | 底加热盘控制 高阈值/℃ | 底加热盘火力大小 | 序号 | 功能序号 | 阶段 | 底加热盘控制 低阈值/℃ | 底加热盘控制 高阈值/℃ | 底加热盘火力大小 |
|---|---|---|---|---|---|---|---|---|---|---|---|
| 0 | 精煮 (0) | 0 | — | — | 中大 | 22 | 煲汤 (5) | 0 | — | — | 全功率 |
| 1 | | 1 | 56 | 58 | 中大 | 23 | | 1 | — | — | 不加热 |
| 2 | | 2 | — | — | 大 | 24 | | 2 | — | — | 中小 |
| 3 | | 3 | — | — | 大 | 25 | | 3 | — | — | 不加热 |
| 4 | | 4 | — | — | 不加热 | 26 | | 4 | — | — | 中小 |
| 5 | | 5 | — | — | 米量控制 | 27 | | 5 | — | — | 不加热 |
| 6 | | 6 | — | — | 小 | 28 | | 6 | — | — | 中小 |
| 7 | 快煮 (1) | 0 | — | — | 全功率 | 29 | | 7 | — | — | 不加热 |
| 8 | | 1 | — | — | 不加热 | 30 | | 8 | — | — | 中小 |
| 9 | | 2 | — | — | 中大 | 31 | | 9 | — | — | 不加热 |
| 10 | | 3 | — | — | 小 | 32 | | 10 | — | — | 小 |
| 11 | 泡饭 (2) | 0 | — | — | 全功率 | 33 | 蛋糕 (6) | 0 | — | — | 大 |
| 12 | | 1 | — | — | 不加热 | 34 | | 1 | 114 | 116 | 中大 |
| 13 | | 2 | — | — | 中小 | 35 | | 2 | 113 | 115 | 中大 |
| 14 | | 3 | — | — | 小 | 36 | | 3 | 111 | 113 | 中大 |
| 15 | 煮粥 (3) | 0 | — | — | 全功率 | 37 | | 4 | 110 | 113 | 中大 |
| 16 | | 1 | — | — | 不加热 | 38 | 煲仔饭 (7) | 0 | — | — | 中大 |
| 17 | | 2 | — | — | 中 | 39 | | 1 | 56 | 57 | 中大 |
| 18 | | 3 | — | — | 不加热 | 40 | | 2 | — | — | 大 |
| 19 | | 4 | — | — | 中小 | 41 | | 3 | — | — | 大 |
| 20 | | 5 | — | — | 不加热 | 42 | | 4 | — | — | 不加热 |
| 21 | | 6 | — | — | 小 | 43 | | 5 | — | — | 米量控制 |
| | | | | | | 44 | | 6 | 135 | 136 | 中 |
| | | | | | | 45 | 蒸煮 (8) | 0 | — | — | 全功率 |
| | | | | | | 46 | | 1 | 98 | 99 | 中 |

```
byte const Bottom_H_T []={…};      //加热周期中,加热盘开的时间长度表
byte const Top_H_F[]={0,0,0,0,1,1,1,0,1,1,1,0,0,0,0,0,0,0,0,0,0,0,1,0,0,0,
                      0,0,0,0,0,0,0,1,1,1,1,1,1,0,0,0,0,1,1,1,1,1};
```

在底加热盘进行控制时,精煮和煲仔饭功能中各有一个阶段其火力大小由米量控制,

米量越多火力越大,该阶段对应在 Bottom_H_T 表中是第 5 及 43 个元素,表中给出了小米量时加热的时间长度,则实际控制中在这两阶段的火力大小可以设定为:

$$Bottom\_H\_T\,[Offset] + (2 * Rice\_Value);$$

底加热盘的占空比控制程序分两种情况完成:

① 若该阶段的底加热盘一直采用某占空比进行加热,则占空比设置代码在上一阶段结束时添加,如图 7-4 流程框图所示,这样做可以执行一次代码就完成设置,节约了系统的资源。

② 若由温度阈值控制底加热盘的加热,Offset 为 1、39、44、46 时均属于这种情况,则底加热盘的控制只能在当前阶段根据温度实时控制。

另外,在阶段控制程序中需要对第 0

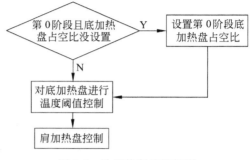

图 7-5　阶段控制流程框图

阶段的情况进行初始化,其流程框图如图 7-5 所示,代码如下:

```
//第0阶段,单独控制
if((Work_Stage==0)&&(Heat_Time==0)) Heat_Time=Bottom_H_T[Offset];
//是否对加热盘进行阈值控制
switch(Offset)
{
    case 1:{Tmp_Ctrl(56,58);break}
    case 39:{ Tmp_Ctrl(56,57);break}
    case 44:{ Tmp_Ctrl(135,136);break}
    case 46:{ Tmp_Ctrl(98,99);break}
    default:{;break}
}
//对顶加热盘进行控制
if((Top_H_F[Offset]==0)||((DrvFlg&0x02)==1)||(Tmp[1]>104)) DrvFlg&0xDF;
    else if(Tmp[1]<100) DrvFlg DrvFlg&0x20;
```

其中,void Tmp_Ctrl(byte t_low,byte t_high)为对底加热盘进行温度控制,底温低于低阈值时以对应占空比方式加热,底温高于高阈值停止加热,其代码如下:

```
void Tmp_Ctrl(byte t_low,byte t_high)
{
    if(Tmp[0]< t_low) { Heat_Time = Bottom_H_T[Offset];return;}
    if(Tmp[0]> t_high) Heat_Time = 0;
}
```

(4) 特殊情况处理

对于保温和蛋糕两种烹饪功能,难以进行如上的程序优化,则需要按照原有处理方式单独进行处理,具体处理方式见 7.3 节。

## 7.3 优化程序及流程图

按照 7.2 节介绍的程序优化方法,void cook_ctrl (void)函数可以按照图 7-6 所示流程框图及如下代码优化。

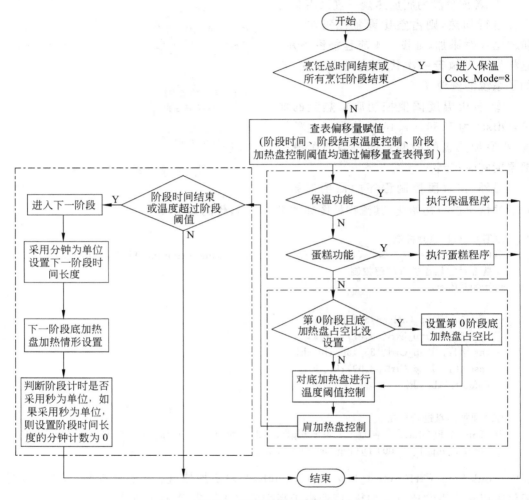

图 7-6 烹饪控制流程框图

```
void cook_ctrl(void)
{
    //判断是否烹饪结束进入保温
    if (Cook_All_Time >= Cook_Time[Cook_Mode]) || Work_Stage>= Cook_Time[Cook_Mode]
    {
        Cook_Mode=8;
    }
}
```

```
//阶段控制查表偏移量计算
    for(i=0;i<Cook_Mode,i++)
        Offset=Offset+Cook_All_Stage[i];
    Offset=Offset+Work_Stage;
```

```
//烹饪功能处理
if (Cook_Mode==8) cook_baowen();                    //单独执行保温程序
    else if  (Cook_Mode==8) cook_cake ();           //单独执行蛋糕程序
        else                                        //其他烹饪程序统一处理
        {
                                                    //当前阶段控制
                                                    //第 0 阶段,单独控制
        if((Work_Stage==0)&&(Heat_Time==0))   Heat_Time =Bottom_H_T[Offset];
                                                    //是否对加热盘进行控制
        switch(Offset)
        {
            case 1：{Tmp_Ctrl(56,58);break}
            case 39：{ Tmp_Ctrl(56,57);break}
            case 44：{ Tmp_Ctrl(135,136);break}
            case 46：{ Tmp_Ctrl(98,99);break}
            default:{;break}
        }
                                                    //对顶加热盘进行控制
        if((Top_H_F[Offset]==0)||((DrvFlg&0x02)==1)||(Tmp[1]>104))
            DrvFlg&0xDF;
        else if (Tmp[1]<100) DrvFlg DrvFlg&0x20;

                                                    //判断阶段是否结束
        if((Tmp[0]>Stage_Tmp_B[Offset])||(Tmp[1]>Stage_Tmp_T[Offset])||(Cook_Min+
Cook_Sec==0))                                       //满足阶段结束条件
        {
            Work_Stage++;
            Offset++;
                                                    //默认采用分钟进行阶段计时
            Cook_Min = Stage_Time[Offset];
            Cook_Sec = 0;
                                                    //特殊情况处理
            if((Offset==4)||(Offset==42))
            Cook_Min = Stage_Time[Offset] − Rice_Time[Rice_Value];

                                                    //底加热盘加热情形设置
            Heat_Time=Bottom_H_T[Offset];
            if((Offset==5)||(Offset==43))           //特殊情况处理
                Heat_Time=Bottom_H_T[Offset]+(2 * Rice_Value);
```

```
//判断阶段计时是否采用秒为单位
for(i=0;i<11;i++)
{
    if(Offset== Sec_Ctr[i])
    {
        Cook_Min = 0;
        Cook_Sec = Stage_Time[Offset+1];
        break;
    }
}
}
}
```

# 7.4　实训任务：优化烹饪程序

### 1. 实训目的

通过本次实训，让学生了解单片机编程特点，学会对复杂程序进行分析，能用表格处理复杂数据。

### 2. 实训任务

为了方便用户使用，煮粥、慢炖、煲汤的总时间都需要使用键盘来设定，一次按键增加半小时，时间设定在 1～4h 之间，如何修改程序？完成相关程序流程框图。

### 3. 实训环境

（1）原装电饭锅。

（2）基于 JL3 芯片控制器。

（3）电阻箱。

### 4. 实训准备

两位同学一组，每组一套实训器材。

### 5. 实训课时

8 学时。

### 6. 实训步骤

① 按照本章所介绍的内容，在平台程序上完成烹饪控制函数 void Cook_Ctrl（void）程序的编写并确保函数中没有语法错误。

② 使用两个电阻箱代替热敏线，模拟实际精煮、快煮、煲粥、煲汤、泡饭、蛋糕、蒸煮功能，测试控制程序是否正确，如果控制程序错误，请改正。

③ 在按键处理函数 void ReadKey(void)中，添加煲汤、煲粥时间控制功能，以及按键

缩时功能,通过按键可以将 1min 缩为 1s。

④ 在烹饪控制程序 void Cook_Ctrl (void)中,添加煲汤、煲粥总时间控制功能。

⑤ 通过缩时功能测试煲汤、煲粥时间控制是否正确,如果不正确请改正。

# 思考与练习

1. 若为电饭锅增加了新的功能为慢炖,慢炖的程序与煮粥程序一致,只是时间控制为 120min,如何修改相关程序?

2. 如果用户要求开发的电饭锅不需要开发泡饭功能,如何修改相关程序?

# 第 8 章

# 空调电控板功能

知识点:

- 空调分类及其特点。
- 空调的技术参数。
- 单片机管脚的应用。

技能点:

- 能根据功能规格书进行功能测试。
- 能使用电阻箱模拟热敏线测试空调电控板功能。
- 能正确使用单片机管脚连接外围电路。

## 8.1  空调概述

空调是空气调节的简称,是使室内空气温度、湿度、清洁度和气流速度(简称"四度")保持在一定范围内的一项环境工程技术,它满足生活舒适和生产工艺两大类的要求。在20世纪六七十年代,美国地区发生罕见的干旱天气,为解决干旱缺水地区的空调冷热源问题,美国率先研制出风冷式冷水机,用空气散热代替冷却塔,其英文名称是 Air Cooled Chiller,简称为 Chiller。现在空调已经被广泛地应用到家庭生活中来,是一款典型的家用电器。相对于其他家用电器,空调的分类、控制方法、电路设计更加复杂,因此本教材中使用一款出口美国的窗机的控制板作为学习对象。

### 1. 空调的分类
空调有多种表现形式,除了外观上的不同外,其空调结构、控制方法也各有不同。

空调按照应用场合分为:

① 家用空调器    功率为 1250~9000W,在家庭内使用的空调器。

② 商用空调器    功率较大,多在公共场合使用的空调器。

根据制冷制热效果分为:

① 单冷式    只能制冷的空调器。

② 冷暖式    既能制冷,又能制热的空调。

③ 热泵式    依靠专门装置使空调器的制冷循环换向实现一机两用,夏季制冷,冬季

制热。

④ 电热式 在单冷型空调器上增设一组电热丝的加热装置达到制热的目的。

⑤ 热泵辅助电加热式 将热泵式和电热式两种形式结合起来的空调器。

空调从外形结构上分可以分为：

① 分体式 将空调器分为室内部分和室外部分,分别称为室内机和室外机,室内机与室外机之间通过管路和线缆进行连接,目前市场上流行的多为分体式,分体式空调器又可以分为壁挂式、柜式和吊顶式三大类。

② 整体式 包括窗机和柜机两种机型。

**2. 空调型号及命名方法**

(1) 结构分类代号

整体式:

* 窗机——C。
* 落地式——L。
* 分体式——F。

分体式的室内机组:

* 吊顶式——D。
* 壁挂式——G。
* 嵌入式——Q。
* 台式——T。

分体式的室外机组——W。

(2) 功能分类代号

热泵式——R。

电热式——D。

热泵电热混合式——RdBP(变频技术)。

(3) 型号命名的表示方法

$$(K)(\times)(\times)—(\times)(\times)(\times)$$

(房间空调器专门代号)(结构代号)(功能代号)—(制冷量:用两位阿拉伯数字表示)(分体式室内机组代号)(分体式室外机组代号)

功率制冷量的分档系列有:1250、1400、1600、1800、2000、2250、2500、2800、3150、3500、4000、4500、5000、5600、6300、7100、8000、9000W。

(4) 常用标识基本组合:

KF——分体壁挂单冷式空调。

KFR——分体壁挂冷暖式空调。

KFRD——分体壁挂电辅助加热冷暖式空调。

KC——窗式空调。

LW——落地式空调(柜机)。

例如,KFR—25GW 表示该款空调为分体壁挂冷暖式空调,它的额定制冷制热量为 2500W。

**注意**：国产品牌型号标识基本一致，型号中其他标识为各企业对自身技术性能、特点的标志，为非正规标识。进口品牌标识各有不同，具体含义请参阅具体说明书。

（5）国内空调命名

空调器的命名有一套国家统一的标准，产品型号及含义如下：

1——表示产品代号（家用房间空调器用字母 K 表示）。

2——表示气候类型（一般为 T1 型，T1 型气候环境最高温度为 43℃，T1 型代号可省略）。

3——结构形式代号（空调器按结构形式分为整体式和分体式，整体式空调器又分为窗式和移动式，代号分别为分体式——F、窗式——C、移动式——Y）。

4——功能代号（空调器按功能主要分为单冷型、热泵型及电热型，单冷型代号省略，热泵型、电热型代号分别 R、D）。

5——规格代号（额定制冷量，单位为 W（瓦），用阿拉伯数字表示，市场上常用匹来描述制冷量，1 匹的制冷量约为 2000 大卡，换算为 2324W，空调器制冷量在 10000W 以下的，其单位为 100W；制冷量大于或等于 10000W 时，其单位为 1000W）。

6——整体式结构分类代码或分体式室内机组结构分类代号（室内机组结构分类为吊顶式、挂壁式、落地式、天井式、嵌入式等，其代号分别为 D、G、L、T、Q 等）。

7——室外机组结构代号（室外机组代号为 W）。

8——工厂设计序号和特殊功能代号等，允许用汉语拼音大写字母或阿拉伯数字表示。

下面以格力空调几个型号为例进行简单说明：

KCD—46(4620)　其中 K 表示房间空调器，C 表示窗机，D 表示电热型，46 表示制冷量是 4600W。

KFR—25GW/E(2551)　其中 K 表示房间空调器，F 表示分体式，R 表示热泵型，25 表示制冷量是 2500W，G 表示挂壁式，W 表示室外机代号，E 表示冷静王系列产品。

KFR—50LW/E(5052LA)　其中 K 表示房间空调器，F 表示分体式，R 表示热泵型，50 表示制冷量是 5000W，L 表示落地式，W 表示室外机代号，LA 表示灯箱面板。

**3．不同空调器的特点**

（1）分体式空调器的特点

① 价格高。目前市场上分体式空调比窗式空调零售价高出 1000～2000 元。

② 安装麻烦。分体式空调器需要分别在室内外安装，工作量大，操作也比较困难，技术性较强。

③ 维修量大。由于分体式空调器室内机与室外机由 2 根管连接，有 4 个接口，因此，制冷剂泄漏的可能性大，往往使用 2～3 年后，就需要充灌制冷剂。

④ 噪声低。由于分体式空调器将压缩机和冷凝器风扇一起安装于室外，墙壁隔离了这些噪声源，因此噪声较小，往往感觉不到。

⑤ 安全隐患。室外机支架易锈蚀，存有隐患。

⑥ 费电。因制冷机管路长，沿程阻力及冷量损耗较大。

⑦ 美观。但要注意将室内机和室外机的连接管子妥善埋于墙内，以保持住宅的整体美观性。

（2）窗式空调器的特点

① 价格低。这是因为窗式空调器的制造用材少，成本低。

② 安装较方便。作为一体机，安装要求较低，技术要求不高。

③ 维修方便。因为窗式机制冷剂密封在制冷系统内，出厂前已经过密封性检测，所以制冷剂泄漏机会少，维修量也小。

④ 噪声较大。由于窗式空调器的压缩机和风扇与室内不是完全隔离的，因而在室内能明显感觉到噪声。

⑤ 用电量小。因冷量损耗小，省电。

⑥ 影响采光。由于目前一般居室在建筑设计上没有预留空调器位置，因此，窗式空调器安装在窗户上会影响采光。

（3）柜式空调器特点

① 价格最高。一般来说柜式空调机的价格是市场上价格最高的家用空调器，通常情况下它的售价比分体式空调高 2000～4000 元。

② 安装技术要求高。正常情况下，空调出厂后只是完成了一半的半成品，必须在最终用户处把空调安装好，调试完毕以后，一部空调才能算是合格的成品。柜式空调机对安装技术的要求比较高，安装工人必须经过正规的技术培训才能上岗，安装不好不但空调的噪声大，而且影响空调的使用寿命。

③ 占用面积大。柜式空调机一般都需要比较大的室内面积，它需要放在房间中占用一定的面积，同窗式和分体式空调只安装在墙上和窗户上相比，它不适宜在小房间中使用。

④ 具有一定的装饰性。近两年，空调生产厂家正在逐步改变空调是白色家电的概念，一些厂家开始在柜式空调机的面板上安装灯箱和风景画，通上电后使空调变得五光十色，十分漂亮。

⑤ 费电。柜式空调机的功率都比较大，一般在 2 匹以上，工作起来对电路的要求比较高，截面小的电线和小电表是不能满足需要的，最好能使用铜芯电线和 20A 以上的电表，以避免可能存在的隐患。

**4. 空调的技术参数**

空调的主要技术参数包括制冷（热）量、电源额定消耗功率、能效比、噪声等。

（1）制冷量

空调器进行制冷运转时，在单位时间内从密闭空间或房间或区域除去的热量，其单位为 W（瓦）。

（2）制热量

空调器进行制热运转时，单位时间向密闭空间或房间或区域送入的热量，其单位为 W（瓦）。

（3）循环风量

空调器在新风门和排风门完全关闭的条件下，单位时间内向密闭空间或房间或区域送入的风量，常用单位有 $m^3/h$、$m^3/s$ 等。

（4）消耗功率

空调器在运转（制冷或制热）时所消耗的总功率，单位为 W（瓦）。

（5）能效比（EER）

在额定的工况和规定条件下，空调器进行制冷运行时，制冷量与有效输入功率之比，单位为 W/W。

（6）制冷效率（COP、性能参数）

在额定工况（高温）和规定的条件下，空调器进行热泵制热运行时，其制热量和有效输入功率之比，单位为 W/W。

EER 和 COP 都是评价制冷压缩机的能耗指标参数，COP 是指单位轴功的制冷量，通常称为压缩机的性能系数；而 EER 是指单位电动机输入功率的制冷量的大小，这个指标考虑了驱动点的机效率对能耗的影响。电动机的输入功率不完全转化为轴功，其中一部分通过摩擦等损失掉。EER 指标常用来表征全封闭压缩机的单位电动机的输入功率的制冷量的大小，在数量上，对同一种全封闭式压缩机，同一运转工况下（制冷量一样），EER 小于 COP。要注意的是 EER 是有单位的。

EER 主要表征了局部空调机组（含空气源、水源、地源等整体式、分体式空调机组）的性能参数，其一个较突出的特点是仅适合于电动压缩式（蒸气压缩式）制冷或热泵空调机组。而 COP 性能参数值则适用范围更加广泛，除了一般的电动压缩式制冷或热泵空调机组（制冷压缩机）外，亦适合于吸收式制冷机组。

（7）额定电流

名义工况下的总电流，单位为 A。

（8）制冷剂种类及充注量

目前，我国空调采用 R134、R134a、R22 等制冷剂；充注量是指产品规定注入空调器制冷系统 R22 的数量，单位为 kg。

（9）噪声

电源输入额定电压、额定频率且运转工况为额定工况情况下，用分贝仪在 A 计权状态下在室内规定位置处测得的空调器的运转噪声，单位为 dB(A)，主要由内部的蒸发器和外部的冷凝器产生。

（10）使用电源

单相 220V/50Hz 或三相 380V/50Hz。

（11）外形尺寸

长（mm）×宽（mm）×高（mm）。

# 8.2  空调工作原理

### 1. 空调单冷机制冷的工作原理

只具有制冷功能的空调器为单冷空调器。图 8-1 所示为单冷空调器的制冷工作原理图。

单冷式空调器的工作过程如下：

① 当空调器开始工作时，制冷剂在压缩机中被压缩，将原本低温低压的制冷剂气体压缩成高温高压的过热蒸气，高温高压的过热蒸气经过管路流入冷凝器中，在冷凝器中进

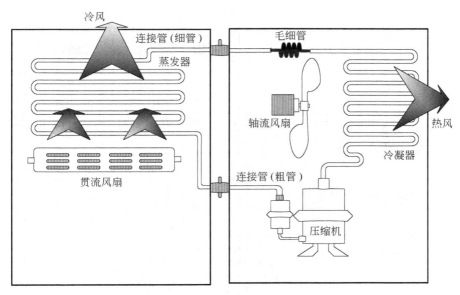

图 8-1　单冷空调器的制冷工作原理图

行冷却,由轴流风扇将散发出的热量吹出机体外。

② 高温高压的过热蒸气被冷凝器冷却后,变为低温高压的制冷剂液体,然后通过管路流入毛细管。毛细管的作用是节流降压,由于毛细管又细又长,它会阻碍制冷剂液体的流动,故经过毛细管后,低温高压的制冷剂液体就变成了低温低压的制冷剂液体,即为在蒸发器中汽化创造了条件。

③ 低温低压的制冷剂液体经连接管路(细管)送入室内机,在蒸发器中低温低压的制冷剂由液态变为汽化后的蒸气。在此过程中,要向外界吸收大量的热量,因此使得蒸发器外表面及周围的空气被冷却,最后冷量再由室内的送风贯流风扇从出风口吹出。

④ 汽化后的制冷剂蒸气经连接管(粗管)返回到室外机的压缩机内,再次进行压缩,如此周而复始,完成制冷循环。

**2. 冷暖空调器的工作原理**

冷暖空调器除了具备制冷功能外,还具有制热功能。与单冷空调器的最大不同在于,冷暖空调器中安装了一个电磁四通换向阀,它是实现制冷和制热切换的关键部件。下面具体介绍冷暖空调器的制冷制热过程。

图 8-2 所示为冷暖空调的制冷循环示意图。

① 在进行制冷工作时,制冷剂在压缩机中被压缩,将原本低温低压的制冷剂气体压缩成高温高压的过热蒸气后,由压缩机排气管口排出。与单冷空调器不同,冷暖空调器通过一个电磁四通换向阀控制制冷剂的流向。高温高压的过热蒸气从四通阀的 A 口进入,由于在制冷工作状态下压缩机排气管通过四通阀与室外机的外盘管相连,因此高温高压的过热蒸气经四通阀被导入外盘管中。

② 高温高压的过热蒸气在外盘管中进行冷却,通过风扇的冷却散热作用,过热的制冷剂由气态变为液态。此时,从图 8-2 中可以看到,冷暖空调器在内盘管与室外盘管之间安装

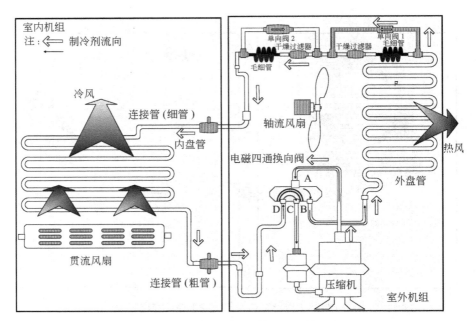

图 8-2    冷暖空调的制冷循环示意图

有单向阀,它是用来控制制冷剂流向的,具有单向导通、反向截止的作用。当有冷却后的低温高压制冷剂液体流过时,单向阀 1 导通,单向阀 2 截止,因此制冷剂液体经单向阀 1 后,再经干燥过滤器、毛细管节流降压,将低温低压的制冷剂液体由液体管(细管)送入室内机。

③ 制冷剂液体在室内机的内盘管中吸热汽化,周围空气的温度下降,冷风即被贯流风扇吹入室内。

④ 汽化后的制冷剂气体再经连接管(粗管)送回室外机,此时四通阀的 D 口与 C 口(见图 8-2)相通,从而使制冷剂气体得以由压缩机吸气口吸回到压缩机中,再次被压成高温高压的过热蒸气,维持制冷循环。

从图 8-3 所示冷暖空调器的制热循环示意图中可以看到,冷暖空调器在制热时,经压缩机压缩的高温高压过热蒸气由压缩机的排气口排出,再经四通阀直接将过热蒸气由 D 口送入到室内机的内盘管中。此时,室内机的内盘管就相当于冷凝器的作用,过热的蒸气通过室内机的热交换器散热,散出的热量由贯流风扇从出风口吹出。

过热蒸气被冷却成低温高压液体后,再由液体管从室内机送回到室外机中。此时,在制热循环中,根据制冷剂的流向,单向阀 2 导通,单向阀 1 截止。制冷剂液体经单向阀 2、干燥过滤器及毛细管等节流组件后,被送入室外机的外盘管中。与内盘管的功能正好相反,这时外盘管的作用就相当于制冷时室内机蒸发的作用,低温低压的制冷剂液体在这里完成汽化的过程,制冷剂液体向外界吸收大量的热,重新变为干饱和蒸汽,并由轴流风扇将冷气由室外机吹出。干饱和蒸气最后再由四通的 B 口进入,由 C 口返回压缩机的吸气口,继续第二次制热循环。

可以看到,制热循环和制冷循环的过程正好相反。在制冷循环中,室内机的热交换设备(内盘管)起蒸发器的作用,室外机的热交换设备(外盘管)起冷凝器的作用,因此制冷时

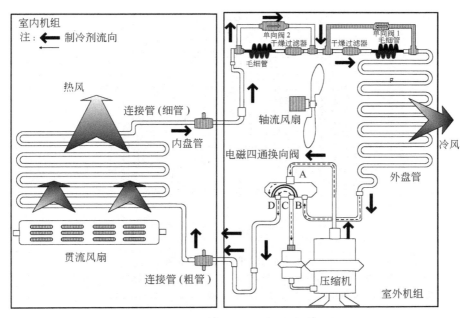

图 8-3 冷暖空调器的制热循环示意图

室外机吹出的是热风,室内机吹出的是冷风。而制热循环时,内盘管起冷凝器的作用,而外盘管则起蒸发器的作用,因此制热时室内机吹出的是热风,而室外机吹出的是冷风。

# 8.3 窗机结构

本教材使用一款单冷式窗机空调的控制板作为学习对象,所以重点讲述窗机空调器的结构,其他类型空调器的结构可参照参考文献 10 学习。窗式空调器是室内外机合为一体的整体型、风冷式空调器,可直接安放在房间预留的空调孔(洞)或窗台中,安装(迁移)方便且价格便宜,适用于小面积的房间($30m^2$ 以下)。窗式空调器有新风入口,可改善空调房间的空气品质,制冷剂管路均采用焊接的方法连接,制冷剂难以泄漏,整机性能好。

窗式空调器的结构如图 8-4 所示。窗式空调器的制冷系统包括换热器(包括冷凝器、蒸发器)、压缩机、节流阀(采用毛细管)、过滤器等。

窗式空调器的蒸发器置于室内,冷凝器伸在室外,整个制冷装置是密闭的循环系统,选用的制冷剂一般为氟利昂 22(通常写作 R22)。压缩机、冷凝器、蒸发器以及节流装置(毛细管或电磁阀)是空调器制冷系统的主要部件,为保证系统的高效稳定运行,制冷系统还包含一些必要的辅助部件——干燥过滤器、油气分离器、体液分离器、注液毛细管、低压控制阀、预冷却器、消声器和电磁换向阀等。

窗式空调器的制冷过程如下:

① 在离心风扇 8 的作用下,室内湿热空气通过进风孔板(空气过滤网 6)进入蒸发器 7,蒸发器内的制冷剂 R22 吸收热空气的热量后变成气态,同时使空气降温。

② 由于蒸发器表面温度常常低于室内空气露点,凝结的露水会不断从翅片表面析

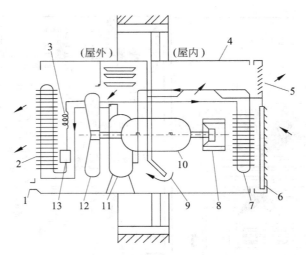

图 8-4　窗式空调器的结构

1— 排水管；2—冷凝器；3—毛细管；4—机壳；5—出风栅；6—空气过滤网；7—蒸发器；8—离心风扇；
9—排气挡板；10—风扇电机；11—压缩机；12—轴流风扇；13—干燥过滤器

出,通过排水管 1 流出室外,因此还能使空气除湿。

③ 这种经过滤网除尘,又经蒸发器降温、除湿的洁净干燥冷风进入离心风扇 8,通过出风栅 5 向室内送风,达到调节室内空气温度、湿度的目的。

④ 蒸发器中吸热蒸发的制冷剂 R22 被压缩机吸入并压缩成高温高压蒸气,被排往冷凝器中,轴流风扇 12 从空调器两侧吸入室外空气来冷却冷凝器,并将吸热后的空气排往室外,带走热量。

⑤ 冷凝器中的制冷剂冷却成高压过冷液体,这些液体先经干燥过滤器 13 过滤,再经毛细管 3 节流降压,返回蒸发器,使制冷过程循环进行,保持房间空调所需冷量的要求。

## 8.4　空调控制器

根据空调器结构、用户需求的不同,设计的空调控制器会有所不同,参考文献 8 给出了多种空调控制器的设计方案,本教材只讲述教材所用的窗式空调器的控制器,感兴趣的读者可通过参考文献学习。

### 1. 控制器电路

附录 B 给出了空调控制器电路图,本教材使用的窗机控制器硬件分四部分:

(1) 电源电路

电源电路(见图 8-5)进行交流到直流的转换。

① 电源保护电路:保险丝、104 线间电容、压敏电阻。

② 电源变压器:把 220V 交流转化为 13V 交流,原初级电压(高压端)同时还送至继电器开关侧,次级(低压端)电压作为整流滤波电路的输入。

③ 整流滤波电路:桥式整流电路,滤波电容。

④ 12V 稳压电路:三端集成稳压电源 7812 芯片,输出 12V 稳定直流电压,提供给继

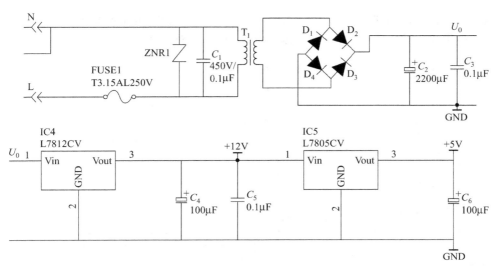

图 8-5  电源电路

电器线圈和蜂鸣器工作。

⑤ 5V 稳压电路:三端集成稳压电源 7805 芯片,输出 5V 稳定直流电压,提供给单片机芯片工作。

(2)核心控制板

控制芯片及其相关控制内容。

① 电脑芯片:MC68HC908JL3。

② 蜂鸣器电路:无源蜂鸣器,电路见图 8-6。

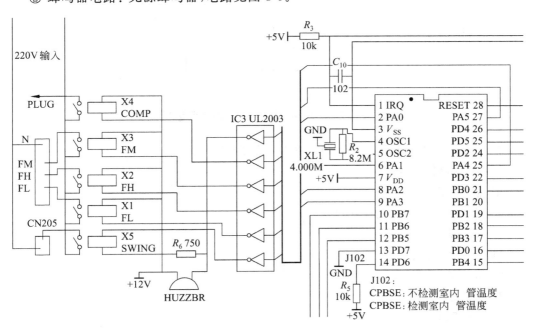

图 8-6  继电器输出电路和蜂鸣器输出电路

③ 继电器输出电路:2003(达林顿管),12V/10A 继电器,电路见图 8-6。

④ 热敏线电路:使用 103AT10KB=4100 型号,电路见图 8-7。

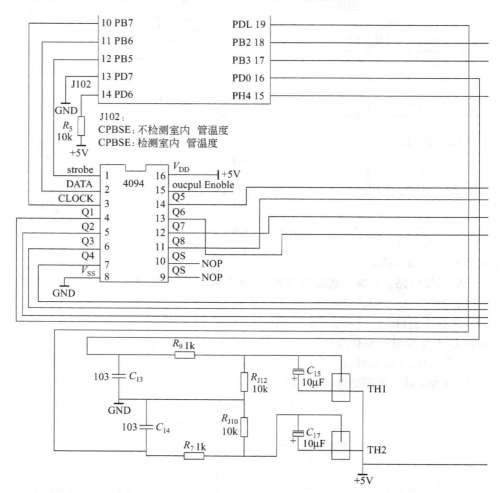

图 8-7 芯片端口扩展部分、热敏线电路

⑤ 电脑芯片端口扩展部分:4094 芯片,见图 8-7。

(3) 显示操作面板

① 显示 LED:

ONE TOUTH 自动模式灯;

HI 高风灯;

MED 中风灯;

LOW 低风灯;

℃ 摄氏灯;

℉ 华氏灯;

SWING 摆页灯;

SAVER　节能灯；

COOL　制冷灯；

FAN　送风灯。

② 显示数码管：两位 8 字。

③ 轻触键：

POWER　开关键；

SWING　摆页键；

MODE　模式键；

UP　上升键；

DOWN　下降键；

TIME　定时键；

ONE TOUCH　自动键；

FAN　风速键。

④ 红外接收头：REC01。

（4）遥控器

遥控器使用 uPD6122 芯片。

**2. 单片机管脚的使用**

如图 8-6 和图 8-7 所示，芯片管脚驱动蜂鸣器、4 个继电器控制外设和 2 个温度传感器的读取，其他管脚如附录 C 图所示用作按键、4094 驱动显示使用。

在可用的管脚当中，读键矩阵的管脚、读温度传感器的管脚作为输入使用，其他管脚均作为输出使用，因此，初始化程序中，对于端口的初始化程序如下：

```
#define ctr_a   0x3f
#define ctr_b   0xe0
#define ctr_d   0x3c
#define init_a  0x00
#define init_b  0x00
#define init_d  0x10
  PTA＝init_a；
  DDRA＝ctr_a；
  PTB＝init_b；
  DDRB＝ctr_b；
  PTD＝init_d；
  DDRD＝ctr_d；
```

# 8.5　空调总体控制程序

按照空调要执行的功能，空调的控制程序包括了初始化程序和主循环程序，在主循环程序中将执行按键功能、显示功能、外设功能、蜂鸣器控制、主驱动控制、时钟控制。在教材的附录 E 程序中没有实现遥控器功能，感兴趣的读者可以自行完成。

程序执行中，初始化程序对单片机管脚及工作环境进行配置，该工作一次执行有效，不需反复执行，因此放在主循环之外，其他的功能程序需要单片机反复执行，放在主循环中。为了提高单片机的执行效率,主程序定义了一个主循环控制变量 Controlloop,根据 Controlloop 值的不同,每次主循环除了执行读键外,另外执行特定的控制功能。由于读键要求很高的实效性,因此每次执行主循环程序都会执行读键程序。

主程序的流程框图如图 8-8 所示,教材将重点讲述按键功能、显示功能、外设功能、蜂鸣器控制、主驱动控制程序,初始化程序及时钟控制程序的流程图将在附录 E 中给出,不多做论述,感兴趣的读者请自行学习。

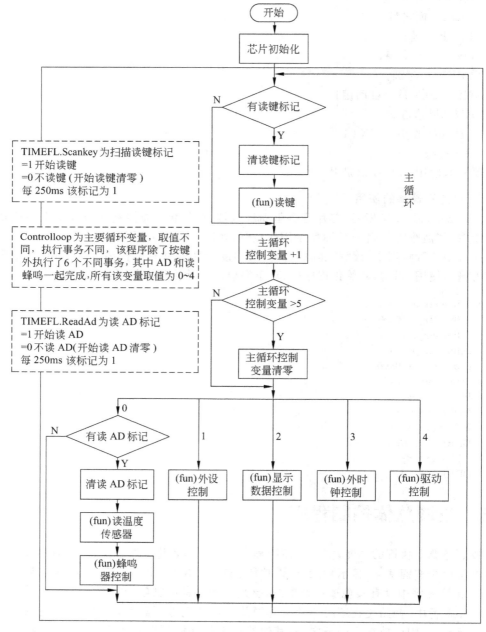

图 8-8   空调主程序流程框图

# 8.6　实训任务：操作空调控制板

**1. 实训目的**

通过本次实训,让学生了解规格说明书格式,了解电控器基本结构,掌握电控器基本测试方法,理解空调基本工作过程。

**2. 知识要点**

电控器的功能测试是软件开发相关岗位中一个重要的工作任务,测试人员要通过测时间监测出软件与用户要求不相符的地方或者软件控制故障的地方,其工作的根本依据是产品功能说明书。以下是本教材使用的产品功能说明书。

1) 通用说明

(1) 按键操作说明

① "POWER"按键

此键用于接通和关断电源,连续按此键,按"开机→关机→开机"循环运行,开机后空调按制冷模式运转。

② "SWING"按键

- 当需要页片摇摆时按此键,连续按此键,按"进入摇摆→取消摇摆→进入摇摆"循环。
- 持续按此键 3s,进入 Energy Saver 状态,再持续按此键 3s,退出 Energy Save 状态(注意:送风状态时此功能无效)。

③ "MODE"按键

当需要设定或改变运行状态时按此键,连续按此键,按"制冷→送风→制冷"循环。

④ ▲(UP)按键

此键为温度上升按键,每按一次温度增加 1℃或 2℉(温度调节范围为 16～31℃,或 60～90℉)。

⑤ ▼(DOWN)按键

此键为温度下降按键,每按一次温度下降 1℃或 2℉(温度调节范围为 16～31℃,或 60～90℉)。

※**注意**:当同时按下 UP 和 DOWN 两个键,可进行华氏温度与摄氏温度的转换。

⑥ "TIMER"按键

当需要定时开机或定时关机时按此键。

- 在开关状态下按此键,只能定时关机,连续按此键,按"1、2、…、12 小时(间隔 1 小时)→取消定时关机(显示 0)→进入定时功能"循环。
- 在关机状态下按此键,只能定时开机,连续按此键,按"1、2、…、12 小时(间隔 1 小时)→取消定时开机(显示 0)→进入定时功能"循环。

⑦ "ONE TOUCH"按键

此键用于选择自动运转状态,连续按此键,按"进入自动状态(自动灯亮)→退出自动状态(进上次模式)→进入自动状态(自动灯亮)"循环。

⑧ "FAN"按键

当需要改变风速时按此键,连续按此键,按"高速→中速→低速→高速"循环。

(2) 指示灯说明

① "ONE TOUCH"灯

此灯亮时,表示空调器进入了"ONE TOUCH"状态。

② "SPEED"灯

"HI(高速)"灯、"MED(中速)"灯、"LO(低速)"灯,这三个灯不能同时亮,它们只能根据风扇电机的转速来定,即当风扇电机以高速运转时,此时"HI"灯亮;当风扇电机以中速运转时,此时"MED"灯亮;当风扇电机以低速运转时,此时"LO"灯亮。

③ "SWING"灯

当进入摇摆状态时,此灯亮。当退出摇摆状态后,此灯灭。

④ "COOL"灯

当此灯亮时,表示空调器以制冷模式运转。

⑤ "FAN"灯

当此灯亮时,表示空调器以送风模式运转。

⑥ "℃"灯

当此灯亮时,表示以摄氏温度显示。

⑦ "℉"灯

当此灯亮时,表示以华氏温度显示。

⑧ "ENERGY SAVER"灯

当进入 Energy Saver 状态时,此灯亮。当退出 Energy Saver 状态后,此灯灭。

⑨ 数码管

• 双数码管显示设定温度、室温和定时时间。

• 双数码管工作状态显示室温,当调整设定温度或定时时间时显示为设定温度或定时时间,但 10s 后自动转变为室温。

• 双数码管中第二个"8"后的一点常亮表示定时关机;闪烁时表示定时开机。

2) 控制器的功能

(1) ONE TOUCH(自动运行)

按动显示板上的"ONE TOUCH"按键,接收器接收信号,并发出"嘀"的一声,控制器选择自动工作模式,同时显示板上"自动"指示灯亮。

① 运转模式根据当时的室温决定,模式设定后,不因以后室温变化而变化。

② 初始室温与运转模式的对应关系如下:

| 初始室温 | 运转模式 |
|---|---|
| 大于或等于 23℃ | 制冷 |
| 小于 23℃ | 送风 |

③ 初始设定温度取决于空调开机最初 2min 内的初始室温。

| 工作模式 | 初始室温/℃ | 初始设定温度/℃ |
| --- | --- | --- |
| 制冷 | 大于或等于 23 | 22 |
| 送风 | 小于 23 | — |

④ 当感觉太冷时,可通过"温度"调节按键控制设定温度。按"温度"调节按键,接收器会发出"嘀"的一声。

按"UP"按键,升高设定温度 1～2℃,上限为＋2℃;

按"DOWN"按键,降低设定温度 1～2℃,下限为－2℃。

⑤ "自动"模式的制冷状态,压缩机开,风扇电机按高速运行。也可以用遥控器上的"FAN"按键或显示板上的"FAN"设定风扇速度。

⑥ "自动"模式的送风状态,此时压缩机不工作,风扇电机按高速运行。也可以用遥控器上的"FAN"按键或显示板上的"FAN"设定风扇速度。

(2) 制冷运行

① 温度设定范围为 16～31℃,初始设定温度为 24℃。

② 室温＞设定温度 1℃时,风扇电机、压缩机运行,风速可任选高速、中速或低速。

③ 当室温≤设定温度 1℃时,压缩机停止运转,风扇电机运行,风速可任选高速、中速或低速。

④ 风向可以通过遥控器或显示板上的"SWING"按键设置为"摇摆"或"停止"。

(3) 送风运行

① 风速可任选高速、中速或低速。高速运行、中速运行或低速运行时相应的指示灯亮。

② 此时压缩机不工作。

③ 风向可以通过遥控器或显示板上的"SWING"按键设置为"摇摆"或"停止"。

(4) 一般功能

① 定时功能

开机状态下,可通过遥控器或显示板上的"TIMER"按键选择定时关机,时间为 1～12h,间隔为 1h,此时数码管后面的一点常亮。关机状态下,可通过遥控器或显示板上的"TIMER"按键选择定时开机,此时数码管中后面的一点闪烁,显示板中数码管显示定时的时间直到开机。

※注意:空调器在前次定时工作结束后(不断电条件下),再次选择定时功能时,调用前次定时时间,并可以重新调整。若前次定时工作结束后,中途断电情况下,选择定时功能时,必须重新调整定时时间。

② 风向调节功能

通过遥控器或显示板上的"SWING"按键,选择"摇摆"或"停止"。

※注意:当风扇电机停止时,风向电机也同时停止。

③ 睡眠功能

• 在制冷模式下,可通过遥控器的"睡眠"按键启动或关闭睡眠功能。

- 在制冷模式下,开始运转 1h 后设置温度升高 1℃,1h 后再升高 1℃,之后温度不再升高,风扇为低速,12h 后取消睡眠功能。
- 进入睡眠状态后,此时显示板上所有亮着的灯都半亮。

④ Energy Saver(节电)功能

- 在制冷状态时(包括制冷模式和自动制冷模式),此功能才有效。持续按"SWING"按键 3s,进入 Energy Saver 状态。
- Energy Saver 状态表示风扇电机的运转情况是根据压缩机的运转情况而定,即压缩机开,风扇电机也开,压缩机停,风扇电机也停。

(5)故障指示功能

① 当室温传感器出现故障时,显示板上显示"Er"并闪烁。

② 当室内管温传感器出现故障时,显示板显示"En"并闪烁,这时只有关机才能恢复。

③ 热敏电阻故障判定范围:≥700kΩ 和≤100Ω 才判定为故障。两个热敏电阻 B 值都是 4100。

④ 结霜保护故障时,显示板显示"Ed"并闪烁,这时只有关机才能恢复。

⑤ 当风扇电机运行 720h 后,显示板上显示"E1"并闪烁,表示需要清洗"AIRFLTER",这时只有重新上电才能恢复。

(6)压缩机保护功能

压缩机具有上电 3min 延时启动和 3min 间隔保护功能,可通过跳线取消上电 3min 延时功能,但不能取消 3min 间隔保护功能。

(7)跳线功能

① 取消上电 3 分钟延时功能的跳线。

② 有和无检测管温热敏电阻故障的功能跳线。

③ 有和无保护功能。

(8)保护功能

① (全自动运转之制冷模式以及制冷运转)管道冰堵预防(有两种控制方法):

- 温度控制

室内管温热敏电阻连续 14min 测得温度≤1℃,管道冰堵预防功能动作,压缩机停转,风扇以设定速度运转 5min,此后如室内管温热敏电阻测得温度≤1℃,此状态延续,至室内管温热敏电阻测得温度>1℃为止。

- 时间控制

当

a. 压缩机连续运转;

b. 室内风扇低速、中速运转;

c. 室温<26℃。

以上三项条件同时满足,时间达到 1h45min(当压缩机停时,计时重新开始。当风扇高速或室温≥26℃,暂不计时;条件又满足时,恢复计时)。则压缩机停转 3min,风扇同时以设定速度运转。

② 结霜保护

制冷运行中,当压缩机连续运行 3min 后,若室内管温持续 3min 以上≤−15℃时,则判断为结霜保护预防条件满足。压缩机停止运行 6min,然后再启动。如果在压缩机再启动的 10min 内,结霜预防保护条件再次满足,则判断为需要进行结霜保护,即出现故障,此时显示板上显示"Ed"且压缩机、风扇停转,则管道温度恢复至正常也不能使压缩机、风扇重新运转。重新运转的方法是:

- 按遥控器上的"POWER"按键,则空调开机。
- 按显示板上的"POWER"按键,则空调开机。

**3. 实训任务**

① 使用电阻器模拟热敏线工作按照功能规格书要求测试电控器。

② 记录电控器现象与功能说明书中不相符的部分。

**4. 实训设备**

① 空调控制器。

② 烧写器。

③ 电阻箱。

④ 灯泡。

⑤ 秒表。

**5. 实训准备**

两位同学一组,每组一套实训器材。

**6. 实训课时**

4 学时。

**7. 实训步骤**

① 使用电阻箱代替两个热敏线,使用 220V 灯泡代替 5 个外设驱动连接到继电器。

② 将电阻箱调整到室温对应的电阻后上电,按照按键和显示的功能说明依次对每个按键及相应的显示做测试。

③ 按照功能说明书中对空调运行的说明,调整电阻箱对应温度以及按下相应按键测试自动运行、制冷、送风模式下外设功能是否正常。

④ 按照功能说明书中对定时操作的要求,测试定时功能是否正常。

⑤ 将两个电阻箱分别短路及断路,检测故障报警功能是否正确。

⑥ 按照功能说明书调整电阻箱,检测压缩机保护功能是否正常。

⑦ 将上面测试中,与功能说明书不相符的现象记录在表 8-1 所示的功能测试记录表中。

表 8-1　功能测试记录表

| 时　间 | 序　号 | 问 题 描 述 | 对应功能书的描述 |
|---|---|---|---|
|  |  |  |  |
|  |  |  |  |
|  |  |  |  |

**8. 实训习题**

按照自己的检查报告,分析与功能说明书要求不同的故障现象可能是在主程序中的哪个地方出错?

# 思考与练习

1. 如果不使用 4094 驱动数码管显示,显示功能不变,使用该芯片能否直接驱动数码管的显示?为什么?

2. 查看电路板,找到压缩机继电器与其他继电器的不同之处,分析使用不同继电器的原因。

3. 室温热敏线信号接芯片_____号管脚,当室温升高时该管脚电压是上升还是下降?

4. 练习用的空调控制器的 JL3 管脚按下述排列,请回答问题。

PTA

| 未用 | 未用 | 蜂鸣器 | 风门 | 低风 | 高风 | 中风 | 压缩机 |
|------|------|--------|------|------|------|------|--------|

(1) 开压机,开中风,风门摆　PTA 的值＝_____(二进制)＝_____(十六进制)
(2) 关压机,开高风,风门摆　PTA 的值＝_____(二进制)＝_____(十六进制)
(3) 开压机,开高风,风门停　PTA 的值＝_____(二进制)＝_____(十六进制)
(4) 关压机,开低风,风门停　PTA 的值＝_____(二进制)＝_____(十六进制)

PTA 口的方向寄存器 DDRA 应该设置为:

|  |  |  |  |  |  |  |  |
|--|--|--|--|--|--|--|--|

DDRA 的值用十六进制表示为_____。

5. 如果管脚按下述方案使用,请回答以下问题。

| 风门 | 低风 | 高风 | 中风 | 压缩机 | 读键一 | 读键二 | 蜂鸣器 |
|------|------|------|------|--------|--------|--------|--------|

方向寄存器 DDRA 应该设置为:

|  |  |  |  |  |  |  |  |
|--|--|--|--|--|--|--|--|

DDRA 的值用十六进制表示为_____。

6. 搜索资料,了解变频空调的相关知识。

7. 搜索资料,了解分体机的基本结构。

第 9 章

# 更换热敏线型号及改变端口

**知识点：**

- 热敏线在空调产品中的作用。
- 芯片 ADC 功能。

**技能点：**

- 能分析热敏线处理程序。
- 能处理热敏线端口更换问题。
- 能处理热敏线型号更换问题。

## 9.1 热敏线在空调产品中的作用

温度信号对于空调来说是相当重要的一个信号，除了要读取室温进行空调功能的控制外，还要进行各种温度检测以达到自我故障诊断的目的。现在多数空调采用热敏线进行温度检测，热敏线在空调器中的位置不同，其作用也不同，一般热敏线可能安装在如下 5 个位置。

（1）室内环境热敏线（回风热敏线）

室内环境热敏线被安装在空调室内蒸发器的进风口，由塑料件支承，可用来检测室内环境温度是否达到设定值。其作用是：

① 制热或制冷时用于自动控制室内环境温度。

② 制热时用于控制辅助电加热器工作。

（2）室内蒸发器管路热敏线

室内蒸发器管路热敏线被安装在室内蒸发器的管路上，外面用金属管包装，它直接与管路相接触，所以测量的温度接近制冷系统的蒸发温度。其作用是：

① 冬季制热时用于防冷风控制。

② 夏季制冷时进行过冷控制（防止系统中的制冷剂不足或者室内蒸发器结霜）。

③ 用于控制室内风扇电机的速度。

④ 与单片机配合实现故障自诊断。

⑤ 在制热时辅助用于室外机除霜。

（3）室外环境热敏线

室外环境热敏线被安装在室外机散热器上，由塑料件支承，可用来检测室外环境温度。其主要作用是：

① 室外温度过低或过高时用于控制系统自动保护。

② 制冷或制热时用于控制室外风扇电机的速度。

（4）室外冷凝器管路热敏线

室外冷凝器管路热敏线被安装在室外机散热器上，用金属管包装，用来检测室外管道温度。其主要作用是：

① 制热时用于室外机除霜。

② 制冷或制热时用于过热保护或者防冻结保护。

（5）室外机压缩机排气热敏线

室外机压缩机排气热敏线被安装在室外机压缩机的排气管上，用金属管包装。其主要作用是：

① 在压缩机排气管温度过高时用于控制系统自动进行保护。

② 在变频空调器中用于控制电子膨胀阀的开启度以及压缩机运转频率的升降。

本教材选用的窗机应用了两个热敏传感器，分别为室内环境热敏线（回风热敏线）及室内蒸发器管路热敏线（简称为盘管热敏线）。对于室内蒸发器热敏线室，若长时间测得低于 1℃时，则可以判定为管道冰堵故障，需要进行相应压缩机及风扇的操作。在该窗机设计和研制中，若检测到连续 14min 温度低于 1℃，则判定故障。其他未使用热敏线的具体使用方法可参照参考文献 11。

## 9.2　温度读取及故障分析

空调的温度读取及故障分析程序分为室温及盘管热敏线的读取及故障分析程序、盘管温度低于 1℃的检测及相关标志位处理程序。在本教材采用的设计方法中，使用如下多个函数完成这些功能：

```
void Read_sbsr(void)          //读传感器及故障分析、盘管1℃低温处理,引用以下函数完成功能
byte CnvtRomTemp(byte AdVal)            //将 AD 值转换为温度
byte Read_AD(byte Ad_Channle,byte Data_AD)      //读传感器 AD 值
void Check_1c(void)              //盘管 1℃低温检测
byte Chk_snsr(byte Senseor_AD)          //传感器故障检测
```

### 1. 传感器处理程序

传感器处理程序 void Read_sbsr(void)通过调用其他函数完成了基本的读温度、故障处理判断、1℃低温检测功能，其流程框图见图 9-1。

传感器处理程序如下：

```
void Read_sbsr(void)
{
    ROOM_AD＝Read_AD(ad_an11,ROOM_AD);              //读室温传感器
    ROOM_TMP＝CnvtRomTemp(ROOM_AD);              //室温转换
    if(Chk_snsr(ROOM_AD)) ERR_FLAG.RoomErr=1;      //查室温传感器是否故障
        else    ERR_FLAG.RoomErr=0;
    COIL_AD＝Read_AD(ad_an10,COIL_AD);              //读盘管温度
```

```
COIL_TMP=CnvtRomTemp(COIL_AD);                  //盘管温度转换
if(Chk_snsr(COIL_AD)) ERR_FLAG.CoilErr=1;       //查盘管传感器是否故障
    else   ERR_FLAG.CoilErr=0;
Check_1c();                                      //盘管 1℃ 低温检测
ADSCR=ad_off;                                    //关电源
}
```

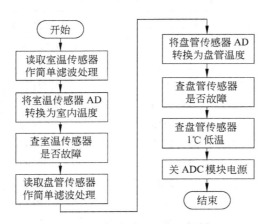

图 9-1　传感器处理流程框图

## 2. 读传感器程序

读传感器程序按照该芯片的 ADC 功能完成对传感器的读取,为了防止噪声的影响,会将当次读到的 AD 值与上次读取的 AD 值求算术平均值,达到低通滤波的目的。读传感器程序的流程框图见图 9-2,其程序如下:

```
byte Read_AD(byte Ad_Channle,byte Data_AD)      //读传感器
{
  ADSCR=Ad_Channle;
  while(! ADSCR_COCO);                           //等待 ADC 转换结束
  Data_AD=(Data_AD+ADR)/2;                        //简单滤波
  return Data_AD;
}
```

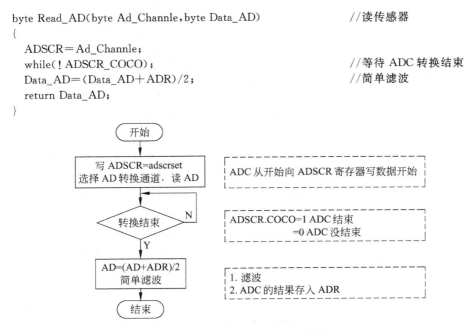

图 9-2　读传感器的流程框图

### 3. AD 温度转换程序

该控制板采用两根热敏电阻型号均为 $B$ 值为 4100、10kΩ 的负温度系数热敏线,其温度电阻对应关系见表 9-1。

表 9-1　热敏线温度电阻对应表

| 温度/℃ | 电阻值/kΩ | 温度/℃ | 电阻值/kΩ | 温度/℃ | 电阻值/kΩ | 温度/℃ | 电阻值/kΩ |
|---|---|---|---|---|---|---|---|
| −20 | 115.266 | 12 | 18.7177 | 44 | 4.38736 | 76 | 1.34105 |
| −19 | 108.146 | 13 | 17.8005 | 45 | 4.21263 | 77 | 1.29078 |
| −18 | 101.517 | 14 | 16.9341 | 46 | 4.04589 | 78 | 1.25423 |
| −17 | 96.3423 | 15 | 16.1156 | 47 | 3.88673 | 79 | 1.2133 |
| −16 | 89.5865 | 16 | 15.3418 | 48 | 3.73476 | 80 | 1.17393 |
| −15 | 84.219 | 17 | 14.6181 | 49 | 3.58962 | 81 | 1.13604 |
| −14 | 79.311 | 18 | 13.918 | 50 | 3.45097 | 82 | 1.09958 |
| −13 | 74.536 | 19 | 13.2631 | 51 | 3.31847 | 83 | 1.06448 |
| −12 | 70.1698 | 20 | 12.6431 | 52 | 3.19183 | 84 | 1.03069 |
| −11 | 66.0898 | 21 | 12.0561 | 53 | 3.07075 | 85 | 0.99815 |
| −10 | 62.2756 | 22 | 11.5 | 54 | 2.95896 | 86 | 0.96681 |
| −9 | 58.7079 | 23 | 10.9731 | 55 | 2.84421 | 87 | 0.93662 |
| −8 | 56.3694 | 24 | 10.4736 | 56 | 2.73823 | 88 | 0.90753 |
| −7 | 52.2438 | 25 | 10 | 57 | 2.63682 | 89 | 0.8795 |
| −6 | 49.3161 | 26 | 9.55074 | 58 | 2.53973 | 90 | 0.85248 |
| −5 | 46.5725 | 27 | 9.12445 | 59 | 2.44677 | 91 | 0.82643 |
| −4 | 44 | 28 | 8.71983 | 60 | 2.35774 | 92 | 0.80132 |
| −3 | 41.5878 | 29 | 8.33566 | 61 | 2.27249 | 93 | 0.77709 |
| −2 | 39.8239 | 30 | 7.97078 | 62 | 2.19073 | 94 | 0.75373 |
| −1 | 37.1988 | 31 | 7.62411 | 63 | 2.11241 | 95 | 0.73119 |
| 0 | 35.2024 | 32 | 7.29464 | 64 | 2.03732 | 96 | 0.70944 |
| 1 | 33.3269 | 33 | 6.98142 | 65 | 1.96532 | 97 | 0.68844 |
| 2 | 31.5635 | 34 | 6.68355 | 66 | 1.89627 | 98 | 0.66818 |
| 3 | 29.9058 | 35 | 6.40021 | 67 | 1.83003 | 99 | 0.64862 |
| 4 | 28.3459 | 36 | 6.13059 | 68 | 1.76647 | 100 | 0.62973 |
| 5 | 26.8778 | 37 | 5.87359 | 69 | 1.70547 | 101 | 0.61148 |
| 6 | 25.4954 | 38 | 5.62961 | 70 | 1.64691 | 102 | 0.59386 |
| 7 | 24.1932 | 39 | 5.39689 | 71 | 1.59068 | 103 | 0.57683 |
| 8 | 22.5662 | 40 | 5.17519 | 72 | 1.53668 | 104 | 0.56038 |
| 9 | 21.8094 | 41 | 4.96392 | 73 | 1.48481 | 105 | 0.54448 |
| 10 | 20.7184 | 42 | 4.76253 | 74 | 1.43498 | 106 | 0.52912 |
| 11 | 19.6891 | 43 | 4.5705 | 75 | 1.38703 | 107 | 0.51426 |

| 温度/℃ | 电阻值/kΩ | 温度/℃ | 电阻值/kΩ | 温度/℃ | 电阻值/kΩ | 温度/℃ | 电阻值/kΩ |
|---|---|---|---|---|---|---|---|
| 108 | 0.49989 | 116 | 0.4006 | 124 | 0.3239 | 132 | 0.26408 |
| 109 | 0.486 | 117 | 0.38991 | 125 | 0.31559 | 133 | 0.25757 |
| 110 | 0.47256 | 118 | 0.37956 | 126 | 0.30754 | 134 | 0.25125 |
| 111 | 0.45957 | 119 | 0.36954 | 127 | 0.29974 | 135 | 0.24512 |
| 112 | 0.44699 | 120 | 0.35982 | 128 | 0.29216 | 136 | 0.23916 |
| 113 | 0.43482 | 121 | 0.35042 | 129 | 0.28482 | 137 | 0.23338 |
| 114 | 0.42304 | 122 | 0.3413 | 130 | 0.2777 | 138 | 0.22776 |
| 115 | 0.41164 | 123 | 0.33246 | 131 | 0.27078 | 139 | 0.22231 |

空调窗机采用如图 9-3 所示方法连接热敏线,按照教材 3.3 节所述,热敏电压与 $AD$ 值可按照如下公式计算:

$$V = \frac{5 \times 10}{R_t + 10} \tag{9-1}$$

$$\frac{V}{5} = \frac{AD}{255} \tag{9-2}$$

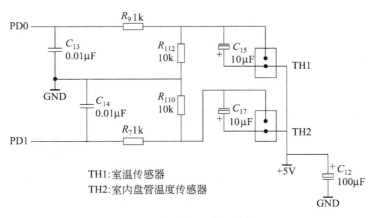

TH1:室温传感器
TH2:室内盘管温度传感器

图 9-3　热敏线连接电路图

通过计算得到表 9-2 所示的温度 $AD$ 值对应表,按照该表进行 $AD$ 温度转换。

表 9-2　温度 $AD$ 值对应表

| 温度/℃ | $AD$ 值 | 温度/℃ | $AD$ 值 | 温度/℃ | $AD$ 值 | 温度/℃ | $AD$ 值 |
|---|---|---|---|---|---|---|---|
| −20 | 20 | −12 | 32 | −4 | 47 | 4 | 66 |
| −19 | 22 | −11 | 34 | −3 | 49 | 5 | 69 |
| −18 | 23 | −10 | 35 | −2 | 51 | 6 | 72 |
| −17 | 24 | −9 | 37 | −1 | 54 | 7 | 75 |
| −16 | 26 | −8 | 38 | 0 | 56 | 8 | 78 |
| −15 | 27 | −7 | 41 | 1 | 59 | 9 | 80 |
| −14 | 29 | −6 | 43 | 2 | 61 | 10 | 83 |
| −13 | 30 | −5 | 45 | 3 | 64 | 11 | 86 |

| 温度/℃ | AD值 | 温度/℃ | AD值 | 温度/℃ | AD值 | 温度/℃ | AD值 |
|---|---|---|---|---|---|---|---|
| 12 | 89 | 44 | 177 | 76 | 225 | 108 | 243 |
| 13 | 92 | 45 | 179 | 77 | 226 | 109 | 243 |
| 14 | 95 | 46 | 182 | 78 | 227 | 110 | 243 |
| 15 | 98 | 47 | 184 | 79 | 227 | 111 | 244 |
| 16 | 101 | 48 | 186 | 80 | 228 | 112 | 244 |
| 17 | 104 | 49 | 188 | 81 | 229 | 113 | 244 |
| 18 | 107 | 50 | 190 | 82 | 230 | 114 | 245 |
| 19 | 110 | 51 | 191 | 83 | 230 | 115 | 245 |
| 20 | 113 | 52 | 193 | 84 | 231 | 116 | 245 |
| 21 | 116 | 53 | 195 | 85 | 232 | 117 | 245 |
| 22 | 119 | 54 | 197 | 86 | 233 | 118 | 246 |
| 23 | 122 | 55 | 199 | 87 | 233 | 119 | 246 |
| 24 | 125 | 56 | 200 | 88 | 234 | 120 | 246 |
| 25 | 128 | 57 | 202 | 89 | 234 | 121 | 246 |
| 26 | 130 | 58 | 203 | 90 | 235 | 122 | 247 |
| 27 | 133 | 59 | 205 | 91 | 236 | 123 | 247 |
| 28 | 136 | 60 | 206 | 92 | 236 | 124 | 247 |
| 29 | 139 | 61 | 208 | 93 | 237 | 125 | 247 |
| 30 | 142 | 62 | 209 | 94 | 237 | 126 | 247 |
| 31 | 145 | 63 | 211 | 95 | 238 | 127 | 248 |
| 32 | 147 | 64 | 212 | 96 | 238 | 128 | 248 |
| 33 | 150 | 65 | 213 | 97 | 239 | 129 | 248 |
| 34 | 153 | 66 | 214 | 98 | 239 | 130 | 248 |
| 35 | 155 | 67 | 216 | 99 | 239 | 131 | 248 |
| 36 | 158 | 68 | 217 | 100 | 240 | 132 | 248 |
| 37 | 161 | 69 | 218 | 101 | 240 | 133 | 249 |
| 38 | 163 | 70 | 219 | 102 | 241 | 134 | 249 |
| 39 | 166 | 71 | 220 | 103 | 241 | 135 | 249 |
| 40 | 168 | 72 | 221 | 104 | 241 | 136 | 249 |
| 41 | 170 | 73 | 222 | 105 | 242 | 137 | 249 |
| 42 | 173 | 74 | 223 | 106 | 242 | 138 | 249 |
| 43 | 175 | 75 | 224 | 107 | 243 | 139 | 249 |

由于空调检测的是室内、盘管温度,考虑到单冷空调的适用范围,检测的温度则设定为介于-9℃至70℃之间,超过该范围的温度则按照这两个极限值进行处理,介于这两者之间的温度则通过检索AD转温度表得到。当检测到的室温低于0℃时,为了显示程序的处理,将"-"用"10"代替,其流程框图见图9-4。

```
//室温AD转温度表==========================
byte const AD_tmp_tab[]={
        108,107,107,106,106,105,105,104,104,103,    //AD40~49
        103,102,102,102,101,101,0,0,0,1,            //AD50~59
```

```
    1,2,2,2,3,3,4,4,4,5,                    //AD60～69
    5,5,6,6,7,7,7,7,8,8,                    //AD70～79
    9,9,9,10,10,10,11,11,11,12,            //AD80～89
    12,12,13,13,14,14,14,15,15,15,         //AD90～99
    16,16,16,17,17,17,18,18,18,19,         //AD100～109
    19,19,20,20,20,21,21,21,22,22,         //AD110～119
    22,23,23,23,24,24,24,25,25,25,         //AD120～129
    26,26,27,27,27,28,28,28,29,29,         //AD130～139
    29,30,30,30,31,31,31,32,32,33,         //AD140～149
    33,33,34,34,34,35,35,35,36,36,         //AD150～159
    36,37,37,38,38,38,39,39,40,40,         //AD160～169
    40,41,41,42,42,43,43,44,44,44,         //AD170～179
    45,45,46,46,47,47,48,48,49,49,         //AD180～189
    50,50,51,51,52,53,53,54,54,55,         //AD190～199
    55,56,57,57,58,59,59,60,61,61,         //AD200～209
    62,63,64,64,65,66,67,68,69,70};        //AD210～219
/*===============
温度 AD 转换子函数
===============*/
byte CnvtRomTemp(byte AdVal)
{
    if(AdVal<40)                           //-9℃以下值为 109℃(-9℃)
    return 109;
  else if(AdVal>220)                       //70℃以上显示 70℃
    return 70;
    else   return AD_tmp_tab[AdVa-40];     //查表得到室内温度
}
```

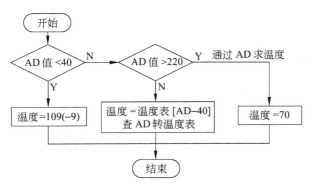

图 9-4　AD 温度转换流程框图

### 4. 热敏线故障分析

为了防止热敏线故障引起控制错误,在传感器处理程序 void Read-sbsr(void)中添加了热敏线故障判断程序 byte chk-snsr(byte sensor-AD),若热敏线短路、断路则判定为热敏故障。在实际判定时,热敏电阻故障判定范围为≥700kΩ 和≤100Ω,即 AD 值>245 或者<6,才判定为故障,此时查传感器函数进行故障的判断,无故障向主调函数返回 0,若有故障向主调函数返回 1,在主调函数中设置故障标志,显示函数中将会显示故障码,报警提示用户

处理。热敏线故障分析程序流程框图见图9-5。

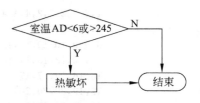

图 9-5　热敏线故障分析程序流程框图

```
//查传感器
byte Chk_snsr(byte Senseor_AD)
{
    if((Senseor_AD<6)‖(Senseor_AD>245))
        return 1;
    else return 0;
}
```

### 5. 盘管温度查 1℃低温

盘管热敏线检测 1℃低温是为了防止盘管冰堵故障,在读传感器程序中主要是根据读到的温度进行相关标志位和计时变量的处理,以供其他程序对压缩机和风扇进行操作,连续 14min 测得温度≤1℃,压缩机会停转,风扇以设定速度运转 5min,此后如室内管温热敏电阻测得温度≤1℃,此状态延续,至室内管温热敏电阻测得温度>1℃为止。盘管温度查 1℃低温程序流程框图见图9-6。

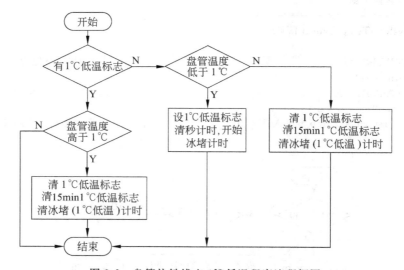

图 9-6　盘管热敏线查 1℃低温程序流程框图

```
void Check_1c(void)
{
    if (COIL_FLAG.Blow1)                  //如果已设 1℃低温标志
    {
        if (COIL_AD>=60)                  //温度高于 1℃,清相关标志位
        {
            COIL_FLAG.Blow1=0;            //清 1℃低温标志
            COIL_FLAG.Blow15=0;          //清冰堵 15min 标志
            ICE_TO_15M=0;                //清冰堵时间
        }
    }
    else                                  //如果没设 1℃低温标志
    {
```

```
if (COIL_AD<=59)                    //温度低于 1℃,设相关标志
{
    COIL_FLAG.Blow1=1;              //设 1℃低温标志
    Cnt1s=0;                        //清秒计时,开始计算冰堵时间
}
else                                //温度高于 1℃,清相关标志
{
    COIL_FLAG.Blow1=0;
    COIL_FLAG.Blow15=0;
    ICE_TO_15M=0;
}
}
}
```

# 9.3　实训任务：更换热敏线型号及其端口,完成控制程序

### 1. 实训目的

通过本次实训,让学生了解热敏线在空调器中的应用,掌握更换热敏线后相关温度程序的处理方法。

### 2. 实训任务

① 按照用户要求,更换 $R=5k$、$B=3950$ 的热敏线,见表 9-3。

表 9-3　热敏线温度-电阻表

| 温度/℃ | 电阻值/kΩ | 温度/℃ | 电阻值/kΩ | 温度/℃ | 电阻值/kΩ | 温度/℃ | 电阻值/kΩ |
|---|---|---|---|---|---|---|---|
| −40 | 112.87 | −22 | 41.4868 | −4 | 17.097 | 14 | 7.7643 |
| −39 | 106.386 | −21 | 39.3832 | −3 | 16.323 | 15 | 7.4506 |
| −38 | 100.324 | −20 | 37.3992 | −2 | 15.5886 | 16 | 7.1513 |
| −37 | 94.6555 | −19 | 35.5274 | −1 | 14.8913 | 17 | 6.8658 |
| −36 | 89.3507 | −18 | 33.7607 | 0 | 14.2293 | 18 | 6.5934 |
| −35 | 84.384 | −17 | 32.0927 | 1 | 13.6017 | 19 | 6.3333 |
| −34 | 79.7021 | −16 | 30.5172 | 2 | 13.0057 | 20 | 6.085 |
| −33 | 75.3158 | −15 | 29.0286 | 3 | 12.4393 | 21 | 5.8479 |
| −32 | 71.2043 | −14 | 27.6216 | 4 | 11.9011 | 22 | 5.6213 |
| −31 | 67.3484 | −13 | 26.2913 | 5 | 11.3894 | 23 | 5.4048 |
| −30 | 63.7306 | −12 | 25.033 | 6 | 10.9028 | 24 | 5.1978 |
| −29 | 60.3223 | −11 | 23.8424 | 7 | 10.4399 | 25 | 5 |
| −28 | 57.113 | −10 | 22.7155 | 8 | 9.9995 | 26 | 4.8108 |
| −27 | 54.1034 | −9 | 21.6486 | 9 | 9.5802 | 27 | 4.6298 |
| −26 | 51.2636 | −8 | 20.633 | 10 | 9.181 | 28 | 4.4566 |
| −25 | 48.5994 | −7 | 19.6806 | 11 | 8.8008 | 29 | 4.2909 |
| −24 | 46.086 | −6 | 18.7232 | 12 | 8.4385 | 30 | 4.1323 |
| −23 | 43.7182 | −5 | 17.9129 | 13 | 8.0934 | 31 | 3.9804 |

| 温度/℃ | 电阻值/kΩ | 温度/℃ | 电阻值/kΩ | 温度/℃ | 电阻值/kΩ | 温度/℃ | 电阻值/kΩ |
|---|---|---|---|---|---|---|---|
| 32 | 3.8349 | 50 | 2.0321 | 68 | 1.1413 | 86 | 0.669 |
| 33 | 3.6955 | 51 | 1.9656 | 69 | 1.1068 | 87 | 0.6502 |
| 34 | 3.562 | 52 | 1.9015 | 70 | 1.0734 | 88 | 0.632 |
| 35 | 3.434 | 53 | 1.8399 | 71 | 1.0412 | 89 | 0.6144 |
| 36 | 3.3113 | 54 | 1.7804 | 72 | 1.01 | 90 | 0.5973 |
| 37 | 3.1937 | 55 | 1.7232 | 73 | 0.98 | 91 | 0.5808 |
| 38 | 3.0809 | 56 | 1.668 | 74 | 0.9509 | 92 | 0.5647 |
| 39 | 2.9727 | 57 | 1.6149 | 75 | 0.9228 | 93 | 0.5492 |
| 40 | 2.8688 | 58 | 1.5636 | 76 | 0.8957 | 94 | 0.5342 |
| 41 | 2.7692 | 59 | 1.5142 | 77 | 0.8695 | 95 | 0.5196 |
| 42 | 2.6735 | 60 | 1.4666 | 78 | 0.8441 | 96 | 0.5055 |
| 43 | 2.5816 | 61 | 1.4206 | 79 | 0.8196 | 97 | 0.4919 |
| 44 | 2.4934 | 62 | 1.3763 | 80 | 0.7959 | 98 | 0.4786 |
| 45 | 2.4087 | 63 | 1.3336 | 81 | 0.773 | 99 | 0.4658 |
| 46 | 2.3273 | 64 | 1.2923 | 82 | 0.7508 | 100 | 0.4533 |
| 47 | 2.2491 | 65 | 1.2526 | 83 | 0.7293 | | |
| 48 | 2.1739 | 66 | 1.2142 | 84 | 0.7086 | | |
| 49 | 2.1015 | 67 | 1.1771 | 85 | 0.6885 | | |

② 完成读 AD 温度转换程序。

③ 完成查 1℃ 低温程序。

**3. 实训设备**

① 空调控制器。

② 烧写器。

**4. 实训准备**

两位同学一组,每组一套实训器材。

**5. 实训课时**

2 学时。

**6. 实训步骤**

① 将原回风热敏线更换为 5kΩ、3950 的热敏线。

② 针对要更换的热敏线,按照温度-电阻表,制作 AD-温度表。

③ 调整温度转换程序,能够正确将其转换为 AD 值。

④ 使用一个装有原热敏线的控制器,同时使用更换了新热敏线的控制器,置于相同温度环境下,检测温度读数是否相同,若温度读数不同,则温度转换程序有误,回到步骤②、③,直至检测到的温度读数相同。

⑤ 完成检测 1℃ 低温程序。

**7. 实训习题**

① 修改 $AD$ 温度转换程序流程框图。

② 修改查 1℃低温程序流程框图。

③ 此时仍然使用 $10k\Omega$ 的接地电阻是否合适？为什么？

④ 读 $AD$ 程序需要修改吗？为什么？

# 思考与练习

1. 保留原传感器将热敏线电路改为上接 $10k\Omega$ 电阻，请绘制设计电路图，并更改程序保证读 $AD$ 功能的要求。

2. 如果采用热敏线为 $50k\Omega$、3950 型号的热敏线，仍旧沿用原来的电路图是否合适？为什么？

3. 在读 $AD$ 程序中采用算术滤波有什么意义？

# 第 10 章

# 修改空调控制板显示内容

知识点：

- LED 显示原理。
- 数码管显示原理。
- 扫描显示程序设计。

技能点：

- 能分析矩阵扫描显示程序。
- 能分析显示数据设置程序。
- 能根据用户需要更改显示内容。

## 10.1 控制器显示概述

现在多数微电脑控制式家电产品都有人机界面，通过按键，用户可以设定特定的功能，通过显示元器件，可以将家电的工作状态反馈给用户。在第 11 章将讲述按键功能的实现，本章重点阐述家电控制器显示功能的实现。

家电控制器通常采用 LED、VFD、LCD 三种方式完成显示功能。

### 1. LED 显示

（1）LED 显示原理

发光二极管简称为 LED。由镓（Ga）与砷（As）、磷（P）的化合物制成的二极管，当电子与空穴复合时能辐射出可见光，因而可以用来制成发光二极管，在电路及仪器中作为指示灯，或者组成文字或数字显示。磷砷化镓二极管发红光，磷化镓二极管发绿光，碳化硅二极管发黄光。

发光二极管是半导体二极管的一种，可以把电能转化成光能。发光二极管与普通二极管一样是由一个 PN 结组成，也具有单向导电性。当给发光二极管加上正向电压后，从 P 区注入到 N 区的空穴和由 N 区注入到 P 区的电子，在 PN 结附近数微米内分别与 N 区的电子和 P 区的空穴复合，产生自发辐射的荧光。不同的半导体材料中电子和空穴所处的能量状态不同。当电子和空穴复合时释放出的能量越多，则发出的光的波长越短。常用的是发红光、绿光或黄光的二极管。

　　发光二极管的反向击穿电压约 5V。它的正向伏安特性曲线很陡,使用时必须串联限流电阻以控制通过管子的电流。限流电阻 $R$ 可用下式计算:

$$R = \frac{E - V_F}{I_F}$$

式中,$E$ 为电源电压,$V_F$ 为 LED 的正向压降,$I_F$ 为 LED 的一般工作电流。发光二极管的两根引线中较长的一根为正极,应接电源正极。有的发光二极管的两根引线一样长,但管壳上有一凸起的小舌,靠近小舌的引线是正极,其电路符号见图 10-1。

　　与小白炽灯泡和氖灯相比,发光二极管的特点是:工作电压很低(有的仅为一点几伏);工作电流很小(有的仅为零点几毫安);抗冲击和抗震性能好,可靠性高,寿命长;通过调制通过电流的强弱可以方便地调制发光的强弱。由于有这些特点,发光二极管在一些光电控制设备中用作光源,在许多电子设备中用作信号显示器。发光二极管还可分为普通单色发光二极管、高亮度发光二极管、超高亮度发光二极管、变色发光二极管、闪烁发光二极管、电压控制型发光二极管、红外发光二极管和负阻发光二极管等。把它的管心做成条状,用 7 条条状的发光管组成 7 段式半导体数码管,每个数码管可显示 0~9 十个数字,其结构见图 10-2。

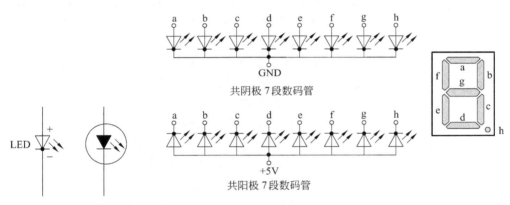

图 10-1　LED 电路符号　　　　　　图 10-2　数码管示意图

　　(2) LED 光源的特点

　　① 电压:LED 使用低压电源,供电电压在 6~24V 之间,根据产品不同而异,所以 LED 使用的电源是一个比使用高压电源更安全的电源,特别适用于公共场所。

　　② 效能:消耗能量较同光效的白炽灯减少 80%。

　　③ 适用性:很小,每个单元 LED 小片是 3~5mm 的正方形,所以可以制备成各种形状的器件,并且适合于易变的环境。

　　④ 稳定性:10 万小时,光衰为初始的 50%。

　　⑤ 响应时间:白炽灯的响应时间为毫秒级,LED 灯的响应时间为纳秒级。

　　⑥ 对环境污染:无有害金属汞。

　　⑦ 颜色:改变电流可以变色,发光二极管方便地通过化学修饰方法,调整材料的能带结构和带隙,实现红黄绿蓝橙多色发光。如小电流时为红色的 LED,随着电流的增加,可以依次变为橙色、黄色,最后为绿色。

⑧ 价格：单个 LED 的价格比较便宜,但 LED 通常多个组合使用,较之于白炽灯,几只 LED 的价格就可以与一只白炽灯的价格相当,而通常每组信号灯需由 300～500 只二极管构成。

本教材所采用的空调控制板采用了 LED 显示,在 10.2 节将会对显示原理及电路进行分析。

**2. VFD 显示**

真空荧光显示屏(Vacuum Fluorescent Display,VFD)是从真空电子管发展而来的显示器件,由于它可以做多色彩显示,亮度高,又可以用低电压来驱动,易与集成电路配套,所以被广泛应用在家用电器、办公自动化设备、工业仪器仪表及汽车等很多领域中。

VFD 根据结构一般可分为二极管和三极管两种;根据显示内容可分为数字显示、字符显示、图案显示、点阵显示;根据驱动方式可分为静态驱动(直流)和动态驱动(脉冲)。

(1) VFD 构造

VFD 种类繁多,以其中最被广泛应用的三极管构造为例说明其基本构造与原理。其构造以玻盖和基板形成一真空容器,在真空容器内以阴极 CATHODE(灯丝 FILAMENT)、栅极 GRID 及阳极 ANODE 为基本电极,还有一些其他的零件(如消气剂

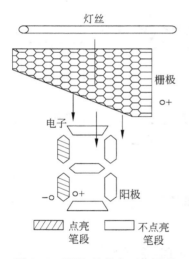

图 10-3　VFD 的基本工作原理

等)。由发射电子的阴极(直热式,统称灯丝)、加速控制电子流的栅极、玻璃基板上印上电极和荧光粉的阳极及栅网和玻盖构成。它利用电子撞击荧光粉,使荧光粉发光,是一种自身发光显示器件。图 10-3 所示为 VFD 的基本工作原理。

① 灯丝：在不妨碍显示的极细钨丝芯线上,涂覆上钡(Ba)、锶(Sr)、钙(Ca)的氧化物(三元碳酸盐),再以适当的张力安装在灯丝支架(固定端)与弹簧支架(可动端)之间,在两端加上规定的灯丝电压。为了让阴极加热到设定的温度值,以获得良好的热电子发射,需要对灯丝通电加热,灯丝电压的施加方法有直流驱动、交流驱动及脉冲驱动。

② 栅极：在不妨碍显示的原则下,将不锈钢等的薄板予以光刻蚀(PHOTO-ETHING)后成形的金属网格(MESH),在其上加上正电压,可加速并扩散自灯丝所放射出来的电子,将之导向阳极;相反地,如果加上负电压,则能拦阻游向阳极的电子,使阳极消光。

③ 阳极：是指在形成大致显示图案的石墨等导体上,依显示图案的形状印刷荧光粉,于其上加上正电压后,因前述栅极的作用而加速,扩散的电子将会互相冲击而激发荧光粉,使之发光。发光色为绿色(峰值波长 505nm),采用低工作电压的氧化锌(ZnO：Zn)荧光粉,锌荧光粉则是目前最被广为使用的荧光。另外通过改变荧光粉种类,可以获得自红橙色到蓝色的各种不同颜色。

(2) VFD 显示驱动方式

栅极和阳极的内部电极连接与导线的引出因驱动方式而异,其显示驱动方式分为静

态驱动方式和动态扫描驱动方式。无论是动态或静态驱动,一般多采用 TTL 或 CMOS 数字电路作信号输出,也可采用直接驱动荧光显示屏的单片机或专用驱动芯片。但为了简化电路,我们推荐使用市场出售的各种专用驱动 IC。图 10-4 所示为 VFD 显示驱动电路设计实例。

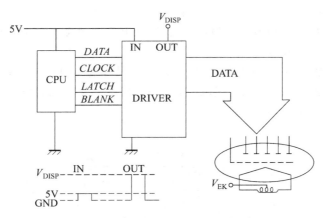

图 10-4　VFD 显示驱动电路设计实例

### 3. LCD 显示

(1) LCD 显示原理

液晶显示器(Liquid Crystal Display,LCD)就是使用了"液晶"(Liquid Crystal)作为材料的显示器。液晶是一种介于固态和液态之间的物质,当被加热时,它会呈现透明的液态,而冷却的时候又会结晶成混乱的固态,液晶是具有规则性分子排列的有机化合物。在一定的温度范围内,它既具有液体的流动性、黏度、形变等机械性质,又具有晶体的热(热效应)、光(光学各向异性)、电(电光效应)、磁(磁光效应)等物理性质。

液晶的物理特性是:当通电时导通,液晶分子排列变的有秩序,使光线容易通过;不通电时液晶分子排列混乱,阻止光线通过。通电和不通电就可以让液晶如闸门般地阻隔或让光线穿透。这种可以控制光线的两种状态是液晶显示器形成图像的前提条件,当然,还需要配合一定的结构才可以实现光线向图像转换。

液晶产品可根据产品结构特性、显示方式、特殊工艺等几个方面进行分类。其中按结构特性分类是最基本的。而 TN、STN 型液晶最为普通常见,应用也最为广泛。近年来由于计算机液晶显示器的出现,使 TFT 型液晶显示屏成为液晶高端产品中的新星。低端产品中,TN 型液晶显示器件是最常见的一种液晶显示器件。常见的手表、数字仪表、电子钟等都是 TN 型器件。一般来讲,只要是笔段式的液晶显示器大都采用 TN 型液晶显示材料。STN 型液晶显示器件在定义中被称为超扭曲向列液晶显示器件。与 TN 型 LCD 显著不同之处在于,它的分子排列的扭曲角加大,使其具有更适合多路驱动的特性。目前,几乎所有的点阵图形液晶显示器件和大部分点阵字符液晶显示器件都是采用 STN 型液晶材料。

(2) LCD 尺寸规格

确定液晶显示片的尺寸是较为重要的一个环节。液晶片的大小既影响产品显示效果,也关系到产品成本的高低,因而在确定尺寸时要综合考虑两方面因素。

以下是几个较为重要的液晶尺寸说明:

① LCD 视域尺寸　又称为视窗尺寸,即观察者可以直接看到的液晶屏区域。

② LCD 外形尺寸　液晶片由上下两片玻璃组成,一片较大,一片较小,重叠后一边或对边形成 1~3mm 左右的台阶,为液晶 ITO 引线出处。

③ LCD 厚度尺寸　指液晶片整体厚度,即从上偏振片至下偏振片的厚度,一般分为 2.8mm、2.0mm、1.8mm 等几种。

图 10-5 所示的 LCD 尺寸规格中,液晶片外形尺寸为 LCD 43 * 27(mm×mm),小玻璃片为 LCD 43 * 23(mm×mm),视域尺寸为 V. A. 40 * 20(mm×mm)。通常可以表示为 LCD 43 * 27/23(mm×mm)。

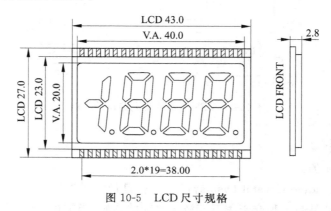

图 10-5　LCD 尺寸规格

(3) LCD 相关特性

电气特性:将驱动电压加在 LCD 的段电极与公共电极之间。为了延长液晶的寿命,采用交流电压(AC),而不使用直流电压(DC)。LCD 可以是静态或动态驱动。静态驱动的特点是对比度高,显示均匀,响应速度快,易于控制。但是,由于每段都是单独驱动,所以电极数目较多。因此,通常均采用动态驱动。

LCD 驱动波形可以从三个方面描述,见表 10-1。

表 10-1　LCD 驱动波形参数

| 参　　　　数 | 解　　释 |
| --- | --- |
| LCD 的驱动电压(VLCD) | LCD 的驱动电压为加在点亮部分的段电压与公共电压之差 |
| 占空比(Duty) | 为减少 LCD 上的电极数目,采用多路驱动,LCD 的电压是交流波形,LCD 的占空比 Duty 即为高出点亮的阈值电压的部分在一个周期中所占的比率 |
| 偏压比(Bias) | LCD 的驱动波形由几级电平组成,为防止对比度不均匀,在不点亮像素对应的电极上仍加有一定电压,这对降低点亮像素产生的交叉干扰和防止对比度不均匀很重要。LCD 中非点亮像素(非选点)的电压有效值与点亮像素(选择点)电压有效值之比(1/n)称为偏压比 |

在订制液晶显示屏时,选择的驱动电压、占空比与偏压比应当与驱动器配合。

温度特性：液晶显示产品对温度要求较高，一般分为常温型和宽温型两种，其具体适用范围见表 10-2。

表 10-2　LCD 温度特性

| 种类 温度范围 | 工作温度/℃ | 存储温度/℃ |
|---|---|---|
| 常温型 | 0～50 | −10～60 |
| 宽温型 | −20～+70 | −30～+80 |

显示视角：液晶显示的对比度随视角的变化而变化，视角是观察方向与液晶显示器平面法线之间的最大夹角。如果将液晶显示器件表面当做一个钟面，则根据观察者视线的来自的方向，可以将视角划分为 12：00、3：00、6：00、9：00 四种，但最常用为 6 点及 12 点钟视角产品。

显示方式：按液晶偏振片透光程度不同，可以分为反射型（REFLECTIVE）、全透型（TRANSMISSIVE）、半透型（TRANS-FLECTIVE）三种。按显示效果分可以分为正性（POSITIVE）、负性（NEGATIVE）显示。反射型的 LCD 只可以反射从面前进入的光线。透射型的 LCD 不反射光线，但允许从后面来的光线通过。半透型的 LCD 反射从前面进入的光线并允许从后面来的光线通过。按显示效果分类，液晶片可以分为正性显示和负性显示两种，其中正性较为常用，显示为白底黑字；负性则相反，为黑底白字。呈正常显示状态时，点亮的部分为无色透明，而其他部分为黑色不透明，因而负性显示基本都与背光一起应用，而显示状态的字符颜色呈背光颜色。如背光为蓝色，则显示内容为蓝色；背光为黄色，显示内容为黄色。

（4）LCD 应用实例

前文所述的电饭锅内容中就使用了位段式的 LCD 显示，LCD 的驱动电压为交流电压，因此普通的单片机很难直接驱动 LCD。如果特别指明了单片机具备 LCD 驱动功能，则可以使用单片机直接驱动，对于不具备该功能的单片机则要使用专用的驱动芯片来驱动。具体的电路及软件设计方法可参照第 1 章及第 3 章的相关内容。

## 10.2　空调控制器显示电路设计

本教材使用的空调控制板采用了 LED 显示方式，控制板上使用了多个 LED 显示控制状态，同时使用了二位共阳极数码管显示时间、温度信息。

### 1. 数码管的构成及显示原理

数码管由 7 条发光二极管组成显示字段，有的还带有一个小数点。市场上销售的有一位或多位的数码管。要显示 0～9 的数字，只要用 7 段显示就可以了，加上小数点共 8 段，每一段都有一代号，即 A、B、C、D、E、F、G、P，通常的段代号分配如图 10-6 所示。

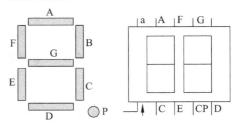

图 10-6　7 段数码管位或多位示意图

　　实际上每段都是用一只发光二极管制成的,只要分别给这段发光二极管加上正压,就能发亮。将数码管的 A、B、C、D、E、F、G、.P 各数码段连接到驱动口,通过控制 A、B、C、D、E、F、G、.P 的亮灭来组成数字 0~9 和字母 A、B、C、D、E、F。

　　按数码管在电路中的连接方式,数码管可分为如下两种类型:

　　① 共阴极数码管,数码管的 8 段阴极接在一起形成公共端,通常公共端接地,各个阳极分别接正电压就能点亮。

　　② 共阳极数码管,数码管的 8 段阳极接在一起形成公共端,通常公共端接地,每段阴极分别接低电压就能点亮。

　　为了显示字符,通常在软件设计中要为数码管提供字形代码,因共计有八段(包括小数点),故要通常用至少一个字节长度的变量来表示代码。字符显示可以有不同的编码表(取决于具体的硬件电路)。

　　编码时一般要考虑以下几个方面:

　　① 数码管是共阴接法还是共阳接法。

　　② 驱动电路或软件中对要显示的段电平信号是否有反相处理。

　　③ 各段对应的字母表示。

　　④ 段码位的对应关系。

　　为了更清楚地表明上面几个方面与编码的关系,用汇编语言解释如图 10-7 所示。

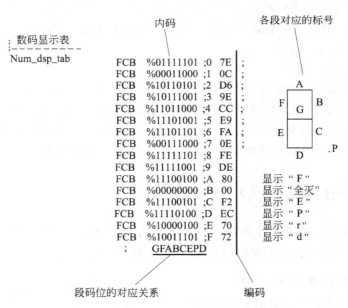

图 10-7　数码管显示汇编语言编码示意图

## 2. 数码管显示方法

　　在单片机的应用系统中,数码管显示常采用两种方法,即静态显示和动态扫描显示。图 10-8 和图 10-9 所示分别为动态驱动方式和静态驱动方式荧光显示屏的电极连接图。

以共阳数码管为例,从图 10-8 中可以清楚地看到动态驱动是每个阳极各自独立引出的,阴极则是每个阳极所对应的笔段共同连接、共同引出,因此即使位数多,阴极引出脚也无须随之增加。在多位数显示时,一边对各阳极加上阳极扫描(Gird-scan)电压,同时也适时地对选择各阴极施加 ON(正)或 OFF(负)的脉冲电压,以快到肉眼无法觉察其间断的扫描速度,进行分时的动态驱动。静态驱动阳极单独引出,与位数多少无关,阴极则是同时显示的笔段,应分别单独引出。一般而言,阳极可始终施加直流正电压,而阴极则根据显示要求分别加上直流正或负电压,以显示指定的笔段。

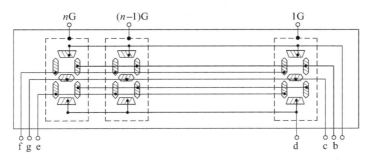

图 10-8　动态驱动方式荧光显示屏的电极连接

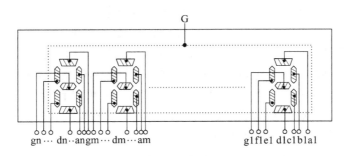

图 10-9　静态驱动方式荧光显示屏的电极连接

(1) 静态驱动的基本电路

如图 10-10 所示电路,连接中把多个 LED 显示器的每一段与一个独立的并行口连接起来,而公共端则根据数码管的种类连接到 $V_{cc}$ 或 GND 端。这种连接方式的每一个显示器都要占用一个单独的具有锁存功能的 I/O 端口,用于笔段字形代码,单片机只需把要显示的字形代码发送到接口电路,就不用再管它了,直到要显示新的数据时,再发送新的字形代码。因此,使用这种方法当显示位数较多时单片机中 I/O 口的开销很大,需要提供的 I/O 接口电路也较复杂,但它具有编程简单、显示稳定、CPU 的效率较高的优点。

阳极必须将所有笔段分别与周围电路连接(除了部分可共同连接的笔段以外),但是在位数多或笔段数多的情况下采用静态驱动并不合适,因为其电路布线复杂,元器件数也相应增多。而在位数少时,静态驱动是最适当的驱动方式。

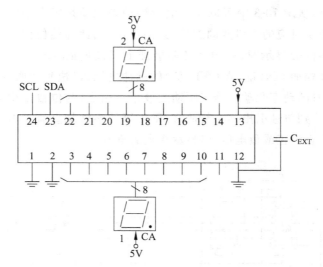

图 10-10　静态驱动的基本电路

（2）动态驱动基本电路

由于静态显示占用的 I/O 口线较多,CPU 的开销很大,所以为了节省单片机的 I/O 口线,常采用动态扫描方式来作为 LED 数码管的接口电路。在实际的工程应用中,它是使用最为广泛的一种显示方式,其接口电路是把所有显示器的 8 个笔段(h~a)同名端连在一起,而每一个显示器的公共极 COM 端与各自独立的 I/O 口连接。当 CPU 向字段输出口送出字形代码时,所有显示器接收到相同的字形代码,但究竟是哪个显示器亮,则取决于 COM 端,而这一端是由 I/O 口控制的,所以我们就可以自行决定何时显示哪一位了。而所谓动态扫描就是指采用分时的方法,一位一位地轮流控制各个显示器的 COM 端,使各个显示器每隔一段时间点亮一次。

动态显示时,对扫描的频率有一定的要求,频率太低,LED 将出现闪烁现象,如频率太高,由于每个 LED 点亮的时间太短,LED 的亮度太低,肉眼无法看清,所以一般均取几个 ms 为宜,这就要求在编写程序时,选通某一位 LED 使其点亮并保持一定的时间。程序上常采用的是调用延时子程序或者在固定间隔时间内换片选,一般片选一轮的频率应在 50Hz 至 100Hz 之间。

图 10-11 是动态驱动的基本电路,图 10-12 是栅极(位数)与阳极(笔段)上脉冲信号的时序。在每个分离出来的阳极上,顺序施加配合图 10-12 的位数信号的脉冲电压,在阴极上则施加配合阳极扫描信号的脉冲电压(图 10-12 下方以"1、2、3、4"标记的 4 位数)。

另外,图 10-12 中以 $t_b$ 来表示消隐(BLANKING)时间。一般情况下,扫描信号的脉冲不可能是标准的矩形方波,这种扫描脉冲存在着上升和下降沿延迟时间,如果脉冲之间没有消隐时间,就会产生信号的部分重叠,从而产生错误的显示或漏光。在设计应用电路扫描信号时,每位之间应设置大约 $10\sim20\mu s$ 的消隐时间,若消隐时间过长,则扫描占空比减小,导致亮度减低。其次,为了避免因肉眼的视觉残留造成闪烁的现象,脉冲的周期 $T$ 必须设定在 20ms 以下,特别在观察者移动时,更易产生闪烁的现象,所以最好能设定在 10ms 以下。

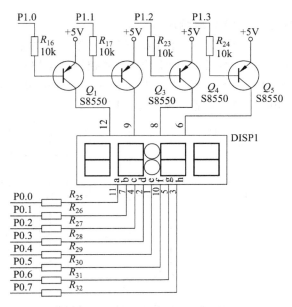

图 10-11　动态驱动的基本电路与电位关系

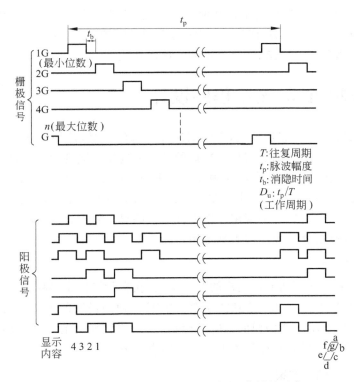

图 10-12　栅极（位数）与阳极（笔段）信号的时序

　　阳极扫描的速度越快亮度均匀性越佳，最好在 200Hz 以上。占空比大致上可依据阳极数（计时分割数）与熄灭时间的脉冲振幅比率来决定。

### 3. 空调控制器数码管和 LED 显示连接

本教材使用的空调控制器使用 11 个 LED 灯和一个两位的数码管构成一个显示矩阵,LED 和数码管接线示意图如图 10-13 所示,空调控制器电路原理图如图 10-14 所示。当驱动显示矩阵时一定是用动态显示,在定时器程序中每 2ms 换片选进行动态扫描,决定显示驱动输出口控制哪一位数码管或哪一组 LED。

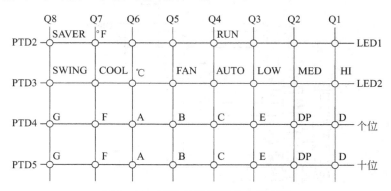

图 10-13　LED 和数码管接线示意图

在电路连接中,将数码管的笔段及两组 LED 的阴极连接在了 4094 的输出端口,4 个公共端连接在单片机的 PTD2、PTD3、PTD4、PTD5 四个管脚上,由这四个管脚完成片选功能,由 4094 输出显示笔段信息,完成空调的显示功能。

## 10.3　空调控制器显示程序设计

该款控制器使用 JL3 芯片控制,考虑到芯片管脚的不足,使用了 4094 驱动显示。程序在处理中,将显示数据的确定与显示数据的传输分别用不同的代码处理,将高层数据的处理与低层数据的传输分割开来。这种高层处理与底层处理相结合的显示数据处理的方式并不是应用在该设计中特有的处理方法,在几乎所有进行较复杂的控制器显示处理中,都是采用这种处理方式,这样不管用户提出什么样的显示要求,底层端口的处理程序都是不变的,只要修改高层处理程序即可满足用户的需要。

### 1. 显示功能要求

程序需要完成的显示功能由用户的要求决定,在实际操作中,根据用户的要求会形成产品的功能说明书,本教材 8.6 节功能说明书中第 1)通用说明的第(2)点指示灯说明,是对该款窗机要实现显示功能的说明,其中既包含了数码管显示的说明,也包含了 LED 指示灯的说明,显示的高层处理程序依据功能说明书完成。

### 2. 显示部分的编程方案

显示程序分为高层管理程序(void Display_hdl(void),该函数在主循环中调用)及底层管理程序(在定时器溢出中断 2ms 平台程序中完成)。高层管理程序按照功能说明书要求进行显示数据的处理,确定数码管以及 LED 指示灯的显示方案;底层管理程序则进

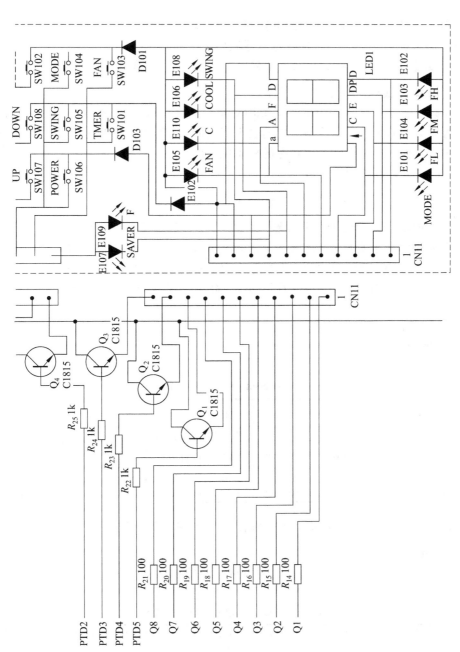

图 10-14 空调控制器显示电路原理图

行片选更换及段码输出。

显示部分的总体方案设计如下,其中①、②两点完成的是底层程序,第③点完成高层程序的处理:

① 换显示片选在定时器溢出中断进行,每 2ms 换一次片选。

② 送段码数据给 4094 芯片,也在定时器溢出中断部分。

③ 按照功能说明书的要求,显示处理程序进行显示变量的取值。

**3. 显示数据设置程序(高层管理程序)**

显示数据的设置程序[void Display_hdl(void)]分为显示 LED 和数码管显示设置程序。当空调工作在不同的工作状态时应当显示不同的 LED,以向用户标识不同的工作状态,这些 LED 的点亮通过判断工作状态的标志位完成。

程序中定义了显示缓冲变量数组

byte DspBuf[4];　　　　　　//显示缓冲变量

该数组对应图 10-13 所示接线的设置,表明在显示时数码管及两组 LED 分别应当显示的状态,其数组中每个元素所对应的每一位的含义见表 10-3。当需要相应位对应的笔段或者 LED 指示灯亮时,需将该位置为 0,以便于一个低电平信号能够送到其阴极,若不需其点亮则相应位设为 1。如要显示数字 25,且亮制冷及高风灯,数组的每个元素取值如下:

DspBuf[0]=0xFF;
DspBuf[1]=0xBD;
DspBuf[2]= 0xB5;
DspBuf[3]= 0xE9;

表 10-3　DspBuf[4]含义示意表

| bit / DspBuf | 7 | 6 | 5 | 4 | 3 | 2 | 1 | 0 |
|---|---|---|---|---|---|---|---|---|
| DspBuf[0] | 节能灯 | 华氏灯 |  |  | 运行灯 |  |  |  |
| DspBuf[1] | 摆页灯 | 制冷灯 | 摄氏灯 | 送风灯 | 自模灯 | 低风灯 | 高风灯 | 中风灯 |
| DspBuf[2] | 十位 G | 十位 F | 十位 A | 十位 B | 十位 C | 十位 E | 十位 P | 十位 D |
| DspBuf[3] | 个位 G | 个位 F | 个位 A | 个位 B | 个位 C | 个位 E | 个位 P | 个位 D |

程序按照图 10-13 所示接线定义了数码管段码表,其具体含义见表 10-4。

```
//数码管段码表===================
byte const num_dsp_tab[]={0x7d,0x18,0xb5,0xb9,0xd8,0xe9,0xed,0x38,0xfd,
              0xf9,0x80,0x00,0xe5,0xf4,0x84,0x8C};
```

表 10-4　num_dsp_tab 数码管段码表含义

| 数组元素 | 0x7d | 0x18 | 0xb5 | 0xb9 | 0xd8 | 0xe9 | 0xed | 0x38 |
|---|---|---|---|---|---|---|---|---|
| 对应显示内容 | 0 | 1 | 2 | 3 | 4 | 5 | 6 | 7 |
| 数组元素 | 0xfd | 0xf9 | 0x80 | 0x00 | 0xe5 | 0xf4 | 0x84 | 0x8C |
| 对应显示内容 | 8 | 9 | — | 全灭 | E | P | r | n |

若在数码管上显示数字 N,只需在表中查询第 N 个元素的数值,将其取反,然后给

DspBuf 数组赋值即可。如显示数字 25,可执行以下程序:

```
DspBuf[2]=~num_dsp_tab[2];
DspBuf[3]=~num_dsp_tab[5];
```

在数码管上除了要显示数字外,还需要显示"—"和故障码等,因此在数码管段码表中前 10 个元素为要显示的数字,后面还有其他显示内容的编码。若显示数字"—9",则可以设置显示数字为 109,显示缓冲变量的设置为:

```
DspBuf[2]=~num_dsp_tab[109/10];
DspBuf[3]=~num_dsp_tab[109%10];
```

当热敏线发生故障时,需要故障码"Er",则可设置显示的数字为 0xCE,显示缓冲变量的设置为:

```
DspBuf[2]=~num_dsp_tab[0xCE/16];
DspBuf[3]=~num_dsp_tab[0xCE %16];
```

对于高层显示程序 void Display_hdl(void),程序执行的目标就是确定 DspBuf 数组的值,以便于送段码时,能够按照要求给数码管和 LED 指示灯送出正确的电平,完成空调的显示功能。空调工作在不同的状态下,显示的内容有所不同,因此首先需要对当前空调的工作状态进行判断,然后进行显示变量的设置。

要注意的是,程序必须定义中间变量(Num、LedBuf1、LedBuf2、SendDsp 数组),显示内容的设置是对中间变量进行更改,只有当所有显示内容确定下来之后,才将最终的显示结果从中间变量传送至 DspBuf。如果在程序处理时,直接对 DspBuf 进行值的改变,若在该函数调用时发生中断,传送到 4094 进行显示的并不是最终要送去显示的结果,会由于中断程序的影响,导致显示屏幕的闪烁。

综上,显示数据设置程序如下,其流程框图见图 10-15。

```
/*==========
显示处理程序
==========*/
void Display_hdl(void)
{
  byte Num=0;
  //清显示
  LedBuf2=0;
  LedBuf1=0;
  SendDsp [0]=0xff;
  SendDsp [1]=0xff;
  //关机时,无定时开,显示全关
  if(!MIX_FLAG.Power)
  {
    if(TMR_FLAG.open)
    {
      if(BlnkCnt%2)   DspBuf[1]^=0x02;                        //闪动个位"."
      if(TMR_OP_DLY^TEP_OP_DLY)   Num=HOUR_TMR;
      //按下定时键 10s 内显示定时时间
```

```
            else {    Send_Dsp();return;}
        }
        else    {    Send_Dsp();return;}
    }
    else                                                    //开机
    {
        //风速显示
        if(!((ERR_FLAG.RoomErr)||(ERR_FLAG.CoilErr)))        //有故障,只显示故障代码
        {
            if((!RUN_MODEL.save)||(DRV_CTRL.Hfan)||(DRV_CTRL.Mfan)||(DRV_CTRL.Lfan))
            {
                if(MIX_FLAG.Hfan) LedBuf2^=0x01;
                if(MIX_FLAG.Mfan) LedBuf2^=0x02;
                if(MIX_FLAG.Lfan) LedBuf2^=0x04;
                if(MIX_FLAG.fanD) LedBuf2^=0x80;
            }
            if(!RUN_MODEL.auto_o)                            //判定自动显示
            {
                if(RUN_MODEL.cool)    LedBuf2|=0x40;         //判定制冷显示
                if(RUN_MODEL.fan)     LedBuf2|=0x10;         //判定送风显示
            }    else LedBuf2^=0x08;
            //判定节能显示
            if (RUN_MODEL.save) LedBuf1|=0x80;
            //判定开关显示
            if (MIX_FLAG.Power) LedBuf1|=0x08;
        }
        //判定数码管
        if(TMR_FLAG.close) DspBuf[1]=0xFD;
        Num=ROOM_TMP;
        //检查常规显示
        if((TMR_OP_DLY+TEP_OP_DLY)==0)
        {
            //显示回风故障,显示"Er"
            if(ERR_FLAG.RoomErr)   Num=0xCE;
            //显示内管故障,显示"En"
            if(ERR_FLAG.CoilErr)   Num=0xCF;
        }
        else    //常规显示
        {
            //进行定时显示
            if(TMR_OP_DLY>0)    Num=HOUR_TMR;
            //进行设温显示
            else if((!RUN_MODEL.fan)&&(TEP_OP_DLY>0)) Num=SET_TMP;
        }
    }
    //送驱动显示
    SendDsp[0]=~num_dsp_tab[(Num/10)];                       //数码管十位显示
    SendDsp[1]=~((~DspBuf[1])|num_dsp_tab[(Num%10)]);        //数码管个位显示
    if(ERR_FLAG.RoomErr||ERR_FLAG.CoilErr)                   //有故障,只显示故障代码
    {
```

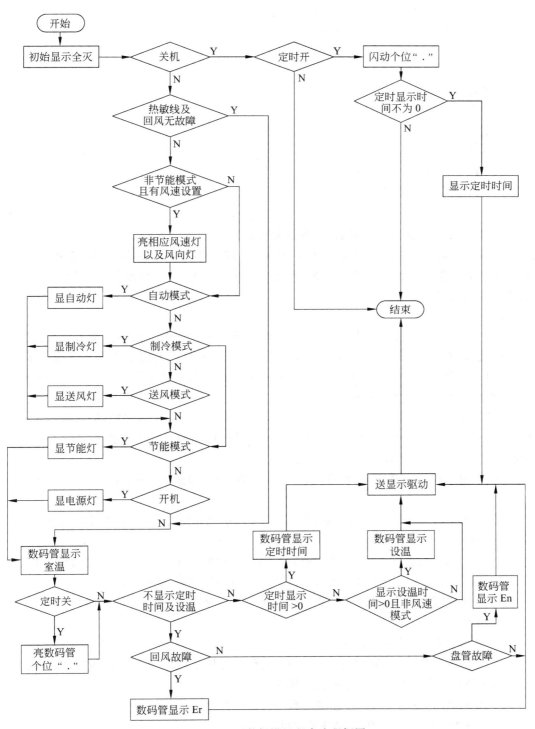

图 10-15　显示数据设置程序流程框图

```
        SendDsp [0]=~num_dsp_tab[(Num/16)];              //数码管十位显示
        SendDsp [1]=~num_dsp_tab[(Num%16)];              //数码管个位显示
    }
    Send_Dsp();
}
//送驱动显示
void Send_Dsp(void)
{
    DspBuf [0]=~LedBuf1;
    DspBuf [1]=~LedBuf2;
    DspBuf [2]=SendDsp [0];
    DspBuf [3]=SendDsp [1];
}
```

**4. 片选更换及送显示段码程序(底层管理程序)**

底层管理程序直接对硬件进行处理,接受高层管理程序确定的参数后送至端口显示,因此无论用户需要什么样的显示功能,都与此部分程序无关,一旦硬件电路设计完成,底层管理程序就确定下来。

(1) 送段码

显示数据通过高层管理程序设置,在定时器溢出中断程序中需要将显示数据在物理层加以处理,对相关硬件设备进行操作,完成显示。该种显示方案属于动态扫描显示,显示中,每2ms更换一次显示片选,然后通过4094将显示代码传至数码管及LED指示灯。该段程序在定时器溢出中断完成。

4094送段码程序使用一个函数 void Dsp_seg(byte serial_val)完成,形式参数 serial_val 为要送的段码。4094为8位移位和存储寄存器,可将串行输入数据转换为并行输出数据。4094与单片机的通信需要三个连线:

① STROBE    选通线,高有效,输入高电平时,数据可送入4094的并口,反之不能传送至并口;

② CLOCK    时钟线,当传送数据时,CLOCK应当是脉冲信号,在脉冲的上升沿将数据线上的数据传送给4094。

③ DATA    数据线,选通4094的情况下,在CLOCK脉冲上升沿时,若DATA为高电平信号,4094接收到信号"1",DATA为低电平信号,4094接受到信号"0"。

4094接收到8位串行数据后,将其传送到8位并行口。因此,对于4094的操作,分为3步处理:

① 不选通4094的并口传送。

② 传送8位数据,可以使用循环程序,循环体为传送段码变量的最高位之后段码变量左移1位,将下次要传递的位移至最高位。

③ 传送结束,选通4094,将存储器数据传送至并口。

4094的详细使用方法可参照参考文献16。

送段码的程序在定时器溢出中断中完成,每2ms系统换片选,然后送出相应段码。4094送码的程序如下,其流程框图见图10-16。

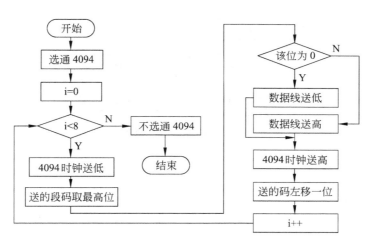

图 10-16　4094 通信程序(送段码程序)流程框图

```
void Dsp_seg(byte serial_val)                    //4094 送显示段码子函数
{
  byte i;
  e_strobe=0;                                    //不选通 4094
  for(i=0;i<8;i++)                               //由高位至低位串行转并行传送数据
    {
      e_clk=0;                                    //脉冲低电平
      if((serial_val&0x80)==0)
        e_data=0;
      else e_data=1;                              //传送数据
      e_clk=1;                                    //传送脉冲高电平,此时数据送到 4094
      serial_val<<=1;                             //传送完一位左移一次
    }
  e_strobe=1;                                     //选通 4094
}
```

(2) 换片选

由于空调控制器的硬件设计时将按键与显示采用了同一片选,为了能够让显示频率不影响显示效果,不会引起闪烁,同时为了保证读键的时效,系统采用 2ms 为片选周期,每 2ms 更换片选。

系统定义了片选计数变量 ScanCnt 及片选端口数据表 scan_tab[],ScanCnt 值可以取 0、1、2、3(代表 4 种片选情况),使得 scan_tab[ScanCnt]为传送片选的端口数据。

```
byte ScanCnt;                                    //片选变量
byte const scan_tab[]={0x04,0x08,0x10,0x20};     //片选 0,1,2,3
```

每 2ms,ScanCnt 自增 1,当 ScanCnt 超过 3 时,重新归零,然后将段码 DspBuf[ScanCnt]传送至 4094,之后将片选信号传送至 scan_tab[ScanCnt]相应的 PTD 端口。

2ms 平台程序如下,其流程框图见图 10-17。

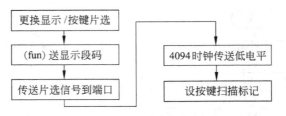

图 10-17    2ms 平台程序流程框图

```
if(Cnt2ms==16)
  {                                      //2ms
    Cnt2ms=0;
    if(BeepDly!=0)
      BeepDly--;
    ScanCnt++;                           //片选变量设置
    ScanCnt&=0x03;
    Dsp_seg(DspBuf[ScanCnt]);            //传送显示段码
    tmp=PTD;
    tmp&=0xc3;                           //1100 0011 PTD5,4,3,2
    PTD=tmp|scan_tab[ScanCnt];           //传送片选
    e_clk=0;
    TIME_FL.scankey=1;                   //按键扫描标记有效
  } else Cnt2ms++;
```

# 10.4  实训任务：修改显示内容，显示空调设定温度

**1. 实训目的**

通过本次实训，让学生了解电控器数码管显示过程，能对用户显示要求进行分析，能根据要求进行显示程序处理。

**2. 实训任务**

① 按照用户要求，空调数码管的显示内容不经任何操作时显示设定温度（原显示室内温度）。

② 在实际电路板焊制时调换了低风灯与高风灯的位置，请按照新的电路板修改程序。

**3. 实训设备**

① 空调控制器。

② 烧写器。

**4. 实训准备**

两位同学一组，每组一套实训器材。

**5．实训课时**

2 学时。

**6．实训步骤**

① 解读并修改显示数据设置程序流程框图。

② 根据完成的流程框图,修改显示程序。

③ 测试烧录新的显示程序的空调控制器,若与实训任务要求不符合,则可能是流程框图也可能是程序有误,分析并改正流程框图及程序,直到完成任务要求。

④ 按照完成的显示功能修改功能说明书相关内容。

# 思考与练习

1．当显示的片选切换时间为 200ms,将会出现什么现象?

2．如果不添加任何驱动芯片,该控制器是否能将数码管换为 LCD 进行驱动显示?为什么?

3．如果不添加任何驱动芯片,该控制器是否能将数码管换为 VFD 进行驱动显示?为什么?

4．如果用户要求回风热敏线故障时显示 E1,盘管热敏线故障时显示 E2,如何修改程序?

5．如果用户要求回风热敏线短路时显示 E1,断路时显示 E2,盘管热敏线短路时显示 E3,断路时显示 E4,如何修改程序?

# 第 **11** 章

# 修改按键功能

**知识点:**

- 按键设计分类。
- 按键识别原理。
- 软件抗干扰技术

**技能点:**

- 能分析按键处理程序。
- 能根据用户需求更改按键功能。
- 能根据用户需求添加双击键。

## 11.1 控制器按键设计

大多数微电脑控制器控制的家电产品中都有人机界面进行人机交互,按键是人机界面的重要组成部分,通过按键,用户可以设定家电产品的工作状态、要执行的对应功能。因此,学习按键的软硬件设计对于控制器开发人员非常重要。

**1. 普通按键识别的原理**

单片机中应用的一般是由机械触点构成的触点式微动开关。这种开关具有结构简单、使用可靠的优点,但当按下按键或释放按键的时候它有一个特点,就是会产生抖动(按键脉冲时序图如图 11-1 所示),这种抖动对于人来说是感觉不到的,但对单片机来说,则是完全可以感应到的。因为计算机处理的速度是在微秒级的,而机械抖动的时间至少是毫秒级,对计算机而言,这已是一个很"漫长"的过程了。

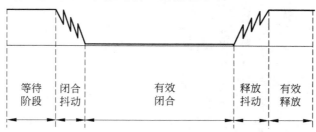

图 11-1 按键脉冲时序图

以按键时 I/O 端口为低电平为例,按下并抬起按键的过程可以分为如图 11-1 所示的 5 个阶段。

（1）等待阶段

此时按键尚未按下,处于空闲阶段。

（2）闭合抖动阶段

此时按键刚刚按下,但信号还处于抖动状态,这个延时时间为 4~20ms。

（3）有效闭合阶段

此时抖动已经结束,一个有效的按键动作已经产生。系统应该在此时执行按键功能;或将按键所对应的编号(简称"键号"或"键值")记录下来,待按键释放时再执行。

（4）释放抖动阶段

同闭合抖动阶段。

（5）有效释放阶段

如果按键是采用释放后再执行功能,则可以在这个阶段进行相关处理。处理完成后转到等待阶段;如果按键是采用闭合时立即执行功能,则在这个阶段可以直接切换到等待阶段。

为了能够读取到按键的真正状态,去除由于抖动带来的错误读键,需要经过延时或者是多次读键,等稳定后再去取键值。常用的去抖动的方法有两种:硬件方法和软件方法。

硬件去抖动的方法很多,通过硬件防抖动法来解决,成本会高一些。MC68HC08 芯片 A 口已经包含了硬件防抖动电路,但其他口并没有含防抖动电路。

单片机中常用软件去抖动法,通常有判断电平状态和判断沿变化两种方法。

判断电平状态的方法如下:在单片机获得端口为低电平的信息后,不是立即认定按键已被按下,而是延时 10ms 或更长一些时间后再次检测该端口,如果仍为低电压,说明此键的确被按下了,这实际上是避开了按键按下时的抖动时间;而在检测到按键释放后(端口为高电平时)再延时 5~10ms,消除后沿的抖动,然后再对按键进行处理。

完成读键后,用户的按键处理方式按照处理的阶段可以分为按键闭合时处理和按键释放后处理。

**2. 按键连接方式分类**

键盘一般由若干个按键组合成开关矩阵,按照其接线方式的不同可分为两种,一种是独立式接法(如图 11-2 所示),一种是矩阵式接法(如图 11-3 所示)。

（1）独立式键盘的连接方法和工作原理

独立式键盘具有结构简单、使用灵活等特点,因此被广泛应用于单片机系统中。

独立式键盘是由若干个机械触点开关构成的,把它与单片机的 I/O 口连起来,通过读 I/O 口的电平状态和消抖处理,即可识别出相应的按键是否被按下。如果按键不被按下,其端口读取高电平;如果相应的按键被按下,则端口就读取到低电平。在这种键盘的连接方法中,通常采用上拉电阻接法,即各按键开关一端接低

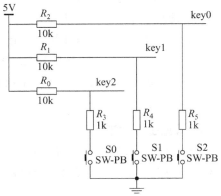

图 11-2　独立式接法

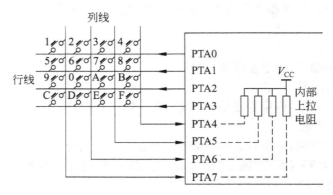

图 11-3    矩阵式接法

电平,另一端接单片机 I/O 口线并通过上拉电阻与 $V_{CC}$ 相连,如图 11-2 所示。这是为了保证在按键断开时,各 I/O 口能够读取到高电平,当然,如果端口内部已经有上拉电阻,则外电路的上拉电阻可以省去。

(2)矩阵式键盘的连接方法和工作原理

当键盘中按键数量较多时,为了减少 I/O 端口的占用,通常将按键排列成矩阵形式,如图 11-3 所示。在矩阵式键盘中,每条水平线和垂直线在交叉处不直接连通,而是通过一个按键加以连接。通过这样的处理方式,一个并行口可以构成 $4 \times 4 = 16$ 个按键,比直接将端口用于键盘多出了一倍,而且线数越多,其设计的优势越加明显。比如,再多加一个端口就可以构成 20 键的键盘,而直接用端口线则只能多出一个键(9 键)。由此可见,在需要的按键数量比较多时,采用矩阵法来连接键盘是非常合理的。

如图 11-3 所示,键盘接到单片机通过 4 根输出线,4 根线输入线,输入中使用内部上拉电阻,保证在没有按键时,输入口为高电平。

PTA3~PTA0 为输出端口,进行片选扫描,PTA7~PTA4 为输入端口,作读取按键使用,读键时 PTA3~PTA0 依次输出片选信号高电平,读取 PTA7~PTA4 的状态,其他当某一个按键按下时,PTA7~PTA4 中至少有一个端口为高电平,根据片选信号与端口信号的组合可以判别按下的按键。

(3)两种按键设计方式比较

从设计上来看,当键盘使用的按键个数超过 6 个时,使用矩阵式按键比使用独立式按键更加节省单片机 I/O 管脚的资源,从而达到降低开发成本的目的。但是对于程序内部,矩阵式按键需要更为复杂的程序处理过程,虽然节省了外部管脚资源,但是会占用一定的内存资源。

### 3. 常见击键类型分类

击键类型就是用户的击键方式。按照击键时间来划分可以分为短击和长击,按照击键后执行的次数来划分,可以分为单击和连击,另外还有组合键的方法如双击和同击等,见表 11-1。

表 11-1　击键类型

| 击 键 类 型 | 类 型 说 明 | 应 用 领 域 |
|---|---|---|
| 单键单次短击（短击、单击） | 用户快速按下单个按键，然后立即释放 | 基本类型，应用非常广泛，大多数地方都有用到 |
| 单键单次长击（长击） | 用户按下按键并延时一定时间再释放 | 1. 用于按键的复用<br>2. 某些隐藏功能<br>3. 某些重要功能（如"总清"键或"复位"键），为了防止用户误操作，也会采取长击类型 |
| 单键连续按下（连击、连按） | 用户按下按键不放，此时系统要按一定的时间间隔连续响应 | 用于调节参数，达到连加或连减的效果（如"UP"和"DOWN"键） |
| 单键连按多次（双击、多击） | 相当于在一定的时间间隔内两次或多次单击 | 1. 用于按键的复用<br>2. 某些隐藏功能 |
| 多键同时按下（同击、复合按键） | 用户同时按下两个按键，然后再同时释放 | 1. 用于按键的复用<br>2. 某些隐藏功能 |
| 无键按下（无键、无击） | 当用户在一定时间内未按下任何按键时需要执行某些特殊功能 | 1. 设置模式的"自动退出"功能<br>2. 自动进入待机或睡眠模式 |

针对不同的击键类型，按键响应的时机也是不同的：

① 有些类型的按键必须在按键闭合时立即响应。例如，长击、连击。

② 有些类型的按键则需要等到按键释放后才能执行。例如，当某个按键同时支持"短击"和"长击"时，必须等到按键释放，排除了本次击键是"长击"后，才能执行"短击"功能。

③ 还有些按键类型必须等到按键释放后再延时一段时间，才能确认。例如，当某个按键同时支持"单击"和"双击"时，必须等到按键释放后，再延时一段时间，确信没有第二次击键动作，排除了"双击"后，才能执行"单击"功能；而对于"无击"类型的功能，也是要等到键盘停止触发后一段时间才能被响应。

**4. 击键类型的识别方法**

（1）"短击"和"长击"按键的识别

长击键和短击键经常复用处理，如时钟设定时，经常使用长击一个按键进入设定模式，短击按键进行显示的切换。当一个按键上同时支持"短击"和"长击"时，二者的执行时机是不同的。一般来说，"长击"一旦被检测到就立即执行，是在按键闭合时进行处理的；而对于"短击"来说，因为当按键刚被按下时，系统无法预知本次击键的时间长度，所以"短击"必须在释放后再执行。

长击键与短击键的区分见图 11-4，系统中设定按键长击时间常数，当按键总时间少于该常数时判定为短击键，当按键时间高于该常数时，马上执行判定并执行按键，提醒用户长击键的功能实现，无须继续按键。

（2）"单击"和"连击"按键的识别

一般来说，"连击"和"单击"是相伴随的。事实上，"连击"的本质就是多次"单击"。

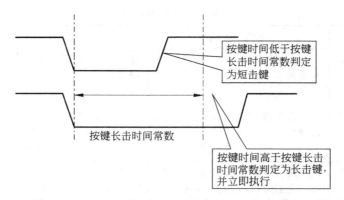

图 11-4　长击键与短击键的区分

"单击"与"连击"键的区别见图 11-5,单击键及连击键都是在按键闭合时进行处理的,在进行按键消抖之后,按照按键闭合的时间长度进行单击及连击次数的判断,按键的处理在判定后立即执行。

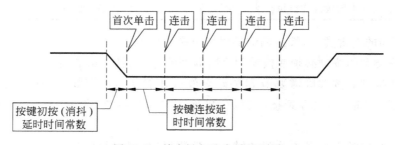

图 11-5　单击键与连击键的识别

（3）"双击"和"多击"按键的识别

识别"双击"的技巧,主要是判断两次击键之间的时间间隔。如图 11-6 所示,多击设置每秒最快可达 5 次击键,因此这个时间间隔定为 0.2~1s。每次按键释放后,启动一个计数器对释放时间进行计数。如果计数时间大于击键间隔时间常数（0.2~1s）,则判为

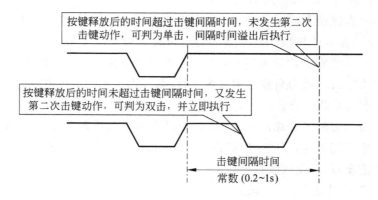

图 11-6　双击键与多击键的识别

"单击"。如果在计数器还没有到达击键间隔时间常数，又发生了一次击键行为，则判为"双击"。需要强调的是：如果一个按键同时支持单击和双击功能，那么，当检测到按键被按下或释放时，不能立即响应。而是应该等待释放时间超过击键间隔时间常数后，才能判定为单击，此时才能执行单击功能。"多击"的判断技巧与"双击"类似，只需要增加一个击键次数计数器对击键进行计数即可。

（4）"同击"键的识别

"同击"是指两个或两个以上按键同时被按下时，作为一个"复合键"来单独处理。"同击"主要是通过按键扫描检测程序来识别。按键扫描程序（也称为"读键程序"）为每个按键分配一个键号（或称为"键值"），而"复合键"也会被赋予一个键号。如图 11-7 所示，有两个按键，当它们分别被触发时，返回的键号分别为 1♯ 和 2♯，当它们同时被触发时，则返回新的键号 3♯。在键盘处理程序中，一旦收到键号，只需按不同的键号去分别处理即可。

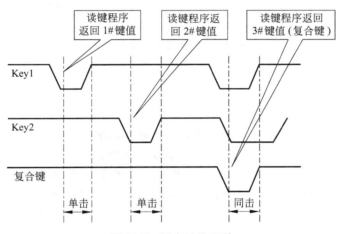

图 11-7　同击键的识别

（5）"无击"键的识别

"无击"指的是当按键连续一定时间未触发后，应该响应的功能。常见的应用如自动退出设置状态、自动切换到待机模式等。无键的识别参照图 11-8，在按键释放后，启动计时器，当计时器的时间超过无键响应时间常数后，判为无击键。

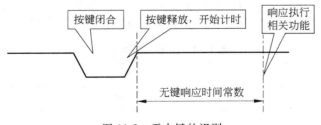

图 11-8　无击键的识别

## 11.2　窗机控制板按键

　　该款窗机共有 8 个按键,采用了矩阵式的连接方式(窗机按键接线示意图见图 11-9),和显示共用了 PD3、PD4、PD5 三个片选,通过 PB2、PB3、PB4 读取按键。键盘读键时,端口读到高电平有效。8 个按键的功能按照用户要求设置。教材 8.6 节的空调功能说明书的(1)按键操作说明对该款窗机按键的执行功能进行了说明。

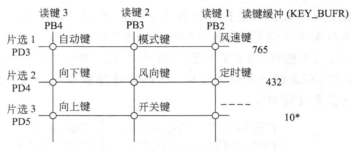

图 11-9　窗机按键接线示意图

## 11.3　读键程序

　　按照功能说明书的要求,该读键程序处理的是单击键和多击键,在按键闭合后进行按键的确认与执行,当按键变化时调用处理按键要求功能,对于其他形式的按键如长击键、同击键没做处理,这些按键的处理方式可参照参考文献 13。在扫描读键程序中,使用 void ReadKey(void)函数完成,在系统中每 2ms 更换片选信号(见第 9 章的介绍),因此,读键程序 2ms 在更换片选时执行一次。读键程序包括了端口状态的读取、有效按键的确认。

　　(1) 端口状态的读取

　　程序在片选 1、2、3 时分别扫描了 PD3、PD4、PD5 对应行线的按键情况,读取的结果存放在按键缓冲变量 KeyBuf 中。程序在处理时,将 PD3 片选读来的按键端口状态放入 KeyBuf 二进制表示的第 5、6、7 位,将 PD4 片选读来的按键端口状态放入 KeyBuf 的第 2、3、4 位,将 PD5 片选读来的按键端口状态放入 KeyBuf 第 0、1 位,见表 11-2。则其每一位就代表了一个按键当前的端口状态,如第 4 位,代表了向下键按键的状态,当第 4 位是 1 时,可能按下了按键,为 0 时,则可能没按按键。因为端口可能受到干扰,在按键按下和抬起时端口的电平有抖动,因此不能根据一次的读键结果判定按键情况。

表 11-2　KeyBuf 变量说明

| 7 | 6 | 5 | 4 | 3 | 2 | 1 | 0 |
|---|---|---|---|---|---|---|---|
| 自动键 | 模式键 | 风速键 | 向下键 | 风向键 | 定时键 | 向上键 | 开关键 |

　　(2) 有效按键的确定

　　程序在片选 0 时,无行线扫描,用于查找键值表确定按键是否按下,若有有效按键要处理，去执行按键处理的程序。

程序通过检索键码表 key_code_tab，查找 KeyBuf 的键值，保存至 LastKey，处理过的有效键值为 KeyEffect，为了消除抖动影响，当连续两次（间隔时间为 16ms 左右）检测到 LastKey 的值与 KeyEffect 不等时，才将 LastKey 的键值确认为有效键值加以处理。

读键过程的程序如下，其流程框图见图 11-10。

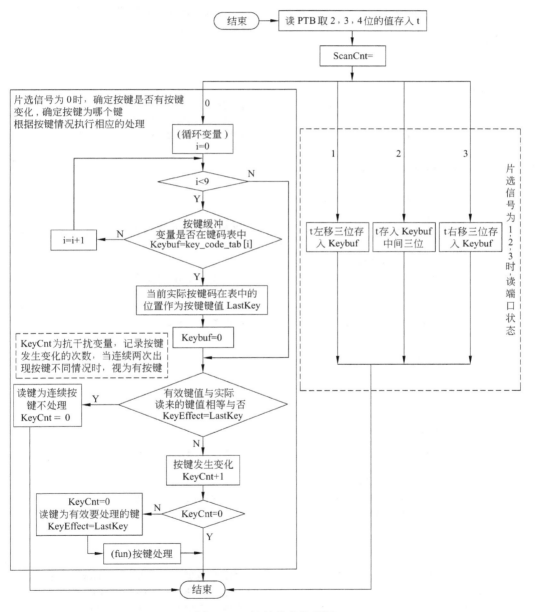

图 11-10　读键程序流程图

```
/* ========
读键子函数
========== */
byte keybuf;                              //键值缓冲变量
byte LastKey;                             //当前读键值
byte KeyEffect;                           //有效键值
byte KeyCnt;                              //读键次数
byte const key_code_tab[]={0x00,0x04,0x08,0x00,0x00,0x01,0x10,0x02,0x00};
                                          //定时,风向,模式,风速,开关,向下,向上,自动
                                          //1,   2,   3,   4,   5,   6,   7,   8
void ReadKey(void)
{
   byte i;
   byte t;
   t=PTB;                                 //读列线
   t&=0x1c;                               //0001 1100 PTB4,PTB3,PTB2
   if(ScanCnt==0)                         //片选0时查找键值表,是否有键按下
     {
        for(i=0;i<9;i++)
          {
             if(KeyBuf==key_code_tab[i])
               {
                  LastKey=i;              //当前实际键值在表中的位置作为按键的键值

                  KeyBuf=0;
                  break;                  //找到键值退出for循环
               }
          }
        if(KeyEffect==LastKey)           //按键不放不处理
          {
             KeyCnt=0;
             return;
          }
        else
          {
             KeyCnt++;
             if(KeyCnt==2)                //读键两次消抖
               {
                  KeyCnt=0;
                  KeyEffect=LastKey;      //送有效键值,后续处理
                  KeyOpt();               //有效键处理
               }
          }
     }
  if(ScanCnt==1)   KeyBuf=t<<3;          //片选1,键值左移三次,存入KeyBuf高三位
  if(ScanCnt==2)   KeyBuf|=t;            //片选2,键值存入KeyBuf中间三位
  if(ScanCnt==3)                         //片选3,键值右移三次,存入KeyBuf低两位
   {
     t>>=3;
```

```
      KeyBuf|=t;
    }
  }
```

# 11.4　按键处理

特别注意,读取按键之后,程序要根据按键结果处理相应的空调工作状态标志位,而并不是处理空调的外设,在外设控制程序中根据工作状态的相应标志进行外设及驱动的处理。按键处理程序按照功能说明书的要求完成。

值得注意的是定时键作多击键处理时,两次按键在 10s 之内则为定时的设置,若两次按键超过 10s,则重新进入定时设置功能。

按键处理程序如下,其流程框图见图 11-11 和图 11-12。

```
/* ==========
按键处理子函数
========== */
void KeyOpt(void)                         //定时,风向,模式,风速,开关,向下,向上,自动
                                          //1,   2,   3,   4,   5,  6,   7,   8
{
  if(!MIX_FLAG.Power)
  {
    if(!(TMR_OP_DLY^TEP_OP_DLY))
    {
      //定时键及开机键有效
      if((KeyEffect!=1)&&(KeyEffect!=5)) return;
    }
  }
  if(KeyEffect)   TIME_FL.beep=1;
  switch(KeyEffect)
    {
    case 0: break;                        //无按键
    case 1:                               //定时
      {
        if(TMR_OP_DLY==0)
        {
          if(TMR_FLAG.open|TMR_FLAG.close)
          {
            HOUR_TMR=SET_TIME;
            CNT_TO_H_TMR=60;
            CNT_TO_M_TM=0;
          }
        }
        else
        {
          HOUR_TMR++;                      //定时时间,以 1 小时为单位设置时间
          if(HOUR_TMR>12)   HOUR_TMR=0;
          CNT_TO_H_TMR=60;
```

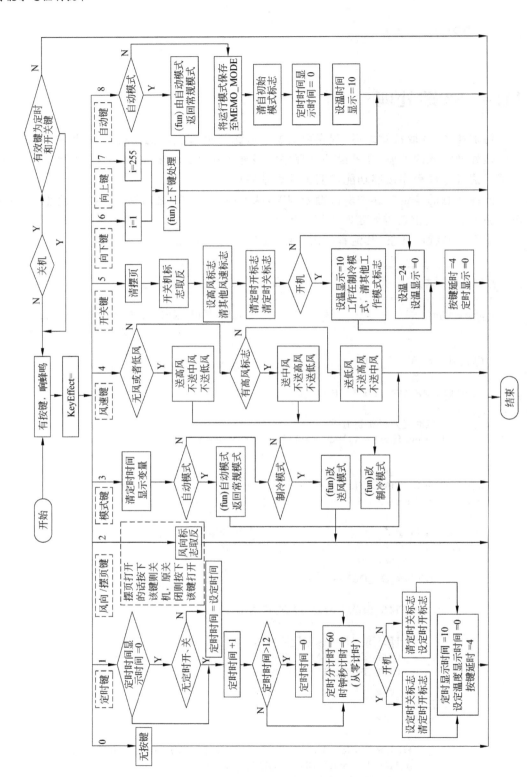

图 11-11　按键处理程序流程框图 1

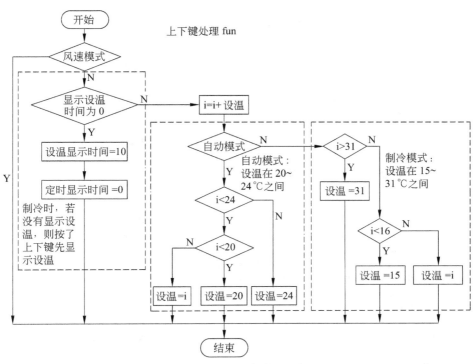

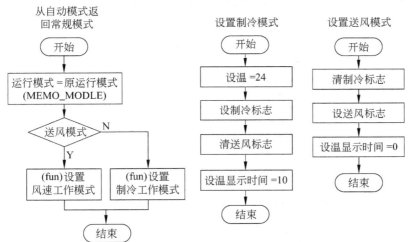

图 11-12　按键处理程序流程框图 2

```
        CNT_TO_M_TM＝0；
    }
    if（! MIX_FLAG. Power）                        //设定时开
    {
        TMR_FLAG. open＝1；
        TMR_FLAG. close＝0；
    }
        else                                     //设定时关
```

```
                {
                    TMR_FLAG.open=0;
                    TMR_FLAG.close=1;
                }
                TMR_OP_DLY=10;
                TEP_OP_DLY=0;
                OP_DELAY=4;
                break;
            }
        case 2:                                    //风向
            {
                MIX_FLAG.fanD=~MIX_FLAG.fanD;
                break;
            }
        case 3:                                    //模式
            {
                TMR_OP_DLY=0;
                if(RUN_MODEL.auto_o) Auto_k_rtn();
                if(RUN_MODEL.cool) Set_fan_md();
                    else   Set_cool_md();
                break;
            }
        case 4:                                    //风速
            {
    if((((!MIX_FLAG.Hfan)&&(!MIX_FLAG.Lfan)&&(!MIX_FLAG.Mfan))||(MIX_FLAG.
    Lfan))
                {
                    MIX_FLAG.Hfan=1;
                    MIX_FLAG.Mfan=0;
                    MIX_FLAG.Lfan=0;
                }
                else if(MIX_FLAG.Hfan)
                    {
                        MIX_FLAG.Hfan=0;
                        MIX_FLAG.Mfan=1;
                        MIX_FLAG.Lfan=0;
                    }
                    else if(MIX_FLAG.Mfan)
                    {
                        MIX_FLAG.Hfan=0;
                        MIX_FLAG.Mfan=0;
                        MIX_FLAG.Lfan=1;
                    }
                break;
            }
        case 5:                                    //开关
            {
                MIX_FLAG.fanD=0;                   //清摆页
                MIX_FLAG.Power=~MIX_FLAG.Power;    //操作开关机
                MIX_FLAG.Hfan=1;                   //进入默认高风
                MIX_FLAG.Lfan=0;
```

```
                MIX_FLAG. Mfan=0;
                TMR_FLAG. open=0;                    //不保留定时标志
                TMR_FLAG. close=0;
                SET_TIME=0;
                if(MIX_FLAG. Power)                  //开机默认制冷
                {   RUN_MODEL. auto_o=0;
                    RUN_MODEL. auto_sel=0;
                    RUN_MODEL. dry=0;
                    RUN_MODEL. fan=0;
                    RUN_MODEL. save=0;
                    RUN_MODEL. cool=1;
                    TEP_OP_DLY=10;
                }
                  else                               //关机返回
                  {
                     SET_TMP=24;                      //默认制冷设温度为 24℃
                     TEP_OP_DLY=0;                    //正常关机
                  }
                OP_DELAY=4;
                TMR_OP_DLY=0;
              break;
            }                                         //向下
        case 6:
          {
            Do_up_dwn(255);
            break;
          }
        case 7:                                       //向上
          {
            Do_up_dwn(1);
            break;
          }
        case 8:                                       //自动
          {
            if(RUN_MODEL. auto_o) auto_k_rtn();
              else
              {
                 MEMO_MODE=RUN_MODEL;
                 RUN_MODEL. auto_o=1;
                 INIT_FLG. zichushi=0;
                 MIX_FLAG. fanD=0;
                 TMR_OP_DLY=0;
                 TEP_OP_DLY=10;
              }
            break;
          }
        default:break;
      }
  }
}
```

```
/* ===========
上下键处理函数
============= */
void Do_up_dwn(byte i)
{
    if (RUN_MODEL.fan) return;
    if (TEP_OP_DLY==0)
    {
        TEP_OP_DLY=2;
        TMR_OP_DLY=0;
        return;
    }
    i+=SET_TMP;
    if(RUN_MODEL.auto_o)
    {
        if(i<=24)
        {
            if(i<20){  SET_TMP=20;return;}
                else SET_TMP=i;
        }
            else SET_TMP=24;
        return;
    }
    if(i>31){  SET_TMP=31;return;}
        else if(i<16){  SET_TMP=15;return;}
            else SET_TMP=i;

}

void Auto_k_rtn()                        //从自动工作模式返回
{
    RUN_MODEL=MEMO_MODE;
    if(RUN_MODEL.fan)
    {
        set_fan_md();
        return;
    }
    set_cool_md();
}

void Set_cool_md()                       //设置制冷工作模式
{
    SET_TMP=24;
    RUN_MODEL.cool=1;
    RUN_MODEL.fan=0;
    TEP_OP_DLY=2;
}
void Set_fan_md()                        //风速键处理
{
```

```
RUN_MODEL.cool=0;                          //制冷标志清零
RUN_MODEL.fan=1;                           //设风速标志
TEP_OP_DLY=0;
if(TMR_FLAG.close) TMR_OP_DLY=10;
}
```

# 11.5　实训任务：更换自动、制冷键位置

**1. 实训目的**

通过本次实训,让学生了解按键处理过程,能对用户显示要求进行分析,能根据要求进行按键程序处理。

**2. 实训任务**

① 实际电路板布置时,自动键与制冷键位置调换了布置,更改程序以适应电路板要求。

② 实际电路板布置时,向上键与向下键位置调换了布置,更改程序适应电路板要求。

**3. 实训设备**

① 空调控制器。

② 烧写器。

**4. 实训准备**

两位同学一组,每组一套实训器材。

**5. 实训课时**

2学时。

**6. 实训步骤**

① 解读并修改按键处理程序流程框图,完成对四个按键更换的程序,并确保程序没有语法错误。

② 测试烧录新的按键程序的空调控制器,若与实训任务要求不符合,则可能是流程框图也可能是程序有误,分析并改正流程框图及程序,直到完成任务要求。

③ 按照完成的按键功能修改功能说明书相关内容。

**7. 实训习题**

如果程序添加了新的按键,怎样进行程序处理?

# 11.6　实训任务：添加按键童锁功能

**1. 实训目的**

通过本次实训,让学生了解同击键的处理方式,能够处理同击键程序。

**2. 实训任务**

若用户要求同时按下向上键及向下键时能够将键盘锁定,不能对按键进行任何操作,

除非再次按下向上键及向下键,则

① 添加同击键读键程序,更改读键程序流程框图。

② 添加同击键处理程序,更改键处理程序流程框图。

**3. 实训设备**

① 空调控制器。

② 烧写器。

**4. 实训准备**

两位同学一组,每组一套实训器材。

**5. 实训课时**

2 学时。

**6. 实训步骤**

① 解读并修改按键读取程序流程框图,按照流程框图,添加同击键键码,完成对同击键读取的程序,并确保程序没有语法错误。

② 解读并修改按键处理程序流程框图,按照流程框图,添加童锁键功能处理程序,并确保程序没有语法错误。

③ 测试烧录新的键处理程序的空调控制器,若无法正确读取同击键,则可能是流程框图也可能是程序有误,分析并改正流程框图及程序,直到完成任务要求。

④ 按照完成的按键功能修改功能说明书相关内容。

**7. 实训习题**

① 若开关键与制冷键同时按下做童锁键处理,则如何修改程序?

② 若要求长按自动键 2s 作为童锁键处理,则如何修改程序?

# 思考与练习

1. 本教材使用的空调器控制板在不改变功能和控制芯片的情况下,能不能采用独立式按键处理?为什么?

2. 如果更换片选频率为 1ms,对读键会不会有影响?如果将片选频率更换为 10ms 对读键有没有影响?

3. 读键程序中,进行 5 次读键消抖对读键有没有影响?

4. 使用读 AD 的方法也可以读取按键,搜索相关使用 AD 读键的资料,试论述使用 AD 读键对芯片有什么要求?对硬件设计有什么好处?

# 第 12 章

# 蜂鸣器应用

**知识点：**
- 蜂鸣器分类。
- 无源蜂鸣器驱动程序设计。

**技能点：**
- 能在程序调试中使用蜂鸣器。
- 能处理更换无源蜂鸣器型号程序。

## 12.1 蜂鸣器

蜂鸣器是一种一体化结构的电子讯响器，采用直流电压供电，广泛应用于家用电器、计算机、打印机、复印机、报警器、电子玩具、汽车电子设备、电话机、定时器等电子产品中作发声器件。

**1. 蜂鸣器种类**

根据所采用的材料，蜂鸣器主要分为压电式蜂鸣器和电磁式蜂鸣器。根据蜂鸣器内部是否具有振荡器，分为有源蜂鸣器和无源蜂鸣器。

① 无源蜂鸣器：需要交流信号驱动。

② 有源蜂鸣器：需要直流信号驱动。

无论是压电式还是电磁式蜂鸣器都有无源和有源两种类型。

**2. 蜂鸣器发声原理**

（1）电磁式蜂鸣器

电磁式无源蜂鸣器工作原理是：交流信号通过绕在支架上的线包在支架的芯柱上产生一交变的磁通，交变的磁通和磁环恒定磁通进行叠加，使膜片以给定的交流信号频率振动并配合共振腔发声。

电磁式有源蜂鸣器由振荡器、电磁线圈、磁铁、振动膜片及外壳等组成。接通电源后，振荡器产生的音频信号电流通过电磁线圈，使电磁线圈产生磁场。振动膜片在电磁线圈和磁铁的相互作用下，周期性地振动发声。

（2）压电式蜂鸣器

压电式无源蜂鸣器是以压电陶瓷为主要元件的。压电陶瓷是一类具有将压力与电流相互转换能力的特殊陶瓷,这种能力源于其特殊的晶体结构。当压电陶瓷在一定方向上受到一个压力使其晶体结构发生形变时,它就会在内部产生一个电流,并且电流的变化与压力的变化密切相关;反之亦然。所以利用这一特性,在压电陶瓷上通过一定频率的电流,就会引起压电陶瓷微小形变,这一形变带动空气发生振动,如果频率适当,就可以被人耳听见,也就是产生了蜂鸣声。

压电式有源蜂鸣器主要由多谐振荡器、压电蜂鸣片、阻抗匹配器及共鸣箱、外壳等组成。有的压电式蜂鸣器外壳上还装有发光二极管。多谐振荡器由晶体管或集成电路构成。当接通电源后(1.5～15V直流工作电压),多谐振荡器起振,输出一定频率的音频信号,阻抗匹配器推动压电蜂鸣片发声。压电蜂鸣片由锆钛酸铅或铌镁酸铅压电陶瓷材料制成。在陶瓷片的两面镀上银电极,经极化和老化处理后,再与黄铜片或不锈钢片粘在一起。

**3. 蜂鸣器的参数**

蜂鸣器的参数包括电压、电流、驱动方式、尺寸、连接/固定方式、音压、频率等。

工作电压:电磁式蜂鸣器工作电压为1.5～24V,压电式蜂鸣器为3～220V,一般压电式蜂鸣器建议采用9V以上的电压,以获得较大的声音。

消耗电流:电磁式的和压电式的不同,电磁式蜂鸣器的消耗电流从几十到上百毫安都有,压电式的就省电得多,几毫安就可以正常地动作,且在蜂鸣器启动时,瞬间需消耗约三倍的电流。

驱动方式:两种蜂鸣器都有有源的类型,只要接上直流电(DC)即可发声。已经内建了驱动线路在蜂鸣器中,但动作原理的不同,电磁式蜂鸣器要用1/2方波来驱动,压电式蜂鸣器用方波驱动才能有较好的声音输出。

尺寸:蜂鸣器的尺寸会影响到音量的大小、频率的高低,电磁式的最小尺寸为7mm,最大的25mm,压电式的从12mm到50mm或更大都有。

连接方式:一般常见的有插针(DIP)、焊线(Wire)、贴片(SMD),压电式蜂鸣器还有锁螺丝的连接方式。

音压:蜂鸣器常以10cm的距离作为测试的标准,距离增加一倍,声压大概会衰减6dB,反之距离缩短一倍则会增加6dB。电磁式蜂鸣器大约能达到85dB/10cm的水平,压电式蜂鸣器就可以做得很大声,常见的警报器大都是以压电蜂鸣器制成。

蜂鸣器型号:以某公司的两款蜂鸣器为例进行介绍。

(1) 电磁式蜂鸣器 AC—1205G

A——AATC,公司名称。

C——一体式,底部有封环氧树脂的蜂鸣器。

12——直径,单位是mm,还有6.7、9.0、9.6、14、16、25mm的,并有多种高度选择。

05——额定工作电压,还有1.5、3.0、3.5、5、6、9、12、24V的。

G——直流阻抗。

(2) 压电式蜂鸣器 AZ—1440S—P

A—— AATC,公司名称。

Z——Piezo,压电式蜂鸣器。

14——直径,有10、12、14、16、17、50mm等规格。

40——额定的频率,40 表示 4kHz。

S——Self drive 自激式,内含线路的,E 表示他激,外部驱动。

P——Pin type, 还有 W-Wire、APD-SMD 的等。

#### 4.蜂鸣器发声控制

蜂鸣器的重要参数是正常发声频率,比如规格为 4kHz 的蜂鸣器,则是指该蜂鸣器发声的频率是 4kHz。对发声的控制主要体现在三方面:

① 改变蜂鸣器控制端信号保持时间的长短,则可改变音长。

② 改变无源蜂鸣器控制端信号的频率,则可改变音调。

③ 蜂鸣器控制端信号的有无保持可以形成蜂鸣响次数、音长、间隔的复杂控制。

图 12-1 是常见蜂鸣器电路,从单片机端口接过来的控制信号经过一级放大后驱动蜂鸣器发声。图 12-2 是窗机空调器控制板上的蜂鸣器电路,单片机 A 口 bit5 的信号(PTA5)经过芯片 2003 的一路放大后再接至蜂鸣器控制端,通过编程改变 PTA5 的状态来控制蜂鸣器发声。

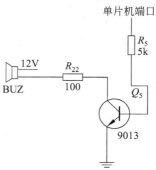

图 12-1　常见蜂鸣器电路

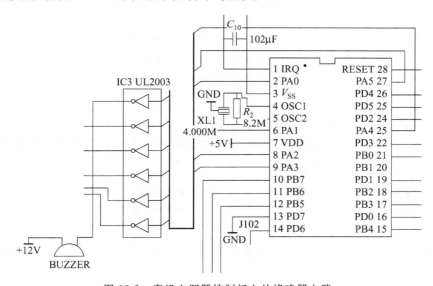

图 12-2　窗机空调器控制板上的蜂鸣器电路

## 12.2　蜂鸣器控制程序

该控制器采用无源 4kHz 蜂鸣器,其处理程序分为高层管理、中层管理和底层管理三部分。一旦硬件电路确定了下来,蜂鸣器的中层管理及底层管理程序就确定了下来,高层管理程序对蜂鸣器进行了响声设置之后,这两部分程序将设置的结果加以实现。

**1. 蜂鸣器高层管理程序**

高层管理或称应用层管理,指在不同场合设置蜂鸣器是否发声、发声次数、响的长度、响声间隔等。例如,在检测到热敏线故障时需有蜂鸣器发6长声报警。高层管理程序用于设置蜂鸣器的工作方式,在本教材提供的附录 D 和 E 的程序中,使用变量 BeepCnt 作为高层管理的控制对象,对 BeepCnt 的设置相当于对蜂鸣响铃方式的设置,通过该变量设置可以实现停顿时间、单次鸣叫时间、响铃次数的控制,其具体含义见表 12-1。

表 12-1　变量 BeepCnt 的各位分布

| bit 位 | bit7～bit4 | bit3～bit2 | bit1～bit0 |
|---|---|---|---|
| 功能 | 次数<br>1111　15 次<br>1110　14 次<br>1101　13 次<br>…<br>0100　4 次<br>0011　3 次<br>0010　2 次<br>0001　1 次<br>0000　0 次 | 间隔(停顿时间)<br>11(3)　200 个时间单位<br>10(2)　150 个时间单位<br>01(1)　100 个时间单位<br>00(0)　60 个时间单位<br>由中层管理程序决定一个间隔的时间,底层管理程序进行时间计算 | 音长(鸣叫时间)<br>11(3)　200 个时间单位<br>10(2)　150 个时间单位<br>01(1)　100 个时间单位<br>00(0)　60 个时间单位<br>由中层管理程序决定一个间隔的时间,底层管理程序进行时间计算 |

按照上文所述,若要求蜂鸣器响声为2长声,只需写程序:

Beep_Cnt＝0x2F;

**2. 蜂鸣器中层管理程序**

中层管理程序通过蜂鸣器管理函数实现,控制蜂鸣器各个时间参数与蜂鸣器响与不响的标志设置。程序中,蜂鸣器定义的相关变量如下:

```
byte BeepDly;                        //当前正在响的蜂鸣或者蜂鸣中间间隔所剩时间长度
byte BeepCnt;                        //响蜂鸣参数设置
byte const Beep_tab[]＝{60,100,150,200};    //一个蜂鸣音长和间隔的时间长度
```

程序还定义了 TimeFlg.beep 作为响蜂鸣器标志,当 TimeFlg.beep 为 1 时响蜂鸣器,当 TimeFlg.beep 为 0 时不响蜂鸣器。

Beep_tab 是一个蜂鸣音长和间隔的时间长度数据表,BeepCnt 设置了响铃方式,则停顿时间和鸣叫时间的取值即 BeepCnt 第 2、3 位及第 0、1 位的值就是采用第几个时间单位作为时间长度,若其取值为 N,则 Beep_tab 表中的第 N 元素就为采用间隔或者鸣叫的时间长度,如当 BeepCnt＝0x33 时,蜂鸣器鸣叫 3 声,停顿的时间间隔为 Beep_tab[0] 即 60 个时间单位,一声蜂鸣的音长为 200 个时间单位,一个时间单位为 2ms。其声音波形如图 12-3 所示。

BeepDly 反映了当前蜂鸣的停顿间隔或者音长所需持续的时间,其值为 0 时,表示一

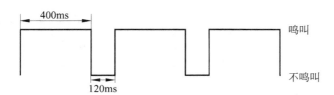

图 12-3　蜂鸣器声音波形

个停顿结束或者一个音长结束,则需要取下一个发音阶段的时间长度。当结束的阶段是响蜂鸣的阶段则应当进入停顿间隔,此时设置 TimeFlg.beep 为 0,给蜂鸣器端口送低电平,将停顿时间长度送给变量 DeepDly,进行停顿时间计时;若结束的阶段是蜂鸣中间停顿的阶段,而且剩余的响蜂鸣的声数不为零则还需响蜂鸣,设置 TimeFlg.beep 为 1,蜂鸣声数即 BeepCnt 的高 4 位减 1,将一次蜂鸣音长时间长度送给变量 DeepDly,进行蜂鸣时间计时。DeepDly 的计时、按照标志进行响蜂鸣及蜂鸣端口的控制都在底层程序完成。

　　蜂鸣器控制程序如下,其流程框图如图 12-4 所示。

```
void Beep_Ctrl(void)                    //蜂鸣器管理函数
{
    byte temp;
    if(BeepDly==0)                      //间隔或音长变量减为零(每 2ms 减 1)
      {
        temp=BeepCnt;
        if(TIME_FL.beep==1)             //要继续蜂鸣,原来开则现在关(间隔)
          {
            TIME_FL.beep=0;
            PTA_PTA5=0;
            temp>>=2;                   //取间隔参数
          }
        else
          {
            if((temp&0xf0)!=0)          //次数不为零,要继续蜂鸣,原来关则现在开,取音长
              {
                TIME_FL.beep=1;
                BeepCnt-=0x10;          //已经响完一次,次数减 1
              }
            else return;                //已经响完,不再处理
          }
        temp&=0x03;
        BeepDly=Beep_tab[temp];         //查表取间隔或者鸣叫的时间长度
      }
}
```

### 3. 蜂鸣器底层管理程序

　　底层管理或称物理层,是在定时器溢出中断程序中实现,当需要响蜂鸣时控制蜂鸣器端口的电平翻转,同时对 BeepDly 的值进行操作,每 2ms,BeepDly 的值不为零的话自减 1,完成对停顿时间及鸣叫时间的控制。定时器中断服务程序中对蜂鸣器的控制如下:

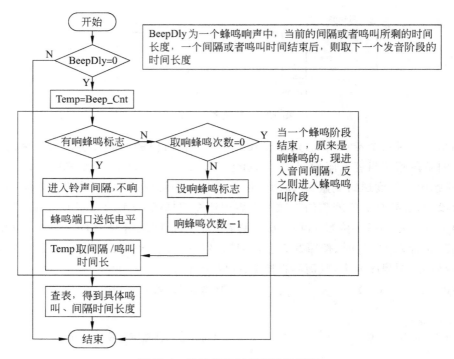

图 12-4　蜂鸣器控制程序流程框图

```
void interrupt 6 TimISR(void)        //定时器中断服务程序
{
    byte tmp；
    TSC&＝0x7f；                      //清溢出中断标志
    if(TIME_FL.beep＝＝1)             //有蜂鸣标志＝1则蜂鸣
      {
          PTA^＝0x20；                //通过控制物理端口的电平翻转,得到波形符合蜂鸣频率4kHz
      }
    if(Cnt2ms＝＝16)
      {                              //2ms
        Cnt2ms＝0；
        if(BeepDly!＝0)
          BeepDly－－；
        …
      }
    else Cnt2ms＋＋；
    …
}
```

　　根据定时器的设置,每隔 $125\mu s$ 执行一次定时器中断服务程序,在定时器中断服务程序中当检测到有蜂鸣标志时,PTA5 管脚的电平则翻转一次。则在蜂鸣状态,每隔 $250\mu s$,PTA5 输出一个完整周期变化的波形给蜂鸣器,故在 1s 中将有 4000 个完整周期的波形提供给蜂鸣器,从而得到蜂鸣器的发声频率为 4kHz。

# 12.3　实训任务：添加热敏线故障报警功能

**1. 实训目的**

通过本次实训，让学生学会对蜂鸣器高层管理程序进行控制，学会对标志位进行处理。

**2. 知识要点**

在单片机系统中常常使用标志位标注一个状态，程序中根据其状态进行程序的控制。基于 C 语言的单片机系统常会使用位段结构中定义的二进制作为标志位，标志的处理包括设置标志、使用标志、清理标志。

（1）设置标志

当系统运行的当前状态满足状态标志设置的情况时，就需要设置标志，很多时候设置标志位为 1（代表状态成立）。如前文所述，系统需要响蜂鸣时设置 TimeFlg.beep＝1，就属于标志的设置。程序中通常只有特定的程序段可以设置标志，避免逻辑错误的产生。

（2）使用标志

对标志进行判断即对当前的系统进行判断，当标志设置成功满足一定的状态时才执行或者不执行相应的程序，这种做法就是对标志的使用。系统有些功能执行程序是在特定状态成立的情况下才执行的，如当蜂鸣器标志为 1 即 TimeFlg.beep＝1 时，才反转蜂鸣端口的电平，就是对 TimeFlg.beep 的值进行判断，然后执行特定代码，使用了 TimeFlg.beep 标志。

（3）清理标志

当完成了标志指示的特定事件或者系统不满足标志状态时，则需要对标志进行清理。如蜂鸣响完，进入间隔时间或者结束了响蜂鸣，则 TimeFlg.beep＝0 就属于完成了标志指示的特定事件。

设置标志、使用标志、清理标志一般都在不同的程序段，设置及清理标志是在特定的程序段，要避免程序多处出现标志的设置和清理，避免不必要的逻辑混乱，而程序多处都可以使用标志。

**3. 实训任务**

① 当盘管热敏线、回风热敏线故障时，蜂鸣器长鸣。

② 当盘管热敏线故障时，蜂鸣器响 7 长声报警；当回风热敏线故障时，蜂鸣器响 10 长声报警。

**4. 实训设备**

（1）空调控制板。

（2）烧写器及芯片。

**5. 实训准备**

两位同学一组，每组一套实训器材。

**6. 实训课时**

2 学时。

**7. 实训步骤**

① 在读温度程序中完成实训任务①流程框图及程序,使用烧录新程序的空调控制器对热敏线短路及断路进行检测,检测是否能够持续报警。如果不能在热敏线故障的情况下持续报警,修改流程框图及程序,直至能正确完成功能。

② 定义位段结构体,定义盘管热敏线故障报警标志及回风热敏线故障标志的位段,修改温度报警流程框图及程序,完成任务②所提要求。使用烧录新程序的空调控制器对热敏线短路及断路进行检测,检测是否能够完成报警功能,如果不能完成要求功能,修改流程框图及程序,直至能正确完成功能。

③ 按照实训任务②要求,修改功能说明书相关内容。

**8. 实训习题**

① 若要求使用标志位来完成故障报警程序,如何书写程序?

② 若要求使用普通变量来完成故障报警程序,如何书写程序?

# 12.4　实训任务：更换控制板蜂鸣器

**1. 实训目的**

通过本次实训,让学生理解有源蜂鸣器的工作原理,能对无源蜂鸣器进行控制。

**2. 实训任务**

更换控制板 4kHz 的无源蜂鸣器为有源蜂鸣器,其蜂鸣功能不改变,完成程序。

**3. 实训设备**

① 空调控制板。

② 烧写器及芯片。

③ 2kHz 无源蜂鸣器。

④ 有源蜂鸣器。

**4. 实训准备**

两位同学一组,每组一套实训器材。

**5. 实训课时**

2 学时。

**6. 实训步骤**

① 拆除控制板的 4kHz 无源蜂鸣器,更换为有源蜂鸣器。

② 修改定时器溢出中断相关程序,完成对有源蜂鸣器的驱动。

③ 使用烧录了新程序的控制器,测试蜂鸣器驱动是否正确。

**7．实训习题**

使用有源蜂鸣器能不能改变蜂鸣器的音调？为什么？

# 思考与练习

1．在定时器中断服务程序中，语句 PTA^＝0x20；起什么作用？如果改为 PTA^＝0x00；会带来什么后果？重新烧录，再观察现象，并思考为什么？

2．蜂鸣器管理函数中用一个 BeepCnt 变量来控制响声次数、响的长度、响声间隔，现要求改为三个不同的变量来控制，如用 Beep_cnt 来表示次数、用 Beep_len 表示响声长度、用 Beep_nap 表示响声间隔，那程序要作如何改变呢？想一想，这样做有什么好处？

3．蜂鸣器的管理是分三层管理的，有什么好处？得到了什么启发？

4．对于本章讲述的蜂鸣器，若用户要求蜂鸣器的长声更长一些，如何修改程序？

5．对于本章讲述的蜂鸣器，若用户要求固定停顿、鸣叫时间的蜂鸣器声音，如何修改程序？

6．若用户要求蜂鸣器能够鸣叫简单的音乐，如何设计蜂鸣器控制程序？

# 第 13 章

# 空调控制器的外设

知识点:
- 空调控制外设。
- 压缩机分类及工作原理。

技能点:

外设驱动程序设计。

## 13.1　空调外设

空调器主要动力部件是由压缩机、室外冷却风扇电机、室内送风电机和摆页电机组成,除压缩机外,其他三类电机均为小功率电机。本教材所使用的窗机控制器中由单片机控制的外设为压缩机、室内送风电机和摆页(风向)电机。以下简要介绍压缩机、风扇电动机及风向电动机,有关空调器电动机的相关知识可通过参考文献 10 学习。

**1. 压缩机**

压缩机在空调器中的作用是吸收蒸发器的低压低温蒸气,经压缩后变成高温高压的蒸气,在制冷循环系统中形成压力差,使制冷剂强制循环流动,因而它是空调器制冷循环的动力源,是制冷系统的心脏。家用整体式空调用压缩机一般为活塞式压缩机,而且是全封闭式结构。按结构的不同,压缩机分为往复式、旋转式(滚动活塞式、旋转叶片式)、涡旋式(最新型压缩机)。20 年纪 90 年代以前的家用空调器,主要采用往复式压缩机;20 世纪 90 年代以后,旋转式压缩机逐步占领市场;现在生产的空调器压缩机一般为旋转式,高档空调器则采用涡旋式压缩机。

压缩机电机一旦停止运转后,必须延时 3min 以上才能启动。因为停机后的短时间内,压缩机吸、排气两侧的压力差较大,若立即启动压缩机,有可能因启动负荷增大而不能启动,甚至烧毁电机。因此需延时 3min,使高低压两侧毛细管制冷剂压力达到平衡后再启动。为安全起见,现在的窗式空调器(特别是带遥控式)均有 3min 延时保护装置。

空调压缩机电动机主要有单相感应式电动机和三相感应式电动机两种,对于目前较普遍使用的定频空调器,其压缩机采用单相异步电动机,3 匹及以上空调器则采用三相异步电动机。这类电动机在启动时电流较大,效率较低,最大不足之处是转速不能调节,无法实现快速制冷(或热),室内温度保持恒定是依赖频繁开断电动机来实现。教材使用的窗机的压缩机为单相感应式电动机。

### 2. 风扇电动机

通风系统即空气循环系统是空调的重要组成,包括室内空气循环系统、室外空气冷却系统和新风系统 3 个部分,由离心风扇、轴流风扇、贯流风扇、风扇电动机(又称风机)、风道和空气过滤网等部件构成。其作用是通过风扇电动机工作强迫空调器内外两侧的换热器进行热量交换,以获得制冷(热)效果。

目前,风扇用电机较多采用单相电容运转电动机,有铁壳、铝壳和塑封 3 种结构。其中,塑封电机具有噪声低、绝缘性能好、重量轻、节约材料等优点。对室内风扇,为了调节风量,进行高风、中风、低风控制,常选用抽头调速电动机。

### 3. 风向电动机

在空调器的室内出风口上都装有导风板,由电动机带动连杆系统推动导风板上下或者来回摆动风向,风向电动机主要采用低极式永磁步进电机,进行室内气流方向调节。由于其结构简单、成本低、更宜小型化等特点而广泛应用于空调器领域。

### 4. 外设驱动电路

教材使用的窗机控制板的外设驱动电路如图 13-1 所示。单片机的输出信号(蜂鸣器、高速风、中速风、低速风、压缩机、风向)经反向放大器 UL2003 反向及放大后控制蜂鸣器及继电器,然后控制相关电动机的工作。

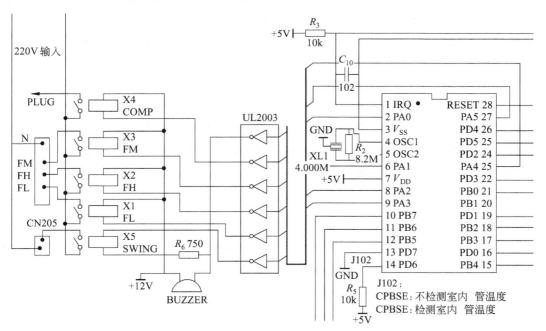

图 13-1　窗机控制板的外设驱动电路

## 13.2　外设驱动

### 1. 外设驱动功能

空调窗机的外设驱动功能,是根据当前的工作状态对压缩机、风向及风扇做出控制。在空调的功能说明书中对不同工作状态下的外设控制进行了说明,空调在开机后可以工作在自动运行、制冷、送风三种模式下。工作在自动运行模式时,可以根据当前室温选择制冷或者送风工作模式;工作在制冷工作模式时,会按照室温等要求对压缩机、风扇、风向进行控制;在送风模式下将会关闭压缩机,仅对风扇及风向进行控制。在 8.6 节中空调功能说明书中 2)控制器的功能的第(1)~(3)点是本教材所用窗机的工作状态及外设控制的说明。

### 2. 外设驱动程序

外设驱动程序按照功能说明书的要求进行编写。控制程序可以划分为高层管理、中层管理和底层管理程序三部分。高层及中层管理程序由主循环当中的外设控制程序(void Cntrl_op(void))完成,底层管理程序则为主循环当中的外设驱动程序(void Main_drv(void))。

(1) 高层管理程序(void Cntrl_op(void))

该程序主要是根据当前的工作状态控制压缩机、风机、风向工作状态,在主循环中完成。首先判断是否关机,关机的情况下,压缩机和风机都不工作;在开机时,如果传感器故障则外设全关;自动运行时,将会调用 void Auto_init(void) 函数来确定当前的工作状态是制冷还是送风,一旦工作状态确定,则设置自动工作状态标志位 RUN_MODEL. auto_sel 为 1,之后程序运行时只要该标志位为 1 则不再对自动运行的工作状态进行判断;当工作在制冷模式时,程序调用了 void Cool_md_run(void) 函数来确定压缩机的开关与否,同时制冷时要设置相应的风扇风速;当空调工作在送风模式时将调用 void Fan_md_run(void) 函数,设置风机、风向的相关工作状态。程序使用的相关标志位定义如下:

```
struct
{
  byte auto_o      :1;              //自动
  byte cool        :1;              //制冷
  byte dry         :1;              //除湿
  byte fan         :1;              //送风
  byte save        :1;              //节能
  byte auto_sel    :1;              //自初始
  byte            :2;
}RUN_MODEL＝{0,1,0,0,0,0};
```

外设控制程序如下,其流程框图如图 13-2 所示。

```
/* ================
外设控制程序
================== */
void Cntrl_op(void)
{
    //关机时外设全关
    if(! MIX_FLAG. Power)
    {
        Cmp_off_cntrl();                          //压缩机关
        Fan_off_cntrl();                          //风机关
        return;
    }
    //开机
    else
    {
        if(! OP_DELAY) return;                    //动作延时,返回

        //传感器故障,外设全关
        if (ERR_FLAG. CoilErr || ERR_FLAG. RoomErr)
        {
            Cmp_off_cntrl();                      //压缩机关
            Fan_off_cntrl();                      //风机关
        }

        //自动运行
        if(RUN_MODEL. auto_o)
        {
            if(RUN_MODEL. auto_sel)
            {
                Auto_init();
                return;
            }
        }
        //制冷模式
        if(RUN_MODEL. cool)
        {
            Cool_md_run();
            return;
        }

        //送风模式
        if(RUN_MODEL. fan)
        {
            Fan_md_run();
            return;
        }
    }
}
```

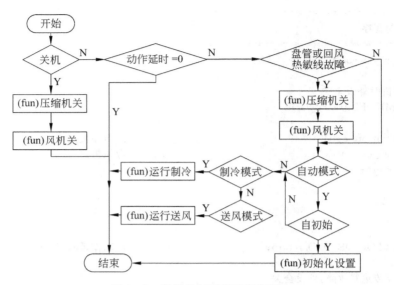

图 13-2　外设控制程序流程框图

自动模式外设控制程序如下,其流程框图见图 13-3。

```
void Auto_init(void)                        //自动工作模式
{
    RUN_MODEL. auto_sel=1;
    RUN_MODEL. save=0;
    RUN_MODEL. cool=0;
    RUN_MODEL. fan=0;
    MIX_FLAG. Hfan=1;
    MIX_FLAG. Lfan=0;
    MIX_FLAG. Mfan=0;
    RUN_MODEL. auto_o=1;
    if(ROOM_AD<122)
    {
        RUN_MODEL. fan=1;                   //自动送风
        return;
    }
    else
    {
        SET_TMP=22;
        RUN_MODEL. cool=1;                  //自动制冷
    }
}
```

空调制冷工作在制冷模式时的外设控制程序如下,其流程框图见图 13-4。

```
/ * ===============
制冷模式处理
============== * /
void Cool_md_run(void)
```

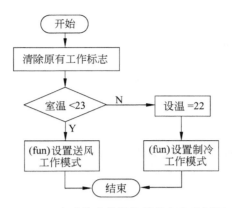

图 13-3　自动模式外设控制程序流程框图

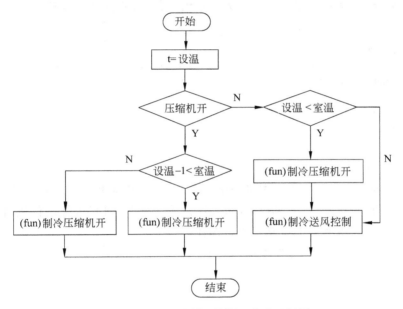

图 13-4　制冷模式外设控制程序流程框图

```
{
    byte t＝SET_TMP；

    //判断压缩机是否要开
    //设温低于室温开压缩机，否则关压缩机
    if(DRV_CTRL.Com)
    {
        t--；
        if(t＜＝ROOM_TMP)
        {
            Cool_cmp_on()；
            return；
        }
    }
```

```
        else
        {
            Cmp_off_cntr l();
            return;
        }
    }
    else
    {
        t++;
        if(t<ROOM_TMP)Cool_cmp_on();
    }
    //制冷送风
    Chk_cool_fan();
}
```

送风模式时,关闭压缩机,对风向、风机作相关处理,控制程序如下:

```
/*============================
送风模式处理
============================*/
void Fan_md_run(void)
{
    Fan_on_cntrl();
    Cmp_off_cntrl();
}
```

(2) 中层管理程序

高层管理程序中根据工作状态确定压缩机及风机、风向的工作方式,在中层管理程序中通过开压缩机、关压缩机、开风机风向、关风机风向函数,对相关标志位进行设置,需要注意的是,在这里并没有对 I/O 端口进行操作。

程序中对相关输出端口的标志定义如下:

```
struct
{
    byte Com      :1;              //压缩机
    byte Hfan     :1;              //高风
    byte Mfan     :1;              //中风
    byte Lfan     :1;              //低风
    byte fanD     :1;              //风向
    byte          :3;
}DRV_CTRL={0,0,0,0,0};
```

制冷时需要开压缩机,此时调用 void Cool_cmp_on(void) 函数,在制冷情况下如果盘管冰堵达 15min,则必须关压缩机,如果不存在冰堵情况,则可以在制冷模式下打开压缩机工作,程序如下:

```
/*==============
制冷开压缩机
==============*/
```

```
void Cool_cmp_on(void)
{
    if(COIL_FLAG.Blow15)
    {
        Cmp_off_cntrl();
        return;
    }
    Cmp_on_cntrl();
}
```

关机时、送风模式下以及冰堵时都会关压缩机,此时调用 void Cmp_off_cntrl(void)
函数,如果压缩机是从开机状态到关机状态,关压缩机后 3min 不能开机,则必须设开压
缩机屏蔽 3min,同时将压缩机的开机时间清零。相关程序如下:

```
/*================
压缩机关
================*/
void Cmp_off_cntrl(void)
{
    if(!DRV_CTRL.Com) return;
    DRV_CTRL.Com=0;                  //关压缩机
    COMP_RUN_M=0;
    COMP_NO_ON=180;                  //设开压缩机屏蔽 3min
}
```

要开压缩机时,必须判断是否是关机 3min 之后;同时,若没超过冰堵的 5min 保护时
间也不能开压缩机。相关程序如下:

```
/*==============
开压缩机控制
==============*/
void Cmp_on_cntrl(void)
{
    if(!COMP_NO_ON) return;          //开机 3min 屏蔽
    if(!CMP_NO_ON_5M) return;        //保护 5min
    DRV_CTRL.Com=1;
}
```

开风机风向程序是对风机风向当前工作状态判断之后,设置端口状态标志,关风机风
向程序则是清端口状态标志,程序如下:

```
/*==================
风机风向关
==================*/
void Fan_off_cntrl(void)
{
    DRV_CTRL.Hfan=0;
    DRV_CTRL.Mfan=0;
    DRV_CTRL.Lfan=0;
    DRV_CTRL.fanD=0;
```

```
}
/*=======================================
风速风门控制
---------------- */
void Fan_on_cntrl(void)
{
    DRV_CTRL. Hfan=MIX_FLAG. Hfan;
    DRV_CTRL. Mfan=MIX_FLAG. Mfan;
    DRV_CTRL. Lfan=MIX_FLAG. Lfan;
    DRV_CTRL. fanD=MIX_FLAG. fanD;
}
```

（3）底层管理程序

在中层管理程序中,对外设的输出状态设置了标志,底层管理程序按照标志将控制信号输出到 I/O 端口。该部分程序在主循环程序中单独拿出来执行。需要注意的是,对于风机的操作,由于电机的性能要求,当风机的输出状态发生变化时,如从高风切换到低风时,必须将风机关闭 0.25s,才能重新打开。其程序如下,流程框图如图 13-5 所示。

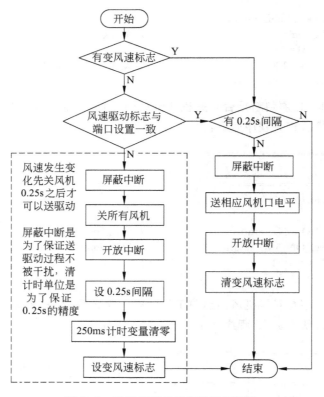

图 13-5   送外设驱动子程序流程框图

```
/*==================
主输出程序
================== */
void Main_drv(void)
```

```
{   if（! MIX_FLAG. Bianfan）
    { if（!（（DRV_CTRL. Hfan＝＝PTA_PTA1）＆＆（DRV_CTRL. Mfan＝＝PTA_PTA2）＆＆
（DRV_CTRL. Lfan＝＝PTA_PTA3）））
        {   //风机有变化
          asm
          {
            SEI
          }   //送驱动电平时,最好别被打扰
          PTA＝PTA ＆ 0XF1；                        //风机有变化,先关风机
          asm
          {
            CLI
          }
          fan_INTV＝1；        //设 0.25s 间隔,风机驱动有变化,关风机后 0.25s 才能重新送驱动
          Cnt250ms＝0；        //清上一级计时单位,保证 0.25s 间隔精度
          MIX_FLAG. Bianfan＝1；
        }
    }
    if（! fan_INTV）return；
    asm
    {
        SEI
    }                                        //送驱动电平时,最好别被打扰
    PTA_PTA1＝DRV_CTRL. Hfan；
    PTA_PTA2＝DRV_CTRL. Mfan；
    PTA_PTA3＝DRV_CTRL. Lfan；
    PTA_PTA0＝DRV_CTRL. Com；
    PTA_PTA4＝DRV_CTRL. fanD；
    asm
    {
        CLI
    }
    MIX_FLAG. Bianfan＝0；
}
```

# 13.3   实训任务：测试空调器外设功能

**1. 实训目的**

通过本次实训,学会使用模拟负载进行功能测试,了解窗机空调外设的控制方法。

**2. 实训任务**

使用灯泡模拟压缩机、高风、中风、低风、摆页驱动,用电阻箱代替热敏线对外设的功能进行测试。

**3. 实训设备**

① 空调控制板。

② 烧写器及芯片。

**4. 实训准备**

两位同学一组,每组一套实训器材。

**5. 实训课时**

2 学时。

**6. 实训步骤**

① 用电阻箱代替两根热敏线,连接在空调器控制板上模拟温度变化。将室温分别设在 18℃、20℃、23℃、24℃、28℃ 时,然后通电,5min 内观察压缩机状态及工作模式的设置,并记录现象。

② 制冷工作模式下室温设在 28℃,将盘管温度设为 −2℃,在 20min 内观察压缩机工作状态,并记录现象。

③ 室温设在 24℃,盘管温度设在 3℃,在送风工作模式下更换风速,并观察风机工作状态,记录现象。

**7. 实训习题**

① 当连续 15min 冰堵时,压缩机如何反映?

② 制冷模式下,室温低于设温时,压缩机如何反映?

③ 压缩机在开机后,设定为制冷模式,室温高于设温的情况下是如何动作的?

# 附录 A 电饭锅控制板电路图

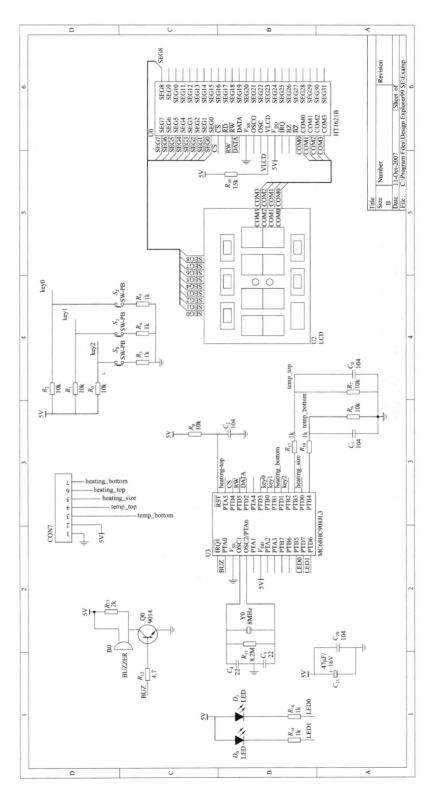

# 附录 B 空调控制板电路图

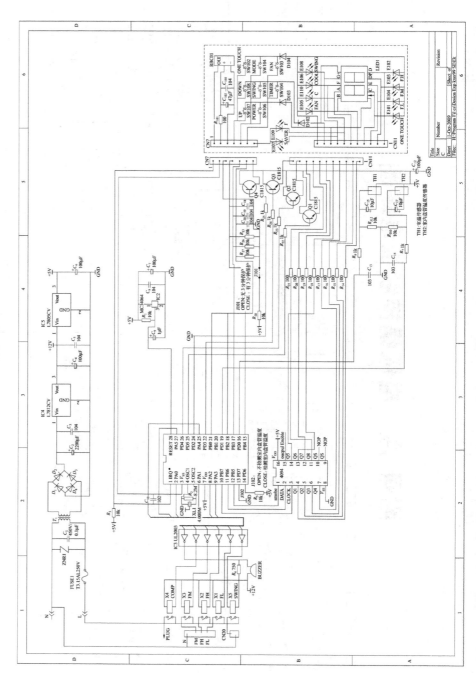

# 附录 C 空调控制程序其他相关流程框图

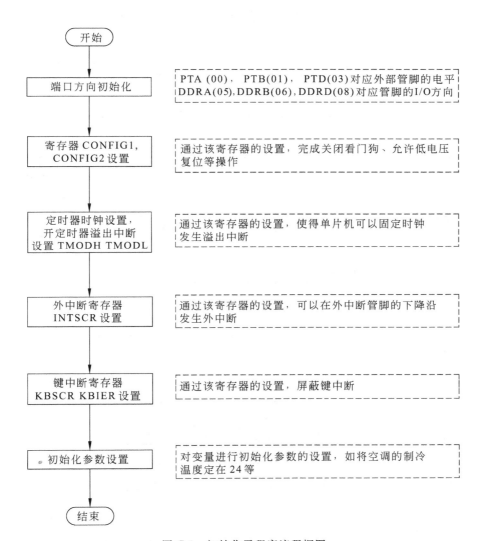

图 C-1　初始化子程序流程框图

开始

端口方向初始化 → PTA (00)，PTB(01)，PTD(03) 对应外部管脚的电平 DDRA(05)、DDRB(06)、DDRD(08) 对应管脚的 I/O 方向

寄存器 CONFIG1，CONFIG2 设置 → 通过该寄存器的设置，完成关闭看门狗、允许低电压复位等操作

定时器时钟设置，开定时器溢出中断设置 TMODH TMODL → 通过该寄存器的设置，使得单片机可以固定时钟发生溢出中断

外中断寄存器 INTSCR 设置 → 通过该寄存器的设置，可以在外中断管脚的下降沿发生外中断

键中断寄存器 KBSCR KBIER 设置 → 通过该寄存器的设置，屏蔽键中断

初始化参数设置 → 对变量进行初始化参数的设置，如将空调的制冷温度定在 24 等

结束

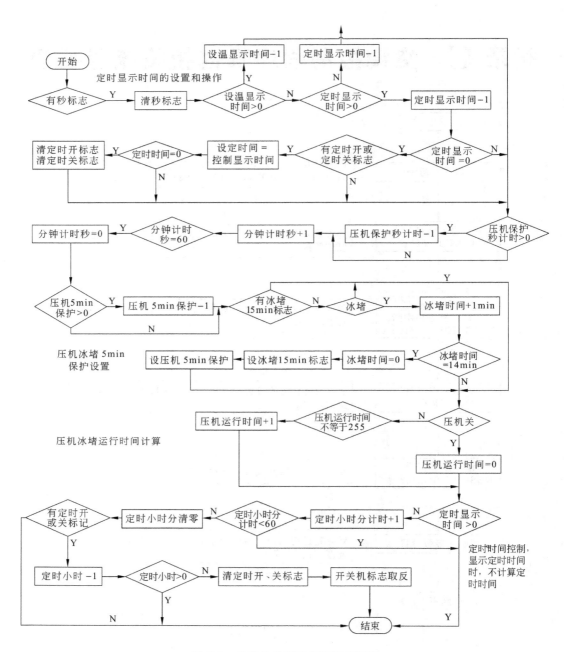

图 C-2　外时钟处理子程序流程框图

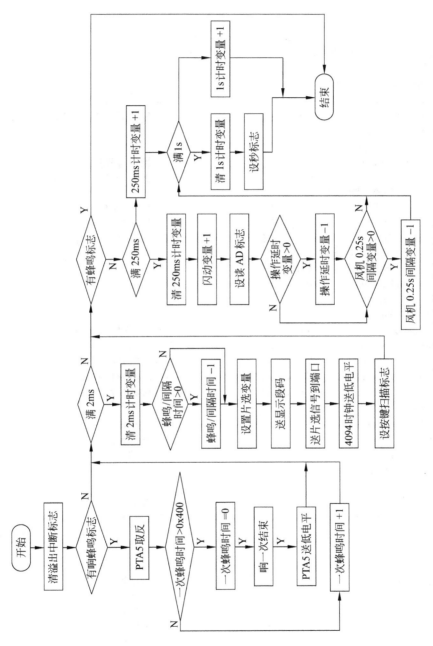

图 C-3　定时器溢出中断程序流程框图

# 附录 D 电饭锅控制平台程序

```
# include <hidef. h>  / * for EnableInterrupts macro * /
# include "derivative. h" / * include peripheral declarations * /
/ * 参数宏定义 * /
//系统配置寄存器参数值
# define config1_init      0x01                      //禁止看门狗,允许低电压复位
# define config2_init      0x10                      //低电压复位阈值设置为 4.0V
//定时器参数值
# define tmodh_init        0
# define tmodl_init        250                       //预置值寄存器设置为 250
# define tscr_init         0x50                      //1 分频,允许中断,清计数值,启动定时器
//HT1621B 的管脚定义
# define LCDDATA           PTD_PTD2                  //HT1621B 数据脚
# define LCDCS             PTD_PTD4                  //HT1621B 片选脚
# define LCDWR             PTD_PTD5                  //HT1621B 写控制脚
//I/O 口方向寄存器参数值
# define ddra_init         0xFF
# define ddrb_init         0x00
# define ddrd_init         0xFF
//控制信号定义
# define LedRed            PTD_PTD6                  //红色 LED 控制脚
# define LedGreen          PTD_PTD7                  //绿色 LED 控制脚
# define HeatTop           PTA_PTA5                  //顶电阻丝控制脚
# define HeatSide          PTD_PTD0                  //侧电阻丝控制脚
# define HeatBottom        PTD_PTD1                  //底电阻丝控制脚
/ * 变量定义 * /
byte Cnt2ms=0;                                       //2ms 变量
word Cnt250ms=0;                                     //250ms 变量
word Cnt1s=0;                                        //1s 变量
//烹饪时间设定
byte second;                                         //秒变量
byte minute;                                         //分变量
word BeepTime=0;                                     //蜂鸣时间,单位为 125μs
byte Controlloop=0;                                  //主循环变量,取值不同,执行事务不同
struct
{
  byte heat                     :1;                  //加热标志
  byte stew                     :1;                  //焖饭标志
  byte preservation             :1;                  //保温标志
  byte beep                     :1;                  //蜂鸣标志
  byte scankey                  :1;                  //键扫描标志
  byte open                     :1;                  //开机标志
  byte Ad                       :1;                  //读 AD 标志
  byte                          :1;
}TimeFlg={0,0,0,0,0,0,0};
```

```
byte DispFlg=0;                                   //0 为显示煮饭时间,1 为锅底温度,2 为锅顶温度
//段码表            0 1 2 3 4 5 6 7 8 9 全灭
byte seg_tab[]={0xFA,0x0A,0xD6,0x9E,0x2E,0xbc,0xFC,0x1A,0xFE,0xBe, 0};
byte const initlcd_tab[]={    0x01,              //打开系统振荡器命令
                              0x03,              //打开 LCD 偏压发生器命令
                              0x05,              //WDT 溢出标志输出失效命令
                              0x06,              //时基输出使能命令
                              0x18,              //系统时钟源片内 RC 振荡器命令
                              0x29,              //LCD1/3 偏压选项 4 个公共口命令
                              0xa0,              //时基/WDT 时钟输出 1Hz 命令
                              0x88               //使/IRQ 输出有效命令
                          };
byte KeyBuffer=0;                                 //按键缓冲变量
byte KeyEffect=7;                                 //按键有效值
byte KeyCnt=0;                                    //按键计数变量
byte DispNum[2]={0,0};  //4 位七段码的显示值,DispNum[0]为低两位,DispNum[1]为高两位
byte DispBuffer[4]={0,0,0,0};                     //4 位七段码的显示值拆分后的缓冲数据
/*
  DispBuffer[0]为低两位个位
  DispBuffer[1]为低两位十位
  DispBuffer[2]为高两位个位
  DispBuffer[3]为高两位十位
*/
byte TempAD[2]={0,0};                             //低、顶热敏线 AD,[0]为底,[1]为顶
byte Temp[2]={0,0};                               //低、顶热敏线温度,[0]为底,[1]为顶
byte adscrset[2]={0x04,0x03};                     //ADSCR 设置,[0]为底,[1]为顶
byte Work_Stage=0;                                //煮饭所处阶段
byte Cook_Sec=0;                                  //煮饭秒
byte Cook_Min;                                    //阶段烹饪时间
byte Heat_Count;                                  //占空比加热时,加热计时器,单位为秒
byte Heat_Cycle;                                  //占空比加热时,加热盘周期时间长度,单位为秒
byte Heat_Time;                                   //占空比加热时,加热盘开时间长度
byte DrvFlg=0;                                    //外设驱动标志
byte Heat_C_T;                                    //间歇加热时,加热盘开时间长度
byte Heat_O_T;                                    //间歇加热时,加热盘关时间长度
byte Heat_C_Et;                                   //间歇加热时,加热盘开有效时间长度
byte Heat_O_Et;                                   //间歇加热时,加热盘关有效时间长度
byte C_Et;                                        //加热盘开所剩时间长度
byte O_Et;                                        //加热盘关所剩时间长度
byte BeepDly;                                     //蜂鸣计时
byte BeepCnt;                                     //蜂鸣控制变量
byte const Beep_tab[]={60,100,150,200};
byte DispWorkStage=0;
//AD 转温度表
byte const AD_tmp_tab[]={25, 26, 27, 28, 28, 29, 30, 31, 32, 32,          //4
                        32, 33, 33, 34, 35, 35, 36, 36, 36, 36,          //5
                        37, 37, 37, 38, 38, 38, 39, 39, 39, 39,          //6
                        40, 40, 41, 41, 42, 42, 43, 43, 44, 44,          //7
                        45, 46, 46, 47, 47, 48, 48, 49, 49, 50,          //8
```

```
50, 51, 51, 52, 53, 53, 54, 54, 55, 55,            //9
56, 56, 57, 57, 58, 58, 59, 59, 60, 60,            //10
61, 62, 62, 63, 63, 64, 64, 65, 65, 66,            //11
66, 67, 67, 68, 68, 69, 68, 70, 71, 72,            //12
73, 73, 74, 74, 74, 74, 75, 76, 76, 76,            //13
76, 77, 77, 77, 78, 78, 79, 79, 79, 80,            //14
80, 80, 80, 81, 81, 81, 82, 82, 82, 83,            //15
83, 83, 84, 84, 84, 85, 85, 85, 85, 86,            //16
87, 87, 88, 89, 90, 90, 91, 92, 92, 93,            //17
94, 95, 96, 97, 97, 98, 99, 100,101,102,           //18
103,104,105,106,107,108,109,109,110,111,           //19
112,113,114,116,117,118,119,121,122,123,           //20
124,126,127,128,130,132,134,135,136,138,           //21
140,141,142,144,147,148};                          //22
/* 子函数声明 */
void Init(void);
void ReadKey(void);
void DisplayLCD(void);
void BeepCtrl(void);
void Self_Diagnosis(void);
void display_init(void);
void Display_set(void);
void send_data(byte,byte );
void Delay(word);
void KeyOpt(void);
void ReadAd(void);
byte CnvtRomTemp(byte);
void CookCtrl(void);
void H_Top_Ctrl(byte,byte);
void H_Bot_Ctrl(void);
void MainPower_Set(byte BottomHeatOnTime, byte BottomHeatCycle);
                                     //底加热盘加热占空比设置函数
void Drv_output(void);
void main(void)
{
  Init();  /* call Device Initialization */
  MainPower_Set(0,32);                //底加热盘功率设为 0
  for(;;)
  {
    if(TimeFlg. scankey==1)            //2ms 扫描按键
    {
      TimeFlg. scankey=0;
      ReadKey();
    }
    Controlloop++;
    if(Controlloop>5)  Controlloop=0;
    switch (Controlloop)
    {
        case 0:
```

```
        {
            if(TimeFlg. Ad==1)                      //250ms 读 AD
            {
                TimeFlg. Ad=0；
                ReadAd()；
            }
            break；
        }
        case 1：
        {
            BeepCtrl()；
            break；
        }
        case 2：
        {
            CookCtrl()；
            break；
        }
        case 3：
        {
            Drv_output()；
            break；
        }
        case 4：
        {
            Display_set()；
            break；
        }
    }

    }
}
void Init(void)
{
    //配置寄存器初始化
    CONFIG1=config1_init；          //禁止看门狗
    CONFIG2=config2_init；          //设置 IRQ 的内部上拉电阻,底电压复位的阈值为 4.0V
    //普通 I/O 口初始化
    DDRA=ddra_init；
    DDRB=ddrb_init；
    DDRD=ddrd_init；
    HeatTop=0；                     //一开始时所有的加热盘都不加热
    HeatSide=0；
    HeatBottom=0；
    //红绿 LED 均熄灭
    LedRed=1；
    LedGreen=1；
    //定时器初始化
    TMODH=tmodh_init；
```

```
        TMODL＝tmodl_init;                //125μs 溢出中断
        TSC＝tscr_init;                   //1 分频,允许中断,清计数值,启动定时器
        //全局变量初始化
        KeyEffect＝7;                      //按键有效值为 7,表示没有任何按键
        second＝0;
        minute＝90;
        Work_Stage＝0;                     //煲粥的阶段
        Cook_Min＝0;                       //煮饭时间初始化为 0
        Cook_Sec＝0;
        Heat_Count＝0;
        DispFlg＝0;                        //显示煮饭时间
        TimeFlg .beep＝1;                  //开机响一次蜂鸣器
        //LCD 初始化
        Delay(10000);                      //延时一段时间确保 HT1621B 和 LCD 已经稳定
        display_init();
        EnableInterrupts;                  //开总中断
    }
/ * ＝＝＝＝＝＝＝＝＝＝＝＝＝
加热方式控制
＝＝＝＝＝＝＝＝＝＝＝＝＝＝ * /
void CookCtrl(void)
{
    if(TimeFlg .open＝＝0)
    {
        MainPower_Set(0,32);              //底加热盘功率为 0,停止加热
        DrvFlg＝0x00;                      //所有的加热盘均不加热
        Work_Stage＝0;
        return;
    }
    switch(Work_Stage)
    {
        case 0：
        {
            break;
        }
        case 1：
        {
            break;
        }
        case 2：
        {
            break;
        }
        case 3：
        {
            break;
        }
        case 4：
        {
```

```
            break;
        }
    case 5：
    {
        break;
    }
    case 6：
    {
        break;
    }
    case 7：
    {
        break;
    }
    case 8：
    {
        break;
    }
    case 9：
    {
        break;
    }
    case 10：
    {
      break;
    }
    default：
        break;

    }
    H_Bot_Ctrl();
}
/*========
主火力(即底加热盘火力)设置函数
==========*/
void MainPower_Set(byte BottomHeatOnTime，byte BottomHeatCycle)
{
    Heat_Time=BottomHeatOnTime;
    Heat_Cycle=BottomHeatCycle;
    Heat_Count=Heat_Cycle;                       //为了能让底加热盘立即开启,因此这样赋值
}
/*========
锅盖加热盘控制函数
==========*/
void H_Top_Ctrl(byte Min,byte Max)
{
    if(Temp[0]<100)
    {
        if(Temp[1]<=Min) HeatTop=1;      //顶温低于 Min,开始加热
        if(Temp[1]>=Max) HeatTop=0;      //顶温高于 Max,停止加热
```

```
    }
  }
/* ========
读键子函数
========== */
void ReadKey(void)
{
  KeyBuffer=PTB&0x7;                    //把三个按键的状态读入到键缓冲区中
  if(KeyBuffer==KeyEffect)             //没有按键或者按键不放不处理
  {
    KeyCnt=0;
    return;
  }
  else
  {
    KeyCnt++;
    if(KeyCnt==2)                       //读键两次消抖
    {
      KeyCnt=0;
      KeyEffect=KeyBuffer;             //送有效键值,后续处理
      KeyOpt();                        //有效键处理
    }
  }
}
/* ============
按键处理子函数
============== */
void KeyOpt(void)
{
  //只有按一个键时才有实质性的处理,多个键一起按时只响一声蜂鸣器
  switch(KeyEffect)
  {
    //只有一个键按时的处理情况
    case 3:                            //开关机,开机加热,关机所有加热盘不加热
    {
      TimeFlg.beep=1;
      TimeFlg.open=!(TimeFlg.open);
      if(TimeFlg.open==1)
      {
        MainPower_Set(30,30);          //底加热盘全功率工作
      }
      break;
    }
    case 5:                            //功能键
    {
      TimeFlg.beep=1;
      break;
    }
    case 6:                            //显示键,时间、锅底温度、锅顶温度的切换
```

```
    {
      if(TimeFlg.open==1)
      {
        TimeFlg.beep=1;
        DispFlg++;
        if(DispFlg>2)DispFlg=0;
      }
      DispWorkStage=2;
      break;
    }
    //多个键同时按时的处理情况
    case 0:
    {
      TimeFlg.beep=1;
      break;
    }
    case 1:
    {
      TimeFlg.beep=1;
      break;
    }
    case 2:
    {
      TimeFlg.beep=1;
      break;
    }
    case 4:
    {
      TimeFlg.beep=1;
      break;
    }
    case 7:
    {
      TimeFlg.beep=1;
      break;
    }

    default:break;
  }
}
//***********************************************************************/
/*显示处理*/
//***********************************************************************/
void display_init(void)
{
  byte t;
  send_data(0x80,3);                                    //送3位命令模式代码100
  for(t=0;t<=7;t++)  send_data(initlcd_tab[t],9);       //送9位命令代码
  LCDCS=1;
```

```
      LCDWR=1;
   }
//**************************************************************************/
//**************************************************************************/
//显示数据设置
void Display_set(void)
{
   //选择要显示的内容
   if(DispFlg==0)
   {
      //显示煮饭时间
      DispNum[0]=CookSec;
      DispNum[1]=CookMin;
   }
   else if(DispFlg==1)                          //显示底部温度
   {
      DispNum[0]=Temp[0]%100;
      DispNum[1]=Temp[0]/100;
   }
   else                                         //显示顶部温度
   {
      DispNum[0]=Temp[1]%100;
      DispNum[1]=Temp[1]/100;
   }
   //显示数据转换为缓冲数据
   DispBuffer[0]=DispNum[0]%10;
   DispBuffer[1]=DispNum[0]/10;
   DispBuffer[2]=DispNum[1]%10;
   DispBuffer[3]=DispNum[1]/10;
   //绿灯标识开关机
   if(TimeFlg.open==1)   LedGreen=0;
        else      LedGreen=1;
   //红灯标识是否加热
   if(TimeFlg.heat==1)      LedRed=0;
      else      LedRed=1;
   //LedRed=~HeatBottom;                        //底加热盘工作时,红灯亮
   //下面的 if 语句为调试时使用
   if(Heat_Time==0)      LedRed=1;
        else      LedRed=0;
   LedGreen=~HeatTop;                           //锅盖加热盘工作时,绿灯亮
}
void send_data(byte data_temp,byte loop)
{
   //HT1621B 在传送数据或命令时高位先送,
   //且数据位或命令位在 WR 的上升沿被写入
   for(; loop!=0; loop--)
   {
      LCDWR=0;
      if((data_temp&0x80)==0x00)   LCDDATA=0;
```

```
      else        LCDDATA=1;
      LCDWR=1;
    data_temp=(data_temp<<1);
  }
}
void Delay(word k)
{
  while(k)
  k--;
}
void DisplayLCD(void)
{
  LCDCS=0;
  send_data(0xa0,3);                        //送 3 位"写"模式命令代码 101
  send_data(0x00,6);                        //送地址,写的地址和读的地址都会自增,
  send_data(seg_tab[DispBuffer[3]],8);      //送显示数据
  send_data(seg_tab[DispBuffer[2]]+1,8);
  send_data(seg_tab[DispBuffer[1]],8);      //送显示数据
  send_data(seg_tab[DispBuffer[0]],8);
  send_data(0,4);                           //关闭"粥/汤","蛋糕","再加热"的显示
  LCDCS=1;
}
/ * 自诊断 * /
void Self_Diagnosis(void)
{
}
/ * 定时器溢出中断 * /
void interrupt 6 TimISR(void)
{
  // byte tmp;
  TSC &=0x7f;                               //清溢出中断标志
  if(TimeFlg .beep==1)                      //有蜂鸣标志=1则蜂鸣
  {
    if(TimeFlg .beep==1)                    //有蜂鸣标志=1则蜂鸣
    {
      PTA^=0x20;                            //蜂鸣频率为 4kHz
      if(BeepTime>=0x0400)                  //蜂鸣时间为 128ms
        {
          BeepTime=0;
          TimeFlg .beep=0;
          PTA_PTA5=0;
        }
      else BeepTime++;

    }
  }
  if(Cnt2ms==16)                            //2ms 系统
  {
    Cnt2ms=0;
```

```
        if(BeepDly!=0)
            BeepDly--;
        TimeFlg.scankey=1;                          //按键扫描标志有效
    }
    else    Cnt2ms++;
    if(Cnt250ms==2000)                              //250ms 系统
    {
        Cnt250ms=0;
        TimeFlg.Ad=1;                               //读 AD 计时标志
    }
    else  Cnt250ms++;
    if(Cnt1s==8000)
    {                                               //1s 系统
        Cnt1s=0;
        if(DispWorkStage>0)
            DispWorkStage--;
        DisplayLCD();
                //如果该子函数执行的时间大于定时器溢出中断的时间,则不适合放在这里处理
    //加热时,开关时间控制
        if (TimeFlg.open==1)
        {
            Heat_Count++;
            if(Cook_Sec!=0)    Cook_Sec--;
            second++;
            if(second==60)
            {
                second=0;
                if(minute>0)    minute--;
            }
        }
    }
    else      Cnt1s++;            }
//其他的中断发生时立即返回
interrupt 15 void Timer15_Interrupt(void) {    ;}
interrupt 14 void Timer14_Interrupt(void) {    ;}
interrupt 13 void Timer13_Interrupt(void) {    ;}
interrupt 12 void Timer12_Interrupt(void) {    ;}
interrupt 11 void Timer11_Interrupt(void) {    ;}
interrupt 10 void Timer10_Interrupt(void) {    ;}
interrupt 9 void Timer9_Interrupt(void)   {    ;}
interrupt 8 void Timer8_Interrupt(void)   {    ;}
interrupt 7 void Timer7_Interrupt(void)   {    ;}
interrupt 5 void Timer5_Interrupt(void)   {    ;}
interrupt 4 void Timer4_Interrupt(void)   {    ;}
interrupt 3 void Timer3_Interrupt(void)   {    ;}
```

**说明**：蜂鸣器管理函数 void BeepCtrl(void)与 12.2 节程序完全相同；底加热盘控制函数 void H_Bot_Ctrl(void)以及驱动控制函数 void Drv_output(void)与 4.5 节所讲相关内容完全相同；读 AD 函数 void ReadAd(void)以及 AD 值转换为温度函数 byte CnvtRomTemp(byte Adval)与 3.4 节相关内容相同,以上函数在这里不再赘述。

# 附录 E 空调控制程序

```c
//头文件==============
# include <hidef. h> /* for EnableInterrupts macro */
# include "derivative. h" /* include peripheral declarations */
//4094 相关管脚==========
# define e_strobe PTB_PTB5
# define e_data    PTB_PTB6
# define e_clk     PTB_PTB7
//================
# define config1_init 0x01
# define config2_init 0x10
# define ctr_a    0x3f
# define ctr_b    0xe0
# define ctr_d    0x3c
# define init_a 0x00
# define init_b 0x00
# define init_d 0x00
//-----------------------
# define pdcr_init      0          //PD 口上拉    PD7,PD6 无 5kΩ 内部上拉电阻
# define ptapue_init    0          //PA 口上拉    PA 无上拉电阻
# define kbscr_init     0x06       //键中断控制   不允许键中断
# define kbier_init     0          //键中断允许   无键中断
//-----------------------
// 运行数据定义
//-----------------------
# define ad_an10       0x2A        //内盘管(AN10 选通)
# define ad_an11       0x2B        //内回风(AN11 选通)
//----------------
# define init_mode      2          //上电默认制冷模式
# define init_temp      24         //上电默认 24℃设定温度
# define init_spd       3          //上电默认无摆页,高风
//-----------------------
# define tscr_init   0x40
# define tmodh_init 0
# define tmodl_init 250
# define adclk_init 0x60
# define ad_off      0x1f
# define intscr_init 0x02
//数码管段码表=========================
byte const num_dsp_tab[]={0x7d,0x18,0xb5,0xb9,0xd8,0xe9,0xed,0x38,0xfd,
                         //0    1    2    3    4    5    6    7    8
             0xf9,0x80,0x00,0xe5,0xf4,0x84,0x8C};
                //9   -    全灭 E    P    r    n

struct
```

```
{
  byte rmtkey           :1;              //遥控标志
  byte                  :1;
  byte beep             :1;              //蜂鸣标志
  byte scankey          :1;              //按键扫描标志
  byte secflg           :1;              //秒标志
  byte                  :2;
  byte RoomAD           :1;              //室温 AD 采样标志
}TIME_FL={0,0,0,0,0};
struct
{
  byte open             :1;              //定时开
  byte close            :1;              //定时关
  byte                  :6;
}TMR_FLAG={0,0};
struct
{
  byte RoomErr          :1;              //回风传感器坏
  byte CoilErr          :1;              //盘管传感器坏
  byte                  :6;
}ERR_FLAG={0,0};
struct
{
  byte Hfan             :1;              //高风
  byte Mfan             :1;              //中风
  byte Lfan             :1;              //低风
  byte fanD             :1;              //风向
  byte Power            :1;              //开关机
  byte Bianfan          :1;              //变风机
  byte                  :2;
}MIX_FLAG={1,0,0,0,0,0};
struct
{
  byte Com              :1;              //压缩机
  byte Hfan             :1;              //高风
  byte Mfan             :1;              //中风
  byte Lfan             :1;              //低风
  byte fanD             :1;              //风向
  byte                  :3;
}DRV_CTRL={0,0,0,0,0};
struct
{
  byte Blow1            :1;              //低于 1℃ 低温标志
  byte Blow15           :1;              //连续 15min 低温标志
  byte                  :6;
}COIL_FLAG={0,0};
struct
{
  byte auto_o           :1;              //自动
```

```
    byte cool           :1;                    //制冷
    byte dry            :1;                    //除湿
    byte fan            :1;                    //送风
    byte save           :1;                    //节能
    byte auto_sel       :1;                    //自初始
    byte                :2;
}RUN_MODEL={0,1,0,0,0,0};
struct
{
    byte auto_o         :1;                    //自动
    byte cool           :1;                    //制冷
    byte dry            :1;                    //除湿
    byte fan            :1;                    //送风
    byte save           :1;                    //节能
    byte auto_sel       :1;                    //自初始
    byte                :2;
}MEMO_MODE={0,1,0,0,0,0};
struct
{
    byte zichushi       :1;                    //自动
    byte                :7;
}INIT_FLG={0};
byte Cnt2ms;                                   //2ms 变量
byte ScanCnt=0;                                //片选变量
byte const scan_tab[]={0x04,0x08,0x10,0x20};   //片选 0,1,2,3
word Cnt250ms;                                 //250ms 变量
word Cnt1s;
byte LedBuf1;                                  //LED1 显示变量
byte LedBuf2;                                  //LED2 显示变量
byte BlnkCnt;
byte keybuf;                                   //键值缓冲变量
//键值表==================================
byte const key_code_tab[]={0x00,0x04,0x08,0x40,0x20,0x01,0x10,0x02,0x80};
                    //定时,风向,模式,风速,开关,向下,向上,自动
                    //1,   2,   3,   4,   5,   6,   7,   8
//===================================
byte LastKey;                                  //前次读键值
byte KeyEffect;                                //有效键值
byte KeyCnt;                                   //读键次数
byte ROOM_AD;                                  //室温 AD 变量
byte COIL_AD;                                  //盘管 AD 变量
byte ROOM_TMP;                                 //室温
byte COIL_TMP;                                 //盘管温度
byte ICE_TO_15M;                               //COIL 连续低温计算
byte HOUR_TMR;                                 //定时小时

//室温 AD 转温度表===================
byte const AD_tmp_tab[]={
```

```
              108,107,107,106,106,105,105,104,104,103,        //AD40-49
              103,102,102,102,101,101,0,0,0,1,                 //AD50-59
              1,2,2,2,3,3,4,4,4,5,                             //AD60-69
              5,5,6,6,7,7,7,7,8,8,                             //AD70-79
              9,9,9,10,10,10,11,11,11,12,                      //AD80-89
              12,12,13,13,14,14,14,15,15,15,                   //AD90-99
              16,16,16,17,17,17,18,18,18,19,                   //AD100-109
              19,19,20,20,20,21,21,21,22,22,                   //AD110-119
              22,23,23,23,24,24,24,25,25,25,                   //AD120-129
              26,26,27,27,27,28,28,28,29,29,                   //AD130-139
              29,30,30,30,31,31,31,32,32,33,                   //AD140-149
              33,33,34,34,34,35,35,35,36,36,                   //AD150-159
              36,37,37,38,38,38,39,39,40,40,                   //AD160-169
              40,41,41,42,42,43,43,44,44,44,                   //AD170-179
              45,45,46,46,47,47,48,48,49,49,                   //AD180-189
              50,50,51,51,52,53,53,54,54,55,                   //AD190-199
              55,56,57,57,58,59,59,60,61,61,                   //AD200-209
              62,63,64,64,65,66,67,68,69,70,};                 //AD210-219
//=====================================
byte RomTemp;                          //室温变量
byte AdCnt;                            //AD 采样次数
byte BeepDly;
byte BeepCnt;
byte const Beep_tab[]={60,100,150,200};
//=====================================
byte SET_TMP;                          //默认冷设温 24℃
byte BEEP_CNT;                         //响蜂鸣器 1 声
byte INT_CNT_TO_S_L;                   //计秒用,中断计数地位
byte INT_CNT_TO_S_H;                   //计秒用,中断计数高位
byte COMP_NO_ON;                       //开压机屏蔽,计秒
byte COMP_RUN_M;                       //压机运行分,计分
byte CMP_NO_ON_5M;                     //保护五分,计分
byte OP_DELAY;                         //动作延时,计 0.25s
byte TEP_OP_DLY;                       //温度操作时间,计秒
byte TMR_OP_DLY;                       //定时操作时间,计秒
byte SET_TIME;                         //设定定时
byte KEY_DELAY;                        //按键延时,计秒
byte CNT_TO_M_TM;                      //时钟秒计数,计秒
byte CNT_TO_M_OP;                      //运行秒计数,计秒
byte CNT_TO_H_TMR;                     //定时分计数,计分
byte fan_INTV;                         //风机间隔   计 0.25s
byte BlnkCnt;                          //闪动变量
byte HOUR_SLP;                         //睡眠时间
byte Controlloop=0;
/*==========
    子函数声明
==========*/
void MCU_init(void);
void Dsp_seg(byte);
```

```
void ReadKey(void);
void Delay(word);
void KeyOpt(void);
byte CnvtRomTemp(byte);
byte Read_AD(byte,byte);
void Check_1c(void);
byte Chk_snsr(byte);
void Beep_Ctrl(void);
void Read_sbsr(void);
void Cntrl_op(void);
void fan_on_cntrl(void);
void fan_md_run(void);
void Cmp_on_cntrl(void);
void Chk_cool_fan(void);
void cool_md_run(void);
void cool_cmp_on(void);
void Auto_init(void);
void fan_off_cntrl(void);
void Cmp_off_cntrl(void);
void Display_hdl(void);
void Timing_op(void);
void Main_drv(void);
void Do_up_dwn(byte);
void auto_k_rtn(void);
void set_cool_md(void);
void set_fan_md(void);
/* ==========
    主函数
========== */
void main(void)
{
    MCU_init();
    EnableInterrupts; /* enable interrupts */
    for(;;)
      {
        if(TIME_FL.scankey==1)                      //2ms 扫描按键
          {
            TIME_FL.scankey=0;
            Delay(8);                               //延时等待片选稳定
            ReadKey();
          }
        Controlloop++;
        if(Controlloop>5)   Controlloop=0;
        switch (Controlloop)
        {
          case 0:
          {
            if(TIME_FL.RoomAd)                      //250ms 读室温 AD
            {
```

```
                    TIME_FL .RoomAd=0;
                    BlnkCnt++;
                    if(OP_DELAY) OP_DELAY--;
                        else if(fan_INTV) fan_INTV--;
                    Read_sbsr();
                    Beep_Ctrl();                        //读传感器
                }
                break;
            }
            case 1:
            {
                Cntrl_op();                             //外设控制
                break;
            }
            case 2:
            {
                Display_hdl();                          //显示处理
                break;
            }
            case 3:
            {
                Timing_op();                            //外时钟
                break;
            }
            case 4:
            {
                Main_drv();                             //主驱动输出
                break;
            }
        }
    }
}
/*==========
芯片初始化子函数
==========*/
void MCU_init(void)
{
    PTA=init_a;
    DDRA=ctr_a;
    PTB=init_b;
    DDRB=ctr_b;
    PTD=init_d;
    DDRD=ctr_d;
    CONFIG1=config1_init;
    CONFIG2=config2_init;
    TSC=tscr_init;
    TMODH=tmodh_init;
    TMODL=tmodl_init;                   //125μs 溢出中断
    ADICLK=adclk_init;                  //选晶振时钟,8 分频
```

```
    ADSCR=ad_off;                      //ADC 电源关闭
    INTSCR=intscr_init;
    PDCR=pdcr_init;                    //D 口控制寄存器
    PTAPUE=ptapue_init;                //A 口上拉允许寄存器
    KBSCR=kbscr_init ;                 //键盘状态和控制寄存器
    KBIER=kbier_init ;                 //键盘中断允许寄存器
    /* 基本参数设置 */
    SET_TMP=24;                        //默认冷设温为 24℃
    RUN_MODEL.cool=1;                  //默认制冷
    MIX_FLAG.Hfan=0;                   //默认摆页停,高风
    TIME_FL.beep=1;                    //响蜂鸣器 1 声
    INT_CNT_TO_S_L=0x40;               //计秒用,中断计数地位
    INT_CNT_TO_S_H=0x1f;               //计秒用,中断计数高位
    INTSCR=0x02;
}
/* ==========
外时钟管理(秒钟系统)
========== */
void Timing_op(void)
{
    if(TIME_FL.secflg==0) return;
    //秒平台
    TIME_FL.secflg=0;
    //查设温操作
    if(TEP_OP_DLY>0) TEP_OP_DLY--;
    //查定时操作
    if(TMR_OP_DLY>0)
    {
        TMR_OP_DLY--;
        if(TMR_OP_DLY==0)
        {
          if(TMR_FLAG.open || TMR_FLAG.close)
          {
            SET_TIME=HOUR_TMR;
            if(!SET_TIME)
            {
              TMR_FLAG.close=0;
              TMR_FLAG.open=0;
            }
          }
        }
    }
    //减压缩机保护
    if(!COMP_NO_ON) COMP_NO_ON--;
    //数运行分钟
    CNT_TO_M_OP++;
    if(CNT_TO_M_OP==60)
    {
        //分钟运行
```

```
                CNT_TO_M_OP=0;
                //减压缩机 5min 保护
                if(!CMP_NO_ON_5M) CMP_NO_ON_5M--;
                //加冰堵 15min,若冰堵,关压缩机 5min
                if(!COIL_FLAG.Blow15)
                {
                    if(COIL_FLAG.Blow1)
                    {
                        ICE_TO_15M++;
                        if(ICE_TO_15M==14)
                        {
                            ICE_TO_15M=0;
                            COIL_FLAG.Blow15=1;
                            CMP_NO_ON_5M=5;
                        }
                    }
                }
                //压缩机运行时间管理
                if(DRV_CTRL.Com) COMP_RUN_M=0;
                else   if(!(COMP_RUN_M-255)) COMP_RUN_M++;
            }
        //数定时时间,定时设置没成功,不进行定时时间计算
        if(TMR_OP_DLY>0)return;
        CNT_TO_M_TM++;
        if(CNT_TO_M_TM<=60) return;
        CNT_TO_M_TM=0;
        if((!TMR_FLAG.close)||(!TMR_FLAG.open)) return;
        CNT_TO_H_TMR--;
        if(!CNT_TO_H_TMR) return;           //定时分减完后判定时时间
        TMR_FLAG.close=0;                   //定时结束,按照设定开或者关机
        TMR_FLAG.open=0;
        MIX_FLAG.Power=!MIX_FLAG.Power;
}
/*==========
延时子函数
==========*/
void Delay(word k)
{
    word i,j;
    for(i=0;i<k;i++)
    for(j=0;j<5;j++);
}
/*==========
定时器中断服务程序
==========*/
void interrupt 6 TimISR(void)
{
    byte tmp;
    byte i;
```

```
TSC&=0x7f;                              //清溢出中断标志
    //125μs 溢出中断
if(TIME_FL.beep==1)                     //有蜂鸣标志=1,则蜂鸣
  {
    PTA^=0x20;                          //蜂鸣频率为 4kHz
    if(BeepTime>=0x0400)                //蜂鸣时间为 128ms
      {
        BeepTime=0;
        TIME_FL.beep=0;
        PTA_PTA5=0;
      }
    else BeepTime++;
  }
if(Cnt2ms==16)
  {                                     //2ms
    Cnt2ms=0;
    if(BeepDly!=0) BeepDly--;
    ScanCnt++;
    ScanCnt&=0x03;
    PTD&=0xC3;
    tmp=DspBuf[ScanCnt];
    e_strobe=0;
    for(i=0;i<8;i++)
  {
    e_clk=0;
    if((tmp&0x80)==0) e_data=0;
      else e_data=1;
    e_clk=1;
    tmp<<=1;                            //送完一位左移一次
  }
    e_strobe=1;
    PTD=scan_tab[ScanCnt];              //送片选
    e_clk=0;
    TIME_FL.scankey=1;                  //按键扫描标志有效
    if(TIME_FL.beep==0)
      {
      if(Cnt250ms==124)
        {
          Cnt250ms=0;
          TIME_FL.RoomAd=1;             //读 AD 计时标志
        }   else Cnt250ms++;
    } else return;
  }
else Cnt2ms++;

if(Cnt1s==8000)
  {                                     //1s
    Cnt1s=0;
    TIME_FL.secflg=1;
```

```
    }
    else    Cnt1s++;
}
/*==========
其他的中断发生时立即返回
==========*/
interrupt 15 void Timer15_Interrupt(void) {    ;}
interrupt 14 void Timer14_Interrupt(void) {    ;}
interrupt 13 void Timer13_Interrupt(void) {    ;}
interrupt 12 void Timer12_Interrupt(void) {    ;}
interrupt 11 void Timer11_Interrupt(void) {    ;}
interrupt 10 void Timer10_Interrupt(void) {    ;}
interrupt 9 void Timer9_Interrupt(void)    {    ;}
interrupt 8 void Timer8_Interrupt(void)    {    ;}
interrupt 7 void Timer7_Interrupt(void)    {    ;}
interrupt 5 void Timer5_Interrupt(void)    {    ;}
interrupt 4 void Timer4_Interrupt(void)    {    ;}
interrupt 3 void Timer3_Interrupt(void)    {    ;}
interrupt 2 void Timer2_Interrupt(void)    {    ;}
```

说明：读传感器函数 void Read_sbsr(void)、查 1℃低温函数 void Check_1C(void)、AD 室温转换函数 byte Cnlt Rom Temp(byte Adval)、读 AD 函数 void Read_AD(byte Ad_Channle，byte Data_AD)以及查传感器故障函数 byte chk_snsr(byte Senseor_AD)与 9.2 节介绍的引用程序相同；显示处理函数 void Display_hdl(void)以及 4094 送显示段码函数 void Dsp_seg(byte serial_val)与 10.3 小节介绍的引用程序相同；读键函数 void ReadKey(void)、按键处理函数 void Keyopt(void)、上下键处理函数 void Do_up_down(void)、从自动模式返回函数 void Auto_K_rtn(void)、设置制冷工作模式函数 void set_cool_md(void)以及设置风扇工作模式函数 void set_fan_md(void)与 11.3 及 11.4 节介绍的引用程序相同；蜂鸣管理函数 void Beep_Ctrl(void)与 12.2 节介绍的引用程序相同；外设控制函数 void Ctrl_op(void)、主输出函数 void Main_drv(void)、制冷模式处理函数 void Cool_md_run(void)、制冷升压缩机函数 void Cool_Cmp_on(void)、开压缩机控制函数 void Cmp_on_cntrl(void)、制冷判风机函数 void Chk_cool_fan(void)、风速控制函数 void Fan_on_cntrl(void)、送风模式处理函数 void Fan_md_run(void)、自动模式处理函数 void Auto_init(void)、压缩机关函数 void Cmp_off_cntrl(void)以及风机关函数 void Fan_off_cntrl(void)与 13.2 节介绍的引用程序相同，以上函数在这里不再赘述。

# 参 考 文 献

1   余永权.模糊控制技术与模糊家用电器.北京：北京航空航天大学出版社,2000

2   Motorola.MC68HC08JL3/H Rev 4 Technical Data,2000

3   无线电杂志社.无线电元器件精汇.北京：人民邮电出版社,2005

4   熊慧,尤一鸣.MC68 单片机入门与实践.北京：北京航空航天大学出版社,2006

5   刘慧银.Motorola 微控制器 MC68HC08 原理及其嵌入式应用.北京：清华大学出版社,2001

6   韩广兴.快修巧修新型电饭煲·电磁炉·微波炉.北京：电子工业出版社,2008

7   赖麒文.8051 单片机 C 语言软件设计的艺术.北京：科学出版社,2002

8   孙余凯.新型微电脑控制空调器实用单元电路原理与维修图说/电路原理与维修图说系列.北京：电子工业出版社,2005

9   肖凤明.空调器单片机控制电路解析.北京：电子工业出版社,2006

10  郑兆志.家用空调器原理及其安装维修技术.北京：人民邮电出版社,2003

11  韩雪涛,吴瑛.空调器常见故障实修演练.北京：人民邮电出版社,2007

12  刘建辉,冀常鹏.单片机智能控制技术.北京：国防工业出版社,2007

13  张俊.匠人物记——一个单片机工作者的实践与思考.北京：北京航空航天大学出版社,2008

14  朱永金,成友才.单片机应用技术(C 语言).北京：中国劳动和社会保障出版社,2007

15  吴戈,李玉峰.案例学单片机 C 语言开发.北京：人民邮电出版社,2008

16  STMicroelectronics. HCF4094B 8 STAGE SHIFT AND STORE BUS REGISTER WITH 3-STATE OUTPUTS, 2004

17  HOLTEK. HT1621 RAM Mapping 32×4 LCD Controller for I/O μC,2001

基于 BIM 的预制装配建筑体系应用技术丛书

# 装配式剪力墙结构
# 设计方法及实例应用

北京构力科技有限公司
上海中森建筑与工程设计顾问有限公司　编著

中国建筑工业出版社

图书在版编目(CIP)数据

装配式剪力墙结构设计方法及实例应用/北京构力科技
有限公司,上海中森建筑与工程设计顾问有限公司编著.
北京:中国建筑工业出版社,2018.4
(基于BIM的预制装配建筑体系应用技术丛书)
ISBN 978-7-112-21740-3

Ⅰ.①装… Ⅱ.①北… ②上… Ⅲ.①装配式混凝土
结构-剪力墙结构-结构设计 Ⅳ.①TU398

中国版本图书馆CIP数据核字(2018)第002667号

本丛书基于"十三五"国家重点研发计划项目《基于BIM的预制装配建筑体系应用技术》
成果,重点介绍基于BIM技术的预制装配式建筑设计、生产和施工全产业链的集成应用体系,
对推广装配式建筑的正确设计流程具有重要意义。本册主要介绍通过BIM技术如何完成装配
式剪力墙结构全专业协同设计,并结合国标规范和项目实例使读者快速掌握设计要点和技巧,
深入理解装配式建筑的设计特点和难点。

本书适合设计单位、EPC企业、构件生产厂、建筑类高等院校相关专业人员阅读。

责任编辑:丁洪良  武晓涛
责任设计:李志立
责任校对:李美娜

基于BIM的预制装配建筑体系应用技术丛书
装配式剪力墙结构设计方法及实例应用
北京构力科技有限公司
上海中森建筑与工程设计顾问有限公司  编著

*

中国建筑工业出版社出版、发行(北京海淀三里河路9号)
各地新华书店、建筑书店经销
北京科地亚盟排版公司制版
北京市密东印刷有限公司印刷

*

开本:787×1092毫米  1/16  印张:13¼  字数:267千字
2018年4月第一版  2018年11月第二次印刷
定价:68.00元(含增值服务)
ISBN 978-7-112-21740-3
(31583)

主审人员：马恩成　李新华　夏绪勇　马海英
　　　　　姜　立　黄立新　朱　伟

编写人员：赵艳辉　贺迎满　邱令乾　李　柏
　　　　　刘苗苗　李晓曼

参编人员：丁鹏飞　于晓菲　王一帆　王衍贺
　　　　　王新花　王　磊　牛永吉　牛沙沙
　　　　　叶敏青　付亚静　白　辰　刘嫦利
　　　　　孙英杰　孙明倩　李书阳　李彩霞
　　　　　杨广剑　杨　洁　邱相武　何　苗
　　　　　邹　军　沈诗琪　张　丹　张　阡
　　　　　张华伟　张学娜　张晓龙　张　雷
　　　　　张　磊　陆建明　陈令棋　郑国勤
　　　　　郑　鹏　孟凡坤　药圣琦　高　寅
　　　　　郭　轶　黄琢华　龚秀峰　康忠良
　　　　　谢宇欣　鲍玲玲　樊昊　薛　宇

3

# 前　言

国务院 2016 年发布《关于大力发展装配式建筑的指导意见》，明确提出我国将全面推进装配式建筑发展。

装配式建筑是实现建筑工业化的主要途径之一，是集成标准化设计、工业化生产、机械化安装、信息化管理、一体化装修、智能化应用的现代化建造方式。BIM是装配式建筑体系中的关键技术和最佳平台，能够实现装配式建筑全流程的精细和高效信息管理，有效促进建筑业的转型升级。

由中国建筑科学研究院牵头，联合国内 22 家著名建筑企业和高校共同承担的"十三五"国家重点研发计划项目《基于 BIM 的预制装配建筑体系应用技术》（项目编号：2016YFC0702000），根据装配式建筑的应用需求，重点研究通过 BIM 技术解决装配式建筑设计、生产、运输和施工各环节中的关键技术问题。

项目将在国内首创基于自主 BIM 平台的装配式建筑全产业链集成应用体系，建立符合我国装配式建筑特点的 BIM 数据标准化描述、存取与管理架构，实现数据共享和协同工作；利用 BIM 技术建立装配式户型库和装配式构件产品库，使装配式建筑户型标准化，提高预制构件拆分效率，实现精细化设计；通过 BIM 指导生产，通过具备可追溯性质量管控的生产管理系统对构件加工过程进行规范化管理，BIM 数据直接接力构件生产设备，使生产进度和质量得到有效管控；施工过程中通过 BIM实现构件运输、安装及施工现场的一体化智能管理，利用拼装校验技术与智能安装技术指导施工，优化施工工艺，有效提高工程质量。

可以预见，结合 BIM 平台、标准构件库、智能化设计、物联网、计算机辅助加工、虚拟安装等新技术的项目成果，将使装配式建筑的建造效率大为提高，大幅度降低人工工作量，全系列软件将提升成为全国装配式建筑应用的重要基础产品，为促进建筑产业化的可持续发展，推动我国建筑工业化做出重要贡献。

当前全国范围内装配式建筑推广过程中的突出问题包括构件生产厂产能不足，能做装配式设计和施工的企业不多，建筑企业对装配式建筑设计和施工的特点、要点和难点认识不深，设计、生产和施工环节各自为政，没有形成全产业链集成应用体系，缺乏系统性管理。设计单位还是按传统建筑设计，未考虑构件标准化，不能批量化生产，设计精细化程度不够，未考虑施工安装的碰撞问题，造成废件出现。构件生产厂缺少生产管理系统，自动化生产程度低，大量采用人工操作，模具的重复利用率低。施工单位未对施工进行合理组织，施工工艺和检测手段落后等。以上因素造成了装配式建筑的建造成本普遍居高不下，影响了装配式建筑的普及。因此，要使装配式建筑真正得到推广必须从各个环节综合抓起，解决各环节的突出问题，通过 EPC 模式、BIM 技术和信息化管理将全产业链串联起来。

本丛书基于"十三五"国家重点项目成果，重点介绍基于 BIM 技术的预制装配式建筑设计、生产和施工全产业链的集成应用体系。根据装配式建筑的特点，结合实际工程项目实践，重点介绍如何通过 BIM 平台实现全专业协同设计，进而完成装配式建筑的方案设计和深化设计；设计模型接力构件生产，有效实现规范化生产管理；通过 BIM 实现构件运输、安装及施工现场的一体化智能管理。

本丛书的第一册《装配式框架结构设计方法及实例应用》和第二册《装配式剪力墙结构设计方法及实例应用》面向设计单位、EPC 企业、构件生产厂、建筑类高等院校，介绍通过 BIM 技术如何完成装配式建筑框架结构和剪力墙结构两种常见结构形式的全专业设计方法，结合国家标准规范和项目实例使读者快速掌握设计要点和技巧，深入理解装配式建筑的设计特点和难点，对推广装配式建筑的正确设计流程具有重要意义。

# 目　　录

# 第 1 篇　项目概述及应用流程

装配式建筑设计需要一体化设计思维，需要集成化、精细化设计，前置考虑构件加工及运输、施工中的工艺及效率，实现提质增效、降低成本的目的，传统的二维设计已经不能满足设计要求。

PKPM BIM 系统，可以在项目全周期中，利用协同平台，建立统一的三维可视化数据模型，进行各专业协同设计、出图管理，达到专业之间数据无缝衔接，支持多阶段、多参与方的模型协调深化，从整体提高装配式建筑设计效率与设计质量。

应用流程见图 1。

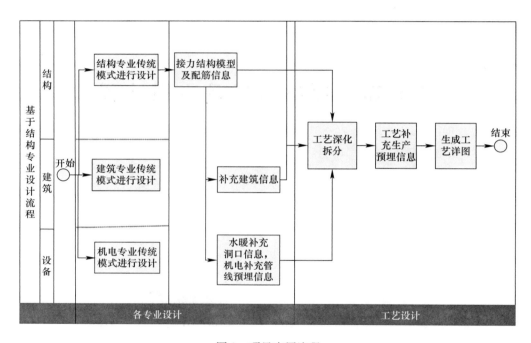

图 1　项目应用流程

# 第1章　项目概述及应用流程

## 1.1　工程概况

规划用地 37336.50m²，地上计容建筑面积 56004.75m²。本项目共有建筑 31 栋，其中 1 号～18 号低层住宅及 19 号～24 号高层住宅均采用装配式结构。结构体系均采用装配整体式剪力墙，装配式建筑面积占总建筑面积比例不低于 100%，单体预制率不低于 40%，主要预制构件为预制内外墙板、预制阳台板、预制叠合楼板、预制楼梯等。25 号楼配套用房及 26 号～31 号楼公共配套设施根据沪建管联〔2015〕417 号文件"装配式建筑面积（按建筑单体计算，暂不包括小型附属配套设施）"不采用装配式结构。

本实例为 20 号楼装配整体式剪力墙，保温形式：内保温；预制构件类型：预制墙板、预制梁、预制板、预制楼梯、预制阳台、预制凸窗以及预制隔墙；装配范围是 4～16 层。

## 1.2　设计依据

### 1.2.1　建筑设计专业

1) 房屋土地权属调查报告书
2) 建设单位提供的设计委托书和设计任务书
3) 业主提供的本项目地形图（电子文件）、测绘红线图
4) 青浦区华新镇工业园区控制性详细规划 D-5 号街坊规划控制图则
5) 关于核发青浦区华新工业园区 08-15 号地块（D-5-8）《规划设计要求的函》
6) 各项与有关方面协调工作会议纪要及往来文件
7) 国家及上海颁布的主要有关设计规范和标准

《中华人民共和国城乡规划法》

《城市规划编制办法》（2006）

3

《城市规划用地分类与规划建设用地标准》GB 50137—2011

《城市道路交通规划设计规范》GB 50220—95

《民用建筑设计通则》GB 50352—2005

《建筑设计防火规范》GB 50016—2014

《建筑工程建筑面积计算规范》GB/T 50353—2013

《车库建筑设计规范》JGJ 100—2015

《汽车库、修车库、停车场设计防火规范》GB 50067—2014

《无障碍设计规范》GB 50763—2012

《上海市控制性详细规划技术准则》

《上海市城市规划管理技术规定》（土地使用、建筑管理）（2011 年修订版）

《上海市建筑面积计算规划管理暂行规定》（沪规土资法［2011］678 号）

《建筑工程交通设计及停车库（场）设置标准》DG/TJ 08—7—2014

《机动车停车场（库）环境设计保护规程》DGJ 08—98—2014

《无障碍设施设计标准》DGJ 08—103—2003

《上海市建筑节能管理办法》

《上海市建筑玻璃幕墙管理办法》

## 1.2.2　结构及装配式设计专业

### 1.2.2.1　通用规范

同结构设计。

### 1.2.2.2　专用规范

1）上海规范

《建筑抗震设计规程》GDJ08—9—2013

《装配整体式混凝土公共建筑设计规程》DGJ 08—2154—2014

《装配整体式混凝土居住建筑设计规程》DG/TJ 08—2071—2016

《装配整体式混凝土结构预制构件制作与质量检验规程》DGJ 08—2069—2016

《装配整体式住宅混凝土结构施工及质量验收规范》DGJ 08—2117—2012

《上海市装配式混凝土建筑工程设计文件编制深度规定》

《上海市装配整体式混凝土建筑工程施工图设计文件技术审查要点》

2）国家规范

《装配式混凝土结构技术规程》JGJ 1—2014

《装配式混凝土建筑技术标准》GB/T 51231—2016

《装配式钢结构建筑技术标准》GB/T 51232—2016

《钢筋连接用灌浆套筒》JG/T 398—2012

《钢筋机械连接用套筒》JG/T 163-2013

《钢筋连接用套筒灌浆料》JG/T 408—2013

《钢筋套筒灌浆连接应用技术规程》JGJ 355—2015

《钢筋锚固板应用技术规程》JGJ 256—2011

《预制带肋底板混凝土叠合楼板技术规程》JGJ/T 258—2011

《混凝土建筑接缝用密封胶》JC/T 881—2001

《混凝土结构工程施工质量验收规范》GB 50204—2015

《混凝土结构工程施工规范》GB 50666—2011

《建筑工程设计文件编制深度规定（2016 版）》

《装配式混凝土结构建筑工程施工图设计文件技术审查要点》

3）图集

《装配式混凝土结构表示方法及示例（剪力墙结构）》15G107-1

《装配式混凝土结构住宅建筑设计示例（剪力墙结构）》15G939-1

《预制钢筋混凝土阳台板、空调板及女儿墙》15G368-1

《预制混凝土剪力墙外墙板》15G365-1

《装配式混凝土结构连接节点构造》G310-1～2

《桁架钢筋混凝土叠合板》15G366-1

《预制钢筋混凝土板式楼梯》15G367-1

《混凝土结构施工图平面整体表示方法制图规则和构造详图》16G101-1

《建筑物抗震构造详图（多层和高层钢筋混凝土房屋）》11G329-1

《混凝土结构施工钢筋排布规则与构造详图》12G901-1

《装配式混凝土剪力墙结构住宅施工工艺图解》16G906

《装配整体式混凝土住宅构造节点图集》DBJT 08—116—2013/2013 沪 J/Z—901

《装配整体式混凝土构件图集》DBJT 08—121—2016/2016 沪 G105

《预制装配式保障性住房套型（试行）》DBJT 08—118—2014

## 1.2.3 机电专业

《城镇给水排水技术规范》GB 50788—2012

《建筑给水排水设计规范》GB 50015—2003（2009 年版）

《民用建筑节水设计标准》GB 50555—2010

《消防给水及消火栓系统技术规范》GB 50974—2014

《公共建筑绿色设计标准》DG/TJ08-2143—2014

《供配电系统设计规范》GB 50052—2009

《建筑设计防火规范》GB 50016—2014

《建筑照明设计标准》GB 50034—2013

《民用建筑电气设计规范》JGJ 16—2008

《火灾自动报警系统设计规范》GB 50116—2013

上海市《公共建筑节能设计标准》DGJ 08—107—2015

上海市《民用建筑电气防火设计规程》DG/TJ 08—2048—2008

# 第 2 篇　建　筑　设　计

本项目建筑专业采用 PKPM BIM 系统建筑设计模块进行设计建模及施工图绘制。具体应用流程如图 2 所示。

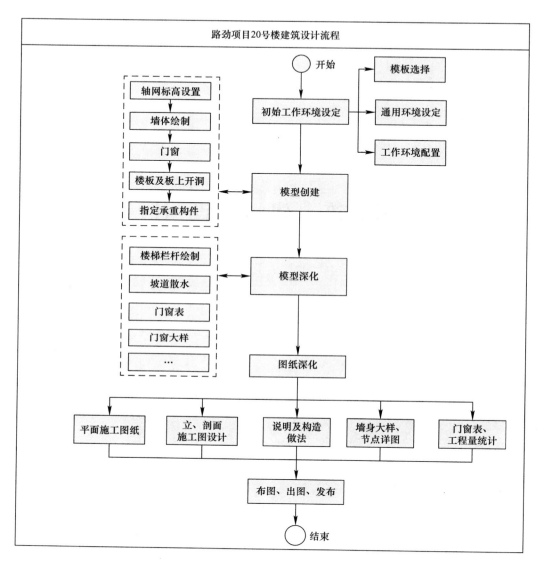

图 2　建筑设计应用流程

# 第 2 章　装配式建筑设计准备

## 2.1　装配式设计理念

近些年环境污染成为社会话题，国家和社会层面都更注重节能减排和环境保护。建筑行业存在的环境污染、资源浪费、人力成本持续增加等问题也制约着建筑行业的健康发展。"建筑工业化"、"建筑绿色化"、"建筑信息化"三大行业主题在各方面发力来促进建筑行业的健康可持续发展。

装配式建筑在中国有着悠久的历史，在中国传统木结构中采用榫卯、斗栱等构件的房屋建造已经具备基于模数化的装配式建造理念。当今主流的装配式分为钢结构装配式、木结构装配式、混凝土结构装配式。目前以"标准化设计"、"工厂化生产"、"装配化施工"、"一体化装修"和"信息化管理"的装配式建筑正在对中国建筑行业产生新的变革。

目前我国的建筑工业化尚处于起步阶段，装配式建筑大多追求主体结构的预制，而忽视了内装外装方面的集成。同时存在着设计阶段和工艺深化阶段脱节，图纸和模型复用程度低，构件的标准化程度不高，废品率居高不下，工艺深化的成本过高等一系列问题，导致装配式建筑成本居高不下。

与传统的现浇混凝土建筑的建设流程相比，装配式建筑的建设流程更全面、更精细、更综合，增加了技术策划、工厂生产、一体化装修、维护更新等过程，强调了建筑设计和工厂生产的协同、内装修和工厂生产的协同、主体施工和内装修施工的协同。

建筑信息模型（BIM）的精细化设计能力和贯穿全生命周期的项目管理的特性与装配式建筑的流程管理和深化设计的理念十分契合。装配式建筑可以依托 BIM 的精细化模型完成装配式设计工作。通过装配式 BIM 模型在建筑设计、深化设计、构件生产、构件运输、现场施工、运营维护等环节中的信息有效传递，可以让不同的参与方在不同工作阶段，针对装配式 BIM 模型进行模型深化调整和信息获取与录入等工作。同时这些深化及变更的信息可以在 BIM 系统中有效传递给项目的各个参与方。

从施工图设计到装配式构件的深化设计；从构件详图设计到对接数控加工设备的构件生产；从基于信息技术的编码、运输管理到现场的施工吊装；建筑信息技术在装配式的各个环节正起着越来越重要的作用。我们有幸看到 PKPM-BIM、PKPM-PC 这一系列基于 BIM 的装配式设计产品从诞生到成长,对中国的 BIM 及装配式的设计和管理正产生着深刻的变革。

## 2.2　装配式建筑设计应注意的内容

BIM 装配式建筑设计软件面临着如何实现标准化设计、参数化编辑、信息化管理等一系列问题。"少规格、多组合"是装配式建筑设计的重要原则,减少构件种类,提高模板的重复使用率,利于构件的生产制造与施工,利于提高生产速度和工人的劳动效率,从而降低成本。

装配式建筑设计标准化的基础是模数协调,应在模数化的基础上以基本单元或基本户型为模块采用基本模数、扩大模数、分模数的方法实现建筑主体结构、建筑内装修以及内部部品等相互间的尺寸协调。模数的采用及模数的协调应符合部件受力合理、生产简单、优化尺寸和减少部件种类等要求。

装配式建筑要根据使用功能、经济能力、构件工厂生产条件、运输条件等分析可行性,不能片面追求预制率的最大化。

### 2.2.1　基于 BIM 的装配式建筑分析及优化

居住建筑的装配式标准化设计除了同传统的住宅设计一样采用户型、单元组合的设计方式之外,通常还采用模块化组合的方式。通过构件、部品构成基本的模块,通过模块化组合构成套型单元。

模块在住宅设计中一般由"标准模块"、"可变模块"、"核心筒模块"构成,见图 2-1。

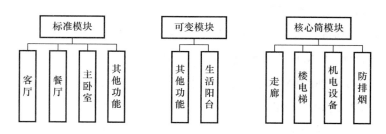

图 2-1　模块化设计体系

基于户型库和模块的设计要减少不利于装配式建筑构件生产、运输、安装的构件,采用集成式飘窗替换复杂构造的异形飘窗,与外墙板集成为标准预制构件。

房间的开间面宽的尺寸符合基本模数,保证楼板外墙板尺寸统一,整合预制构件

尺寸，减少外墙板及楼板的种类。（图2-2）

图2-2 调整后的单元模型

在房间功能布局上，横、纵向剪力墙尽量对齐，避免不规则的平面和体型凹凸太多，同时减少阳台板、空调板种类。

装配式户型设计、模块设计应尽量采用大空间轻质隔墙灵活划分内部空间的方式。《装配式混凝土结构技术规程》JGJ 1—2014 第 5.2.1 条要求：建筑宜选用大开间、大进深的平面布置，并应符合本规程第 6.1.5 条的规定。

### 2.2.2 装配式建筑标准户型库应用

设计企业可基于实际项目积累通用户型、标准模块，随着项目经验的积累逐步完善企业户型库、模块库。通过户型组合、模块拼装，可快速完成装配式建筑的方案布置及构件统计、装配式统计等工作。

基于标准图集和企业标准的构件库如图2-3所示。

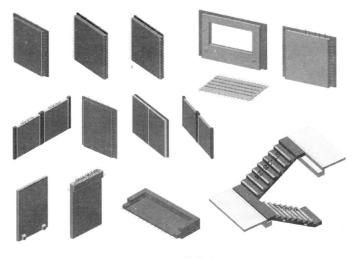

图2-3 构件库

基于标准构件和模块化拼装的户型库如图 2-4 所示。

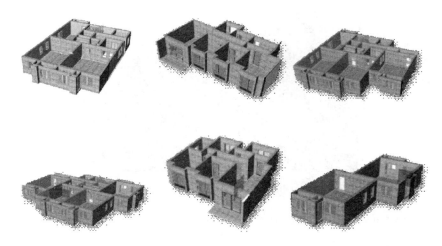

图 2-4　户型库

基于户型库和模块化拼装完成的户型平面单元如图 2-5 所示。

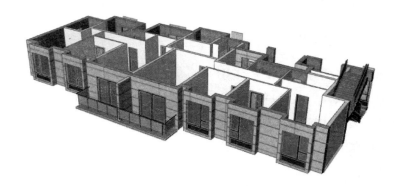

图 2-5　户型平面单元

基于楼层复制命令快速完成建筑单体的创建和指标的统计如图 2-6 所示。

图 2-6　单体模型及指标

# 第 3 章　项　目　准　备

本章主要介绍装配式建筑设计工作开始前，建筑专业对软件本身的设定，如模板选择、工作环境、快捷键、工作单位设定及标注数字分段等问题。这些准备工作一方面有助于了解软件的内在构架，另一方面有助于提高工作效率，满足出图和自定义调整的需要。

## 3.1　模板选择

模板保存了用户的项目设定。可以调用预先设定的收藏夹、建筑材料、表面材质、图层及图层组合、画笔集、图形覆盖选项、模型视图选项、浏览器中的文档架构以及属性中的相关设定等。成熟的模板可以提高设计工作效率、积累项目资料、贯彻统一的企业标准。

用户可以根据公司的项目情况设定适合自己公司的企业模板和项目模板，例如符合出图规定的画笔集和图层组合、常用设定的收藏夹、符合出图习惯和工作习惯的视图映射和图册图框等。

在此项目中为了满足布图要求，针对竖向图纸，创建竖向图框，在样板布图中复制 A0/A1/A2 的图框并将图框的名称命名为新的竖向的图框名称。右键点击需要编辑的图纸方向的图框，点击【样板布图设置】。将图框布置由横向调整为纵向。将样板布图中的文字和图框线选中并旋转和移动到图框中合适的位置。

Tips：很多设计单位中的可打印区域尺寸为真正的 A0/A1/A2 的图幅尺寸大小，设定图纸尺寸一般为可打印区域尺寸加上页边空白区域的留白尺寸，用户在自定义用户图纸时需要特别留意，如图 3-1 所示。

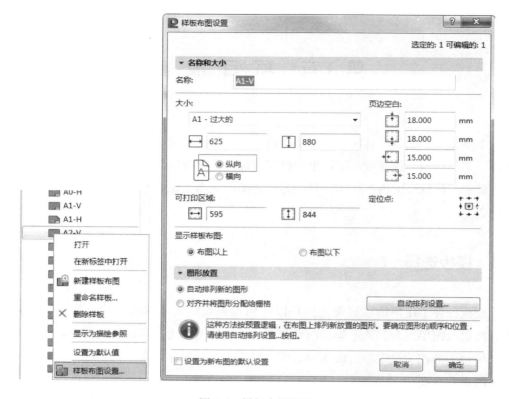

图 3-1　样板布图设置

## 3.2　工作环境配置文件

工作环境配置文件保存了自定义的操作界面中的面板、工具条及快捷键等提高工作效率的常用设定。

在面板命令找不到菜单或快捷键失灵的时候可以在【选项＞工作环境＞应用配置文件】中（图 3-2）选择【标准配置文件】来使用程序默认的配置文件，通常用户自定义的工作环境也可以在应用配置中选择调用。在熟练使用软件后，可在【选项＞工作环境＞键盘快捷键】中自定义快捷键。可以在【视窗＞面板】&【视窗＞工具条】中调出常用的工具条和面板。

可将配置常用的快捷键、面板布置方案保存在配置文件选项中。点击【选项＞工作环境】，点击"新建配置文件"，可以将当前设置保存为配置文件，配置文件也可以在这个界面（图 3-3）导入和导出。

图 3-2　应用配置文件

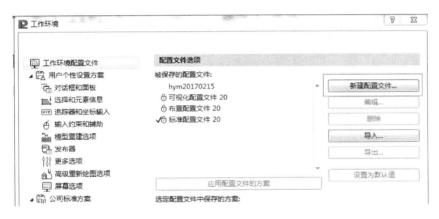

图 3-3　应用配置文件设定

## 3.3　项目信息和项目个性设置

### 3.3.1　项目信息和自动文字

如图 3-4 所示进入项目信息菜单。

在项目的开始阶段我们可以在项目信息（图 3-5）中输入项目名称、项目编号、项目 ID、联系人信息、建筑面积指标、容积率、绿地率、设计人员清单等项目相关信息。项目信息帮助我们统一管理项目中的信息内容。

"项目信息"在项目中输入文字时通过文字命令中的"自动文字"在项目中应用（图 3-6），项目信息中可以统一录入和管理文字，自动同步更新。在项目信息菜单中，前面部分是该文字描述，后面部分是在项目中自动文字中要显示的内容。为了区别于一般的文字，这类文字在定义的时候通常用"＊"或"♯"开始或结束。

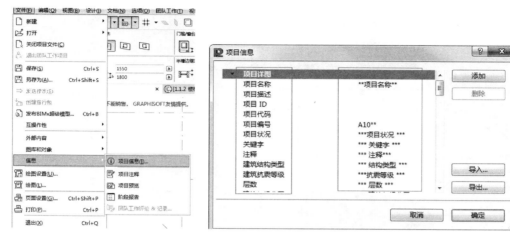

图 3-4　项目信息菜单　　　　　　　　　　图 3-5　项目信息输入

图 3-6　通过自动文本输入项目信息

自动文字在图纸图框的图签中和设计说明中被广泛使用，灵活使用项目信息中的自动文字可以减少数据反复录入的工作量，避免数据反复修改造成的错误（图 3-7）。

## 3.3.2 项目位置

项目个性位置设定可将项目设定符合空间坐标的地理位置，生成正确的阴影关系，还可以和 google 地图中的数据相关联，放入 google 地图中（图 3-8）。

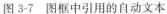

图 3-7　图框中引用的自动文本

图 3-8　项目个性设置

## 3.3.3 工作单位

点击【选项＞项目个性设置＞工作单位】打开工作单位对话框，将默认的"模型单位"和"布图单位"设定为 mm、小数位数为 0，"角度单位"设为"小数表示的度数"保留三位有效数字（图 3-9）。

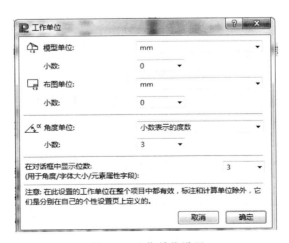

图 3-9　工作单位设置

Tips：由于模板文件中已经对单位和标注单位进行过设定，该过程可由模板维护人员统一管理，对采用成熟模板的设计师可略过此步骤。

### 3.3.4 标注单位设定

执行【选项>项目个性设置>标注】中查看标注单位设定情况，我们可以逐一查看，尺寸、角度、弧长、标高、面积等的标注单位和精度，对不合适的尺寸单位进行调整，并将调整后的单位尺寸另存为自己的标注标准如"中国标准-毫米"（图 3-10）。

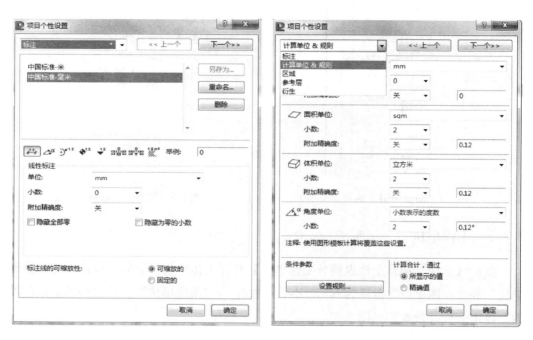

图 3-10 项目个性设置

Tips：由于模板文件中已经对单位和标注单位进行过设定，该过程可由模板维护人员统一管理，对采用成熟模板的设计师可略过此步骤。

可以参考上述操作步骤点击图 3-10【标注】，对【计算单位 & 规则】、【区域】、【参考层】、【衍生】等内容进行查看和调整。

## 3.4 通用环境设定

（1）解决数字分段问题

默认设置的电脑中尺寸标注为三个一组的数字，中间以逗号进行分隔（图 3-11）。

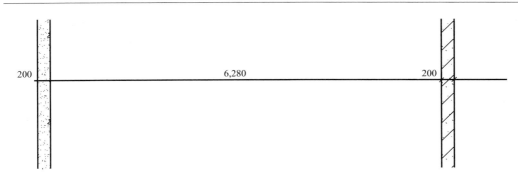

图 3-11　数字分段问题

　　我们可以调整电脑的设置【控制面板＞时钟语言和区域＞更改时间日期和数据格式＞其他设置】将数字分组形式调整为无分割符号的数字分组样式（图 3-12），重启软件即可正确显示数字格式。

图 3-12　调整文字数字分组

（2）使构件 ID 不自动增加

　　默认每放置一个新的元素会为元素分配一个新的 ID，在设计绘图中我们需要用相同的 ID 标识门窗编号，或是同一个 ID 标记同一属性的构件。

　　在"更多选项"中取消勾选"向每个新元素分配新的元素 ID"（图 3-13），构件的 ID 就不会自动增加而继续保持上一次该命令中的 ID 值。

　　小结：PKPM-ArchiCAD 作为建筑设计软件，和大家习惯的传统设计软件一样需要对软件本身和设计方法有一定的了解和总结。相信大家熟练使用软件后，设计效率和设计质量会逐步提高，感受到 BIM 智能化给设计带来的改变和直观化设计体验对沟通和设计效率的提高。

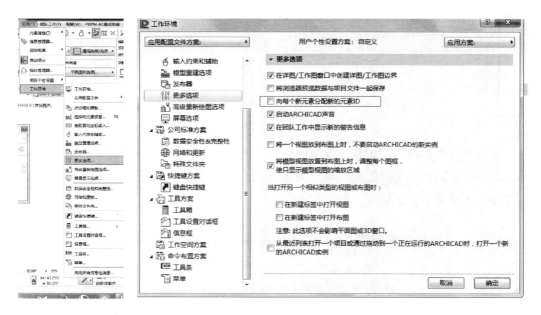

图 3-13　取消勾选向每个新元素分配新的 ID

# 第4章 模型创建

本章主要介绍装配式建筑设计中建筑专业开始模型创建的要点。也许很多人会有 BIM 对于建筑专业就是建模这样的错觉，实际上 PKPM-ArchiCAD 无论在建筑的方案阶段还是施工图阶段都可以通过设计阶段的划分，快速地完成各阶段的设计任务。

PKPM-ArchiCAD 支持二维、三维同步设计建模，在方案设计阶段可根据项目需求将内容划分类似下列的一些阶段：

1. 平面功能布局的设计；

2. 变形体体块推敲和基于清单的数据统计；

3. 单体模型细化、材质推敲与效果图渲染；

4. 初设及施工图绘制；

5. 设计变更与模型调整。

比如我们可以在项目开始只用平面推敲功能来先完成平面图纸的表达，之后再详细地推敲三维形体和材质。

我们建议在前期阶段只是根据大体的分类为建筑构件指定通用性较强的建筑材料，选择基本构造的墙体、梁、楼板等，待方案确定后在深化阶段再对构造层次和建筑材料做仔细推敲。当然更多更好的设计方法需要设计者本身在实际应用中总结。

1. 从初设或方案阶段开始的项目如果有 CAD 图纸，用户可导入 CAD 文件底图作为参照图绘制轴网和图纸。

2. 建筑专业对于机电专业和结构专业所提的设计条件也可以采用合并 CAD 或插入图形方式将条件加入到建筑平面图中。

## 4.1 轴网绘制

执行【设计＞轴网系统设置】命令打开轴网系统设置对话框（图 4-1），轴网创建方式为直线型轴网。

扫码看相关视频

此住宅项目为剪力墙结构，我们不要勾选"在轴线相交的元素"和"轴线上默认的梁"，勾选"标注线"和"合计标注"。

轴网元素设置（和选中轴网之后执行轴网选择设置的效果相同）（图 4-2），在"轴网元素选择设置"中用户可以完成以下设定：

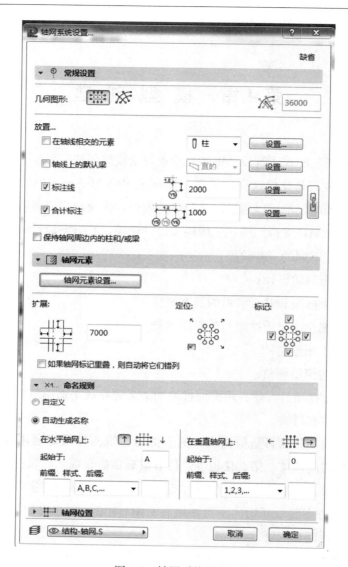

图 4-1 轴网系统设置

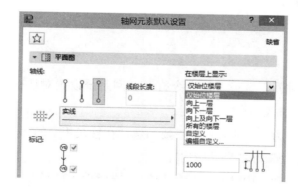

图 4-2 轴网上的楼层显示的设定

1. 轴网在哪些楼层上显示。对于有裙房的建筑需要创建多套轴网，需要对轴网的楼层显示范围进行设定。

2. 平面图、剖面/立面图中轴网元素的显示。

3. 轴网命名规则、标记样式、3D 视图下轴网的显示（图 4-3）。

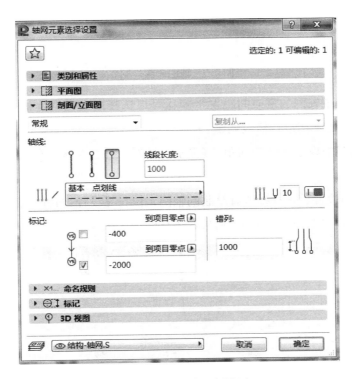

图 4-3　轴网元素选择设置

4. 将扩展中的数值设为 7000（图 4-4）。

扩展中的数值为轴号标记距离最近一根垂直轴网之间的距离，距离太近会导致注释信息无处放置，也可以根据自己绘图的实际需求调整该项参数的数值。

图 4-4　轴网扩展设置及标记显示

5. 在【命名规则】中指定轴网的起始编号、增加前缀和后缀等（图 4-5）。

23

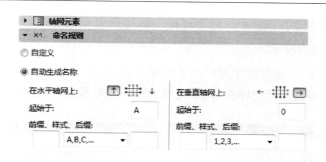

图 4-5　轴网命名规则

6. 设计过程中轴网数量或间距发生变化可以选择所有轴网，执行【设计＞轴网系统】对已放置的轴网进行修改调整。

7. 轴网位置中设定轴网的间距。（提示：轴网工具会默认保存上一次设定的轴网间距。）

Tips：轴网放置后，选择所有绘制的轴网，执行【设计＞轴网系统设置】命令还可以对包括轴网位置、样式等一系列参数进行编辑（图 4-6）。

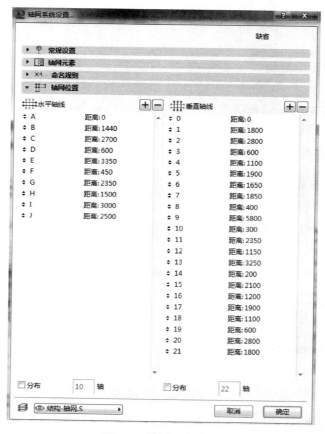

图 4-6　轴网元素位置

## 4.2 标高绘制

执行【设计＞楼层设置】命令设定楼层的层高和层数信息（图 4-7）。

| 序号 | 名称 | 标高 | 层高 | |
|---|---|---|---|---|
| 18 | 屋顶 | 51000 | 3000 | ☐ |
| 17 | 机房层 | 48000 | 3000 | ☑ |
| 16 | 十六层 | 45000 | 3000 | ☑ |
| 15 | 十五层 | 42000 | 3000 | ☑ |
| 14 | 十四层 | 39000 | 3000 | ☑ |
| 13 | 十三层 | 36000 | 3000 | ☑ |
| 12 | 十二层 | 33000 | 3000 | ☑ |
| 11 | 十一层 | 30000 | 3000 | ☑ |
| 10 | 十层 | 27000 | 3000 | ☑ |
| 9 | 九层 | 24000 | 3000 | ☑ |
| 8 | 八层 | 21000 | 3000 | ☑ |
| 7 | 七层 | 18000 | 3000 | ☑ |
| 6 | 六层 | 15000 | 3000 | ☑ |
| 5 | 五层 | 12000 | 3000 | ☑ |
| 4 | 四层 | 9000 | 3000 | ☑ |
| 3 | 三层 | 6000 | 3000 | ☑ |
| 2 | 二层 | 3000 | 3000 | ☑ |
| 1 | 一层 | 0 | 3000 | ☑ |
| -1 | 室外地坪 | -150 | 150 | ☑ |

在上面插入　　　在下面插入　　　删除楼层

取消　　确定

图 4-7　楼层设置

可以在楼层设置中删除楼层也可以在当前选择楼层的上面和下面插入新的楼层，各楼层标高会随着设定的层高自动进行计算、调整。我们修改层高，各层的标高会自动计算，我们一般建议将楼层的名称命名为"一层"、"二层"。因为该楼层名称会作为立面中楼层名称，而在视图映射中可以在楼层名称中加入一些文字作为图纸名称如：一层平面图在"一层"后面增加平面图即可。

右侧的  符号，控制该楼层的层高线及标高标记是否在立面和剖面中显示。

## 4.3　墙体绘制

### 4.3.1　外墙

建议在专门的外墙图层开始外墙的绘制（图 4-8），外墙建议按照一个方向绘制，保证墙参考线方向的一致性。避免基本结构墙体变成复合结构墙体或复杂截面墙体时装饰层或保温层设置的内外方向发生错误，增加后期调整工作量。

图 4-8　墙体绘制时选择图层

此工程中外墙厚 200，局部南侧带阳台位置厚度为 250。墙体材料为钢筋混凝土墙体或蒸压砂加气混凝土砌块。用户可以统一用非承重材料绘制，用分割命令 及 进行分割后将承重部分材质在信息框中调整为钢筋混凝土。

### 4.3.2　内墙

同外墙绘制，建议在模板中设定专门的内墙图层绘制内墙。

内墙厚度为 200、100，墙体材料为钢筋混凝土墙体或蒸压砂加气混凝土砌块。用户可以统一用非承重材料绘制，用分割命令 及 进行分割后将承重部分材质指定为钢筋混凝土。

Tips1：收藏夹工具的应用：可以将墙体按厚度和材质保存到收藏夹中命名并归类，在多设计师协同工作或是单个设计师工作中都可以方便调用。

Tips2：在绘制墙体时选择建筑材料有时会根据项目要求和公司习惯创建新的建筑材料。

### 4.3.3　女儿墙、阳台较矮的墙

当女儿墙或较矮的隔墙不希望与相邻墙体相交时可以建立专有的图层，并将要出图的图层组合中该图层的图层组合号设为除了 1 以外的其他数值，该图层内的墙体便不会与其他图层的内容进行自动相交处理。

在默认的情况下，墙体相交会自动进行处理，我们在图层菜单下可以看到交叉组编号，交叉组编号默认是 1，当不同图层中交叉组编号为不同数值时，构件不会自动

进行相交处理，这里的图层组合号与数字大小无关。

### 4.3.4 设备管井墙

建议设定专有的图层，并将图层组合号设为除了1以外的其他数值，让这部分墙体与外墙不会自动产生相交的关系。

Tips1：建议由基本构造形式（图 4-9）开始创建模型，在项目的后期确定建筑构造层次或是根据外墙造型用复合结构墙体或是复杂截面替换当前基本的墙体构造。

图 4-9 基本构造形式选择

Tips2：灵活应用"几何方法"和"参考线位置"设置的调整，加快绘制速度。比如对于外墙或有底图的墙体参考线的位置可以选择参考线在墙体外侧或内侧的方式，对于沿着轴线并居中的墙体可选择参考线居中的方式。

Tips3：图层及图层组合，PKPM-ArchiCAD 图层的用于放置不同类型的构件，不直接影响出图的线宽、线型等，图层组合保存并记录了所有图层的显示、隐藏、锁定、交叉组编号、线框或实体显示的状态。图层组合的状态可以用来定义出图时的图层显隐状态或是快速切换到绘图环境（图 4-10）。

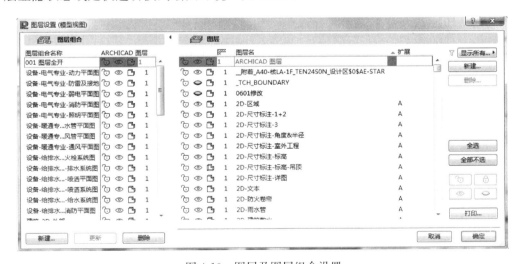

图 4-10 图层及图层组合设置

## 4.4 门窗

### 4.4.1 门窗选择和尺寸设定

双击窗（门）命令进入窗（门）选择设置对话框（图 4-11），用户可以在图库中选择需要的窗（门）样式，并在参数项中输入窗（门）的"宽度"、"高度"、"窗台（门槛）高度"、"槽框到墙核心"的距离等参数。

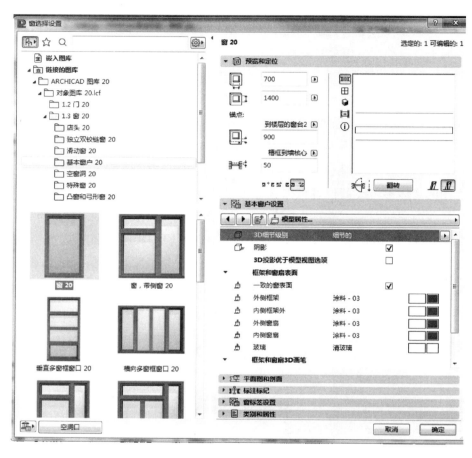

图 4-11　窗选择设置

图 4-12　开启扇设定

点击基本窗（门）户设置中的菜单打开"开口类型和角度"（图 4-12），用户可以选择窗（门）扇的开启类型，指定窗户在 3D 和 2D 中的开启角度，按中国的制图习惯，一般将窗的 2D 开启角度默认设定为 0 度（图 4-13）。

软件中门窗编号是用 ID 进行标识，我们一般在信息框的元素 ID 中手动输入门窗编号。通过选择标注标记中的窗（门）标签来在图纸中显示门窗编号，在标签中可以设定标签的显示内容、字体、格式等参数（图 4-14）。

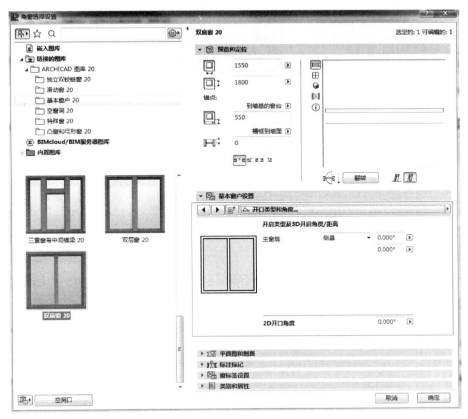

图 4-13　开启角度设定门窗编号

图 4-14　门窗编号输入和标记设定

可以在窗（门）标签选项中对显示的内容和方式进行快速的设定（图 4-15）。

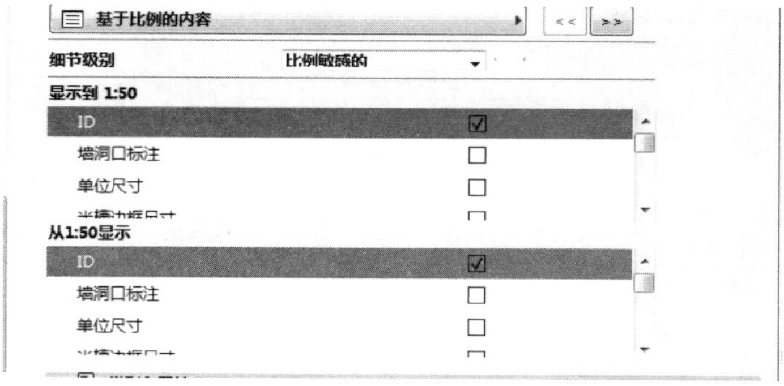

图 4-15　门窗标号显示设定

Tips：门窗编号的显示还受"模型视图选项"控制，需确保出图时用的模型视图选项中门窗编号是开启的。

PKPM-ArchiCAD 的门窗默认都是以精细模式显示的。这样的 2D 显示不符合当前中国施工图绘制要求。可以在选中需要更改的门窗后在门（窗）选择设置中进行设定，打开【基本窗户设定＞建筑平面图和剖面】将 2D 细节级别设定为"中式简化"（图 4-16）。

图 4-16　门窗 2D 细节级别设定

Tips：由于楼梯间的窗通常跨上下两个楼层，建议放置楼梯间外窗的墙设为通高的外墙（墙的高度为多个楼层的高度），在楼梯间的最低一层放置外窗后通过阵列命令将该窗按照层高在该墙上阵列复制来创建楼梯间所有楼层上的窗。将该通高墙的平面显示状态设定为"所有相关楼层"（图 4-17）。

图 4-17　墙体及门窗的跨楼层显示

## 4.4.2　门窗尺寸标注

完成门窗绘制后，可以用尺寸标注工具进行标注，完成尺寸标注的过程也是推敲门窗尺寸定位的过程。

双击文档工具箱下的"标注"命令，进入标注默认设置对话框（图 4-18）。标注类型选择第一项"线性方法"，为保证图面效果建议将字体设定为"长仿宋字"（字体需要在电脑上单独安装）等瘦长的字体。还可以根据绘图实际设定标记大小和标注线长度。

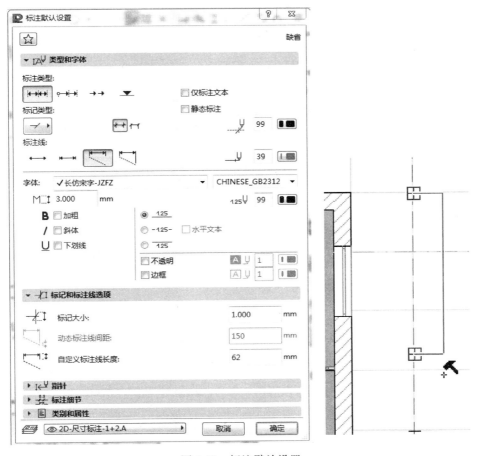

图 4-18　标注默认设置

标注的时候，出现"方形标记"，表示该点为静态标注点，出现"圆形标记"，表示该点为动态标注点。当在门窗与墙体相交的四个角点晃动鼠标，出现 ✓ 符号时可

以选择和标注该门窗的尺寸。

## 4.5　楼板及屋顶绘制

### 4.5.1　楼板绘制

双击板工具，选择基本构造，设定板厚为 150。

图 4-19　几何方法

选择楼板几何方法（图 4-19）为"多边形"用户可以逐点完成楼板绘制，也可以选中所有外墙使用魔棒工具快速创建楼板。

对于造型简单的楼板，可以用矩形工具绘制，然后用弹出式面板（图 4-20）中的增加多边形和减少多边形来对楼板补充修改。

图 4-20　弹出式面板

### 4.5.2　楼板开洞

方法一：弹出式小面板

选中要开洞的楼板；

点击楼板边缘线弹出"弹出式小面板"；

选择"从多边形减少"按钮；

绘制洞口轮廓。

说明：此方法执行一次命令只能绘制一个洞口。

方法二：定义楼板轮廓

选中要开洞的楼板；

单击设计工具箱中的"楼板"按钮（让该命令处于激活状态）；

在楼板上绘制洞口。

说明：该方法相当于重新定义楼板的轮廓，洞口作为新的轮廓被增加到楼板上，该方法可以一次绘制多个洞口。

### 4.5.3  屋顶绘制

该项目为平屋顶屋面，屋顶可以使用屋顶命令中的单坡屋顶，将坡度调为 0 度。为了绘制和调整方便，也可以直接使用楼板命令当作屋顶绘制。将楼板的复合构造设定为屋顶的复合构造，在类别属性中将属性改为屋顶，并将构件的 ID、图层改为屋顶的图层和 ID 即可。

## 4.6  房间标记

### 4.6.1  区域标记调整

双击设计工具箱下的【区域】按钮，打开区域默认设置对话框。

默认区域标记显示的样式可能不符合我们出图要求，我们需要对区域的标记的字体样式、字体大小、显示条目在区域标记设置中做一些设定来满足我们的出图要求（图 4-21）。

图 4-21  区域标记调整

用户可以在区域标记一栏中设定字体的样式、文字格式及显示的内容。区域设置中可以设定区域显示的内容，一般我们取消勾选比例感知（图 4-22）。"外观"选项中取消勾选"显示边框"（图 4-23）。

内容和文本外观选项（图 4-24）可以就各类型的标记的字体类型和对齐方式进行设定。

图 4-22　区域内容显示

图 4-23　区域外观中框线调整

图 4-24　内容和文本外观

## 4.6.2 用区域工具标记房间名称和房间面积

点击设计工具箱下的"区域"命令，在信息框中选择构造方式为内边的构造方式，在房间内点击一下，出现小锤子 ⚒ 的标记，完成自动识别区域，再次在房间内部点击鼠标左键确定区域标记的放置位置。区域的构造方法有：

手动：手动绘制区域轮廓。

内边：以墙体内边为边界自动拾取边界生成区域（图4-25）。

参考线：以墙体的参考线为边界自动拾取边界生成区域。

图 4-25 绘制区域时信息框的设定

当点击房间的墙没有完全闭合，在房间内点击则出现不闭合的提示（图4-26），我们检查房间闭合情况，当墙体不闭合时可以使用相交工具对该房间周边的墙体做调整。

技巧：当查看墙体闭合情况时可打开【视图＞屏幕视图选项＞墙和梁的参考线】查看参考线的闭合情况。

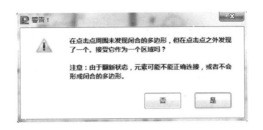

图 4-26 生成区域时房间不闭合的提示

Tips：对于客厅和餐厅在一个空间，这种没有墙体分割的空间可以用线条划分空间，并将线条信息框中【区域边框】勾选后再放置区域标记（图4-27）。

图 4-27 线条影响区域的设定

不希望某些墙体作为区域边界时，可以在设置对话框中"与区域的关系"设定为
"不影响区域"（图 4-28）。

图 4-28　墙体不影响区域的设定

## 4.6.3　自定义区域工具

点击执行【选项＞元素属性＞区域类别】中创建新的区域样式，并设定不同的颜
色（图 4-29）。用自建的区域样式可以生成功能分区图，方便设计过程中查看，如
图 4-30 所示。

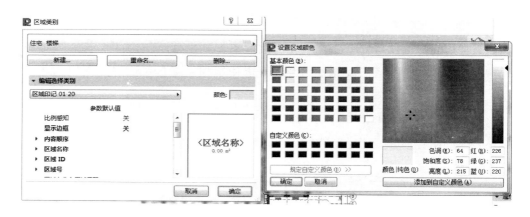

图 4-29　自定义增加区域类别

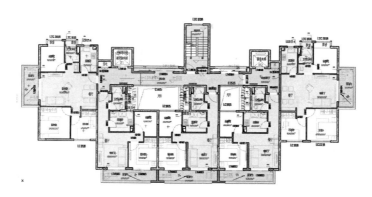

图 4-30　功能分区图示意

## 4.7 指定承重构件

### 4.7.1 指定剪力墙

该项目中建筑专业绘制的墙体均为轻质加气混凝土砌块，建筑方案确定后由结构

在建筑方案的基础上完成剪力墙布置方案。建筑根据结构提交的方案，打断建筑墙体并将承重的剪力墙的材质改为"钢筋混凝土"。

选中钢筋混凝土部分的墙体，在类别和属性中将墙体的属性设为承重。

Tips：

1. 通过查找选择命令选择全楼的剪力墙并在元素类别中将结构功能改为承重元素（图4-31、图4-32、图4-33）。

2. 在这里可以在全楼3D显示状态下通过查找选择命令，找到全楼中符合筛选条件的墙体。在平面图状态下选择的是该平面楼层中所有符合筛选条件的墙体。

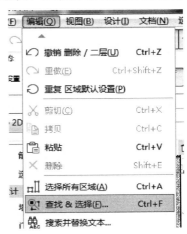

图4-31 功能分区图示意

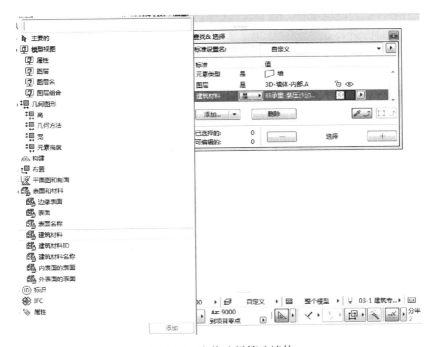

图4-32 查找选择筛选墙体

图 4-33　指定元素承重属性

3. 查找选择命令执行时（可按默认快捷键【CTRL＋F】），弹出对话框后，执行拾取参数命令（按住【ALT】点选要拾取属性的构件）。我们可以在查找选择对话框中增加筛选条件，拾取的构件的参数会自动的加入到筛选条件项的属性值中。

## 4.7.2　指定楼板为承重结构

在三维状态下选择所有的楼板，将楼板的类别和属性中的结构功能设定为承重结构。

## 4.8　发布 PKPM-BIM 模型

### 4.8.1　发布建筑专业模型

完成上述的设定后，在平面楼层工作状态下点击菜单栏【PKPK-AC 集成功能＞

模型导入导出＞发布 PKPM-BIM 模型】发布建筑专业模型到 PKPM-BIM 平台
（图 4-34）。在 PKPM-Archi CAD 中查看三维模型如图 4-35 所示。

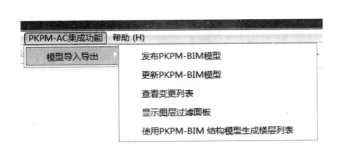

图 4-34　发布 PKPM-BIM 模型

图 4-35　PKPM-ArchiCAD 中
查看三维模型

## 4.8.2　图层过滤设置

在弹出的图层过滤设置菜单中可以设定依托于所在图层的构件转换规则（图 4-36）。

【设为承重】：将该图层中的所有构件转换并设为承重构件。

【设为非承重】：将该图层中的所有构件转换并设为非承重构件。

【不转换图层】：不转换该图层构件。

【转换图层】：转换并保持原有设置。

图层中对图层承重和非承重构件的指定的优先级高于在建筑类别和属性中指定结构功能。"转换并保持原有设置"按照属性中设置的承重和非承重属性转化发布建筑模型到 PKPM-BIM 平台。

## 4.8.3　构件导出设置

用户可以在构件导出设置对话框（图 4-37）中选择哪些构件参与导出，对于不需要导出的构件可以在设置栏里取消勾选。软件还对影响导出速度的过于复杂的构件设定了多边形过滤条件，多边形超过设定数值的构件会自动过滤，不参与导出。

PKPM-BIM 平台下可浏览建筑专业导入的模型（图 4-38）。该模型可在结构、机电专业作为参照模型，结构专业还可以将建筑模型中的承重构件转化为结构承重构

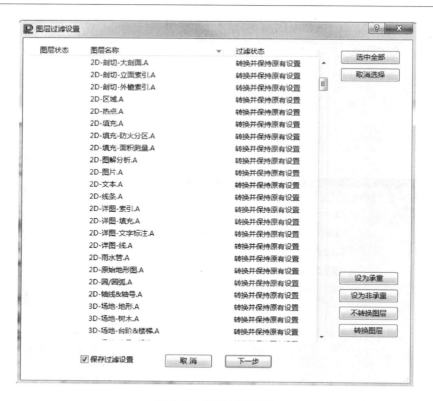

图 4-36　图层过滤设置

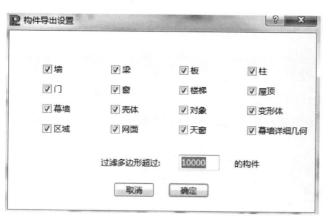

图 4-37　构件导出设置

图 4-38　PKPM-BIM 平台中
浏览建筑模型

件（图 4-39），将非承重构件转化为荷载（图 4-40），简化结构建模工作，提高工作效率。

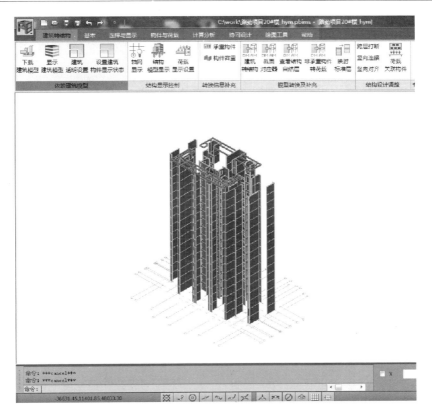

图 4-39 建筑转结构后模型

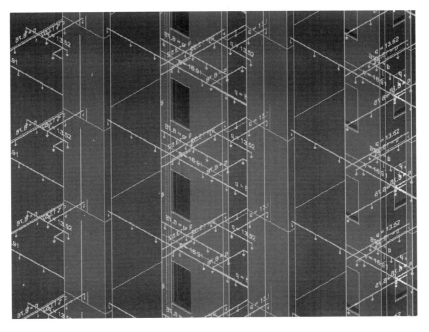

图 4-40 非承重构转荷载后线荷载查看

　　小结：装配式建筑的设计强调的是多专业的协同设计，建筑专业在完成上述建模过程中要在保证设计效率的同时提高模型的准确度，尤其对于门窗定位、墙体定位等避免反复调整对于其他专业工作量的增加。另一方面建筑在模型深化之前将条件更早的提交给结构、机电、装配式专业，可以在建筑深化设计的过程中和其他专业沟通和调整设计方案。

　　为了提高设计效率，可以灵活应用软件本身的【发布 PKPM-BIM 模型】、【更新 PKPM-BIM 模型】、【查看变更列表】等命令，及时获取其他专业设计条件的变化（图 4-41）。

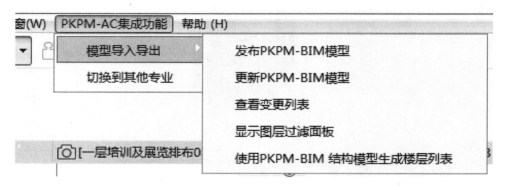

图 4-41　PKPM 集成功能

# 第5章 模型深化

本章主要介绍建筑专业在完成建筑发布 PKPM-BIM 模型后，结构专业完成计算调整、机电专业进行初步设计的过程中对建筑模型进行深化，在各专业协调设计的过程中，进行建筑专业节点深化设计，如楼梯、栏杆、坡道、散水、门窗表及门窗详图的模型深化和设定，为后期详图和大样图的出图做好准备。模型的深化可根据出图的需要和甲方对 BIM 模型深度的要求灵活指定模型的深度等级。

## 5.1 楼梯绘制

开始绘制前对楼梯间进行简要测量，确定放置楼梯的尺寸如：楼梯宽度、梯段宽度、梯井宽度等。

### 5.1.1 楼梯创建

双击设计工具箱下的【楼梯工具】，打开楼梯默认设置对话框，点击【创建楼梯】命令进入楼梯创建的设置对话框（图 5-1）。

从楼梯类型选择中选择"普通双跑楼梯"如图 5-2 所示。

点击确定进入楼梯计算参数设置对话框（图 5-3）。在菜单中输入"层高"、"梯段宽度"、"楼梯总宽度"等信息。建议用户把确定的信息锁定，梯段高度、楼梯总长度等信息建议让软件根据踏步数量、踏步高度、总高度自动计算。

如图 5-4 所示，第二个菜单建议选择最后一项，即不考虑装饰面层。出图阶段将楼梯各向的表面材质设为简单的混凝土，后期再根据装饰要求进行统一调整。（考虑饰面层，梯段在平台层的交界处会有个装饰层厚度。）

点开栏杆设置对话框（图 5-5），我们点击 ▯▯▯ 第二项（按内侧和外侧的对扶手进行编辑的方式，在图例上点击内侧、外侧），我们将楼梯外侧设为无扶手，将楼梯内侧的扶手设为带栏杆的柱。（第一项是楼梯内外侧的栏杆统一进行调整，第三项是对栏杆逐段进行调整。）

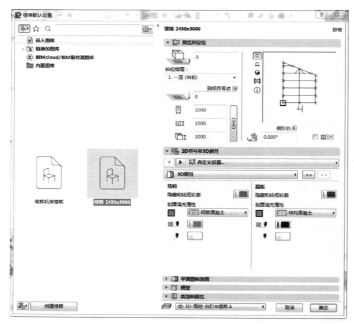

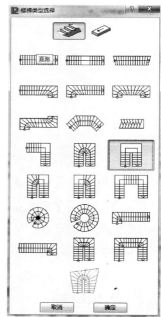

图 5-1   楼梯选择设置中创建楼梯

图 5-2   楼梯类型选择

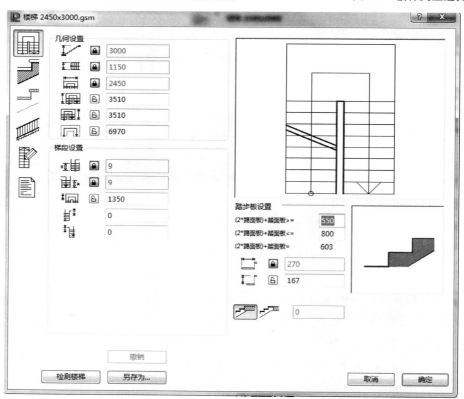

图 5-3   锁定确定的参数计算其他参数

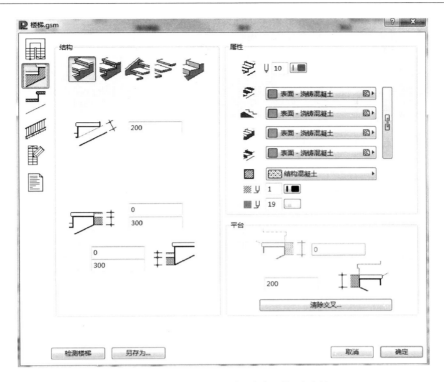

图 5-4　楼梯中楼梯结构样式及饰层选择

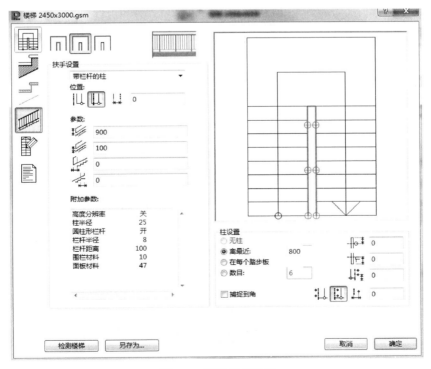

图 5-5　楼梯栏杆设置

### 5.1.2　符合中国出图习惯的楼梯调整

楼梯的平面图是以"水平剪切平面"进行剪切后看到的实际显示状态，主要分为以下两部分：

1. 本层楼梯向上到水平剪切平面的部分；

2. 下一楼层水平剪切平面向上的部分。

可见 2D 显示的图纸是本层的楼梯水平剪切面以下的部分和下一层的楼梯剪切符号以上的部分。

平面符号选择：在楼梯选择设置（图 5-6）中将"2D 符号类型"中的"2D 细节级别"选为自定义。选择 2D 平面类型为"类型 8"。

取消勾选【自定义设置＞上 & 下，编号＞显示编号】。

取消勾选【自定义设置＞上 & 下行进，描述＞踏步尺寸文本】。

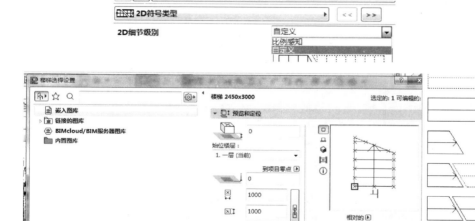

图 5-6　楼梯 2D 符号样式选择

通用设置：在楼梯选择设置里将"平面图和剖面"中选择"平面图显示"设定为在"楼层上显示"："始位并上一层"（图5-7）。

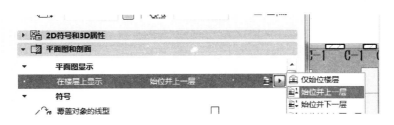

图 5-7　平面图中楼梯跨层显示设定

将"上 & 下，编号"中的文本一项选择为"双，楼层敏感"（图5-8）。

图 5-8　楼梯上下标号及文本设定

始位楼层之上的 2D 显示设定如图 5-9 所示。

图 5-9　始位楼层之上的 2D 显示设定

首层楼梯：勾选"楼层敏感和始位楼层之上的 2D"中的"始位楼层之上的 2D"下的第 1、3、4 项。

中间层的楼梯：向上的部分是本层的，向下的一部分是下一楼层在当前楼层之下楼层剪切线以上的部分，将 2D 符号类别选择为类型 8。

顶层的楼梯：顶层的楼梯都是向下走的，看到的本层下一层的楼梯，本层不放置楼梯，勾选当前层下一层的楼梯的"楼层敏感和始位楼层之上的 2D"中的"始位楼层之上的 2D"下的第 1、2、3、4 项。

### 5.1.3  楼梯详图绘制

用剖面符号生成楼梯的剖面大样图，在平面上的适当位置放置剖面标记，将剖面比例设定为 1:50。在大样图上完成梯段、平台标高等尺寸，增加必要的注释信息（图 5-10）。

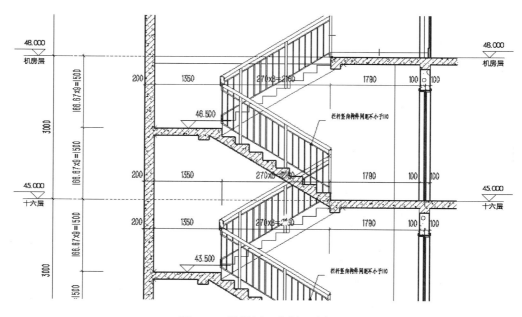

图 5-10  楼梯剖面大样尺寸标注

楼层标高可以在剖面设置、楼层标高中选择中国标准化的楼层标记（图 5-11）。

对于梯段标注，我们可以选中该位置的尺寸标注（图 5-12），将标注改为自定义的标注（图 5-13）。

楼梯的平面大样可用详图工具生成，完成平面尺寸标注。我们使用详图工具在平面上放置详图标记，截取平面的图纸作为大样图使用（图 5-14）。

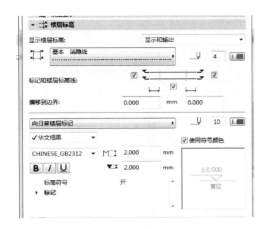

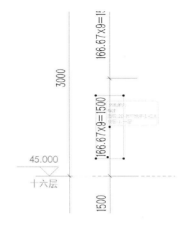

图 5-11　楼梯楼层标高设定　　　　　　　　图 5-12　选中尺寸标注段

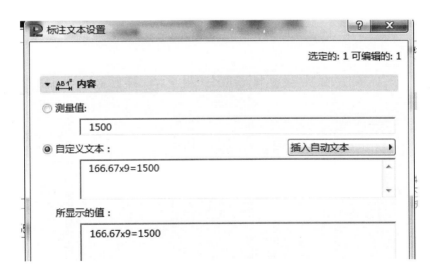

图 5-13　自定义文本中输入梯段标注

　　我们可以在该图纸上深化尺寸标注，完成平面大样图。

　　楼梯平面大样为 1∶50 的平面图，1∶50 的图纸的建筑材料为详细填充，而平面图 1∶100 的图纸的材料填充为实体填充，我们在图形覆盖选项中设定两个图形覆盖选项，"平面 1∶100""平面 1∶50"，平面大样时我们选择"平面 1∶50"的图形覆盖，让大样为详细图案填充的平面。软件中用详图工具生成的详图为大比例的不包含模型属性的图纸（图 5-15）。

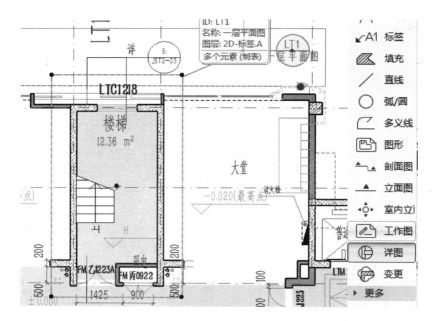

图 5-14　平面上放置详图标记

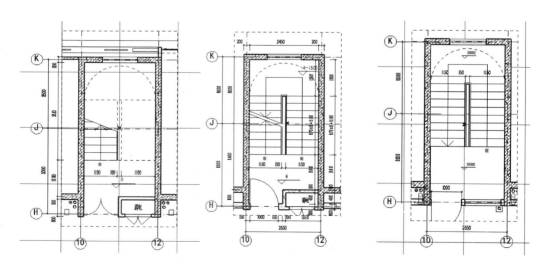

图 5-15　详图中进行尺寸标注

　　绘制好楼梯的平面放大图和剖面图后，可以将视图放到图册中，可以用两个剖面拼合一个剖面图，通过图纸边界的控制将剖面中重复的楼层切除，并补充剖面符号和注释文字即可（图 5-16）。

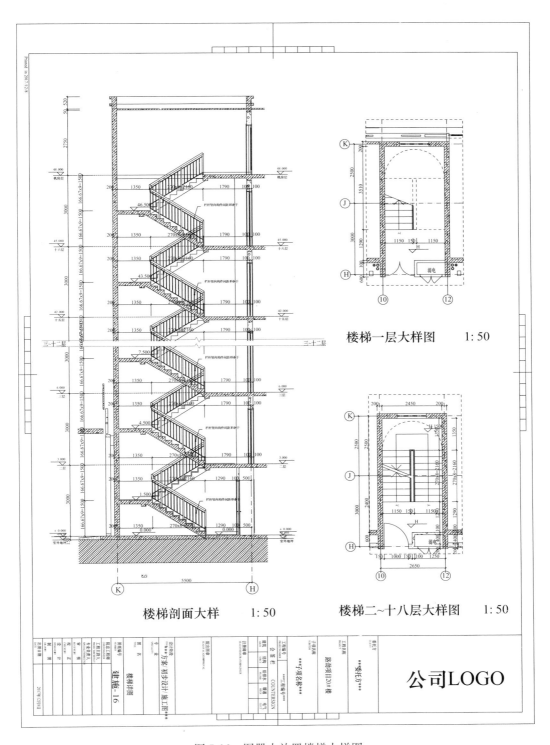

楼梯一层大样图　　1:50

楼梯二~十八层大样图　　1:50

楼梯剖面大样　　1:50

图 5-16　图册中放置楼梯大样图

## 5.2 栏杆绘制

### 5.2.1 用复杂截面绘制

中国模板中默认定义了一个复杂截面栏杆，用户可以根据设计的样式设定绘制复杂截面的栏杆（图 5-17）。

图 5-17 栏杆复杂截面及绘制的栏杆扶手

### 5.2.2 用栏杆对象

点击设计工具箱下的【对象】选中栏杆对象来拼接处栏杆造型，在新版本程序中提供了栏杆工具，可以选择栏杆样式连续绘制栏杆（图 5-18）。

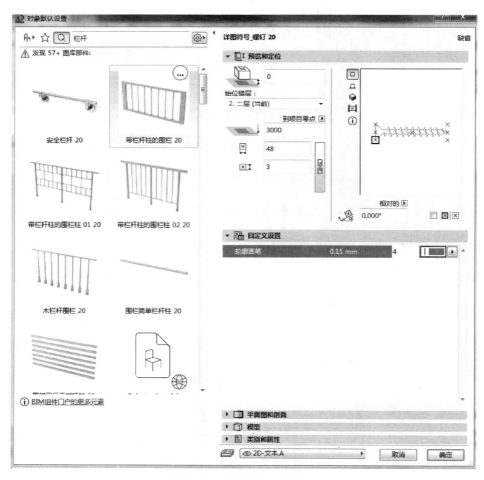

图 5-18 对象图库中的栏杆

## 5.3　坡道及散水绘制

### 5.3.1　散水

可以用复杂截面工具绘制周边散水。点击【选项＞复杂截面＞截面管理器】打开截面管理器对话框，单击新建命令 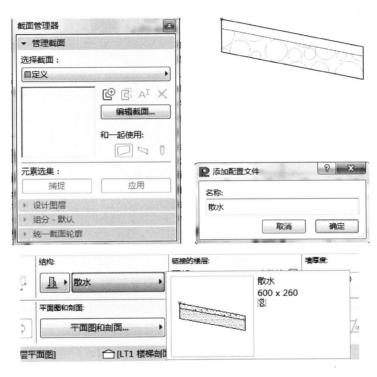 新建复杂截面并命名为"散水"（图 5-19）。

图 5-19　复杂截面中创建散水的截面

在绘制墙体时选择结构类型为"复杂截面"并选择刚才创建的名为"散水"的复杂截面绘制周边散水。

Tips：散水需要放到单独的图层，并设定不同的"交叉组编号"来避免与其他的构件进行自动相交处理，导致模型和图纸的错误。平面图纸中散水的 45°斜线需要手动加入。

### 5.3.2　入口坡道

可以用楼板先绘制出轮廓及厚度，转化为变形体后将楼板调整为坡道。

1. 用楼板命令绘制一块等于室内外高差的楼板，该楼板的轮廓为坡道轮廓；

2. 选中该板，右键选择"将选集转换为变形体"命令；

3. 在三维的状态下编辑该变形体远离建筑一侧的上边，通过弹出式小面板工具的偏移命令沿着 $z$ 轴方向向下偏移该边（图 5-20）。

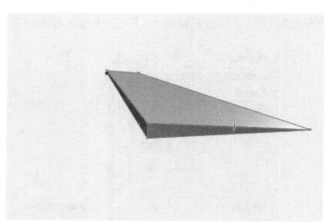

图 5-20  入口坡道绘制

### 5.3.3  入口台阶

可以用楼板绘制楼板形状，楼板的厚度等于一步台阶的高度。沿着 $z$ 轴方向按照板厚阵列多个楼板，使用弹出式小面板对板的造型做出快速调整来完成踏步绘制。如图 5-21、图 5-22 所示。

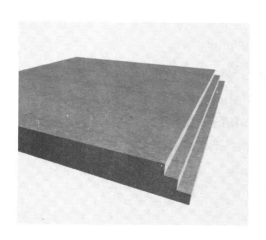
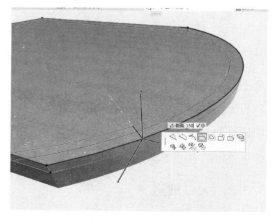

图 5-21  用楼板绘制入口台阶          图 5-22  用楼板绘制入口台阶

在方案阶段可以用壳体和复杂截面创建楼梯，优势是可以比较灵活地定义踏步尺寸，放样的楼梯适合各种场地和形状的需要，大家有时间可以做些尝试。

## 5.4 门窗表及门窗详图

在项目树状图中找到清单，可以在现有的清单里查看门窗表。可以在清单上右键点击【方案设置】菜单，在方案设置中就显示的内容和格式进行调整，用户可以根据项目需求新建门窗表。设置的重点是设定筛选条件和清单中显示的参数（图5-23）。

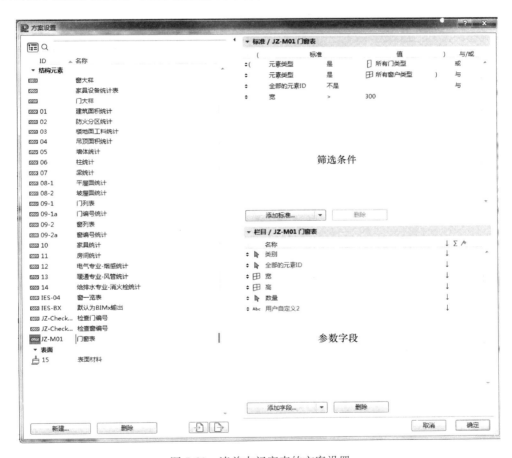

图 5-23 清单中门窗表的方案设置

筛选条件：用来控制清单中统计内容的类别、设定筛选条件，过滤不需要统计内容的条件。

参数字段：主要为在清单中显示的具体条目，排序、统计、分组规则。

生成的清单与模型数据是互相联动的，当模型中的模型发生变化时，清单的内容也会动态调整。

Tips：互动式的清单给我们的工作方法带来了一些变化，当我们要修改模型时我们可以在清单中对同一类型的属性构件进行快速的调整。比如在清单中对门窗的尺寸、编号、造型，门下墙和窗下墙的高度，墙的表面材质进行统一调整等。在清单完成这些参数调整后，模型中的构件会联动调整。

通过确定合理筛选条件，简化清单条目可以快速调整参数，减少模型修改的工作量，避免模型修改中的错漏问题（图 5-24）。

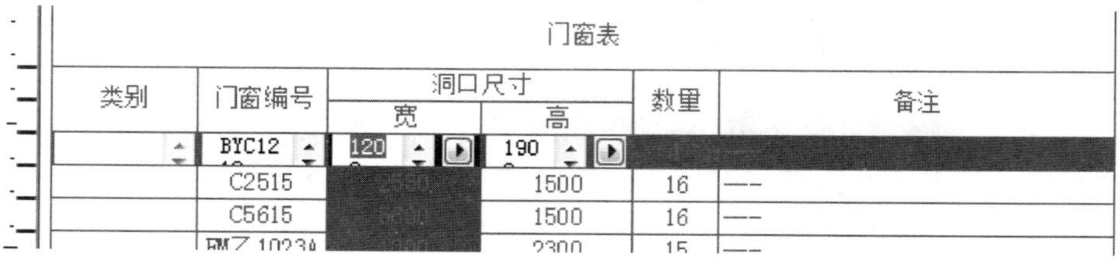

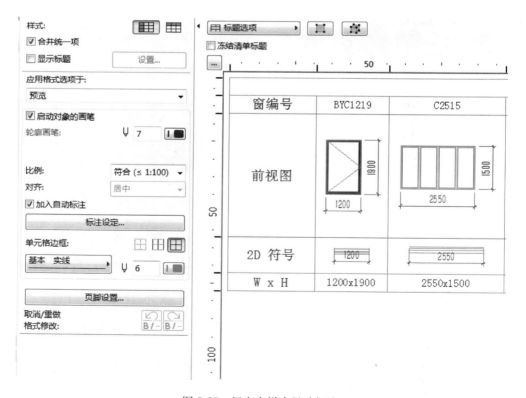

图 5-24　门窗表中的可调整参数

我们还可以用清单中的前视图生成门窗大样，勾选标注项会自动对前视图进行门窗大样尺寸标注（图 5-25、图 5-26）。

图 5-25　门窗大样中尺寸标注

图 5-26 门窗大样的方案设置

## 5.5 阳台及空调板

在建筑模块中的阳台板和空调板可以直接使用楼板工具进行绘制，并将阳台板放到单独的阳台板、空调板图层，封闭的阳台可以使用墙体和门窗工具来围合。

阳台板和空调板作为单独的板来绘制方便对厚度、构造、降板等设定灵活地调整，可以在平面和三维中使用提升命令（Ctrl＋9）来更改某一块板的标高，也可以在选择设置菜单中直接对标高和参数进行调整。

## 5.6 门头及雨棚绘制

简单的雨棚可以使用楼板和墙体直接进行绘制，玻璃雨棚可以尝试使用幕墙命令绘制。在本项目中的门头使用墙体绘制轮廓，复杂截面完成装饰面的方法，用楼板工具绘制门头的顶部。

使用墙体本身的属性来完成造型的变化的方式，让建筑细部在保证造型的前提下保证尺寸的精确定位。局部的装饰构件直接使用变形体来绘制，如入口处的装饰线框等。在绘制门头时可以灵活选用软件中的命令，快速完成建筑的深化设计（图 5-27）。

图 5-27　入口门头深化

小结：本章介绍模型深化部分随着项目的不同会有很大的不同，该部分内容一般是不影响装配式建筑结构和机电深化的部分，也包含建筑和结构、机电沟通后需要在建筑模块深化的部分。模型深化阶段只是为了提高协同设计效率的人为划分，建筑师时间比较多的情况下，在和结构、机电工程师沟通后，也可将模型创建和模型深化整合在一起。但无论模型创建还是模型深化的过程都是解决设计问题的过程，该阶段还没有进行出图的设定，模型和方案调整对设计成本的提升不大。

# 第6章 图 纸 深 化

本章主要介绍 PKPM-ArchiCAD 在装配式建筑设计中建筑出图时的设定和应用技巧。相比二维传统设计用线条和填充进行绘制，在 PKPM-ArchiCAD 中设计更多的时间分配在前期设计建模，出图阶段的图纸从模型得到，图纸中的线条和填充都是通过设定自动生成，模型修改和调整后所有的图纸会动态更新，保证模型与平、立、剖面的一致性和准确性。

## 6.1 平面图纸

### 6.1.1 轴网尺寸标注

扫码看相关视频

轴网尺寸标注后目前只有两个方向，可以选中尺寸之后镜像到另一个方向。最外侧的总尺寸标注可以在总尺寸标注的基础上稍作调整（图 6-1）。

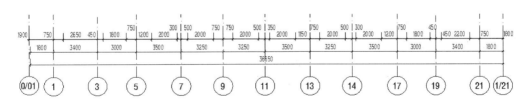

图 6-1 轴网尺寸标注

生成轴网时可以不勾选生成尺寸标注，直接用标注工具进行标注，轴网可以根据项目需求设定在多个楼层显示，但手动加入的自动标注不能在多个楼层显示，我们需要将标注好的轴网标注尺寸转化为静态尺寸标注后，复制到其他楼层。选择最外侧的总尺寸标注和轴网尺寸标注，将尺寸标注改为静态尺寸标注。在尺寸选择设置中按下【Ctrl＋C】行复制，在要显示的楼层按下【Ctrl＋V】进行原位粘贴（图 6-2）。

技巧：当选择或注释与其他元素重叠的元素时我们可以将鼠标悬停在重叠元素上，然后按下 Tab 键在元素之间循环高亮。当您确信高亮的元素是要选择的元素时，点击鼠标右键来确认选择（图 6-3）。

图 6-2　尺寸标注样式设置

如果要将标注关联到墙，点击 Tab 键，直到墙变成高亮，然后放置标注（图 6-4）。

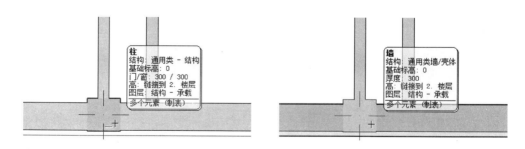

图 6-3　使用 Tab 键切换重叠的构件 1　　　　图 6-4　使用 Tab 键切换重叠的构件 2

## 6.1.2　尺寸定位

当建筑为其他专业提条件时需要准确的门窗定位，我们可以用尺寸标注工具对门窗标注尺寸，点击【文档＞标注】命令，点击需要标注的点，当出现"圆形标记"的时候表示生成了和构件关联的动态尺寸标注点。当点击的点为"方形标记"时表示这是一个静态标注的点。当确定了所有标注点后，在任意位置双击鼠标左键，当出现

"锤子标记"时点击标注的放置位置来完成尺寸标注。

尺寸标注的编辑：

1. 尺寸标注可以用弹出式小面板进行编辑如：移动、增加尺寸标注点、编辑尺寸界线长度、移动尺寸线片段、打断尺寸线等快捷操作；

2. 先选中标注尺寸段时直接选择点，删除点进行尺寸合并操作（图 6-5）。

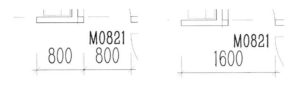

图 6-5 删除标注点合并尺寸段

3. 可以选择尺寸标注中的一个中点当出现√标记时点击选择，用删除命令删除该段尺寸标注（图 6-6）。

图 6-6 删除选中尺寸段

4. 用户也可以选中带编辑的尺寸标注。

按住 Ctrl 键点击尺寸标注线上一点则减少这个标注点进行尺寸合并。按住 Ctrl 键点击要增加的尺寸标注位置，当出现√时点击增加新的标注点。在工作中可以用此方法复制轴线间尺寸增加门窗标注点完成门窗尺寸标注。

5. 对于和构件关联的尺寸标注可以用框选拉伸的方式，比如想把门垛的尺寸由 200 调为 100，我们可以框选门，按下拉伸命令快捷键【Ctrl＋H】向需要移动一侧拉伸 100 即可。

### 6.1.3 标高标注

标高标注可以使用楼层标高标注工具，该工具的优势是可以自动识别楼板、屋顶、壳体的标高生成准确的标高标记（图 6-7）。

图 6-7 楼层标高及楼层标注设置

当默认的标高标记不符合要求时，用户可以用中国化的对象绘制楼层标高，但这类标高不会根据模型的标高自动获取标高信息，只能识别到层高，层高不一致的位置（如降板位置）用户可以手动在自定义标高中输入。

## 6.1.4　注释信息加入

软件中提供了丰富的标签工具满足标注和注释的情况（图 6-8）。

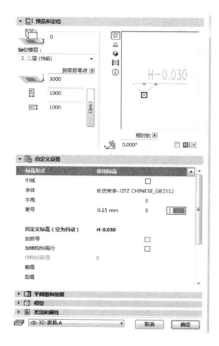

图 6-8　对象标高设置

标签：为了丰富图纸的表达，除了模型深化以外还包含标签注释（图集索引符号、注释信息），双击【文档工具＞标签工具】打开标签默认设置（图 6-9）。图集索引符号可以选择中国自定义标签。一般文字注释可以选择文本工具。

对于家具、其他二维的注释信息可以用文档中线条和填充命令来直接绘制。也可以合并 DWG 格式文件的线条、填充和文字在图纸中使用。

中国模板为用户提供了丰富的线条和填充样式，满足快速绘制各种线条和填充补充图纸表达的要求（图 6-10）。

填充命令可以支持魔棒自动拾取轮廓快速绘制、弹出式小面板快速编辑轮廓、用参数拾取和参数传递快速更改样式。

线条定义的图案可以快速地辅助施工图的绘制，如保温层、石径小路、行道树、绿植、设备管线等，都可以用线条命令快速地绘制。

线条和填充支持在属性中自定义创建，根据需要快速创建符合需要的线型和填充样式。

## 6.1.5　视图映射中的设定

视图映射保存了很多出图的设定，如图层组合、出图比例、在图册上显示的比例、结构显示精度、画笔集、模型视图选项、图形覆盖、翻新过滤器等内容。在视图设置中设定的内容会影响视图映射中的平面图、立面图、剖面图显示。

为了避免在绘图过程中反复调整上述设定而影响图纸中出图的设定，一般在视图映射中保存好设定后再放到图纸中。视图映射可以将出图的显示设定固化下来，确保图纸内容会动态更新而图层组合、画笔、图形覆盖等影响图面表达的设定不会发生变化。

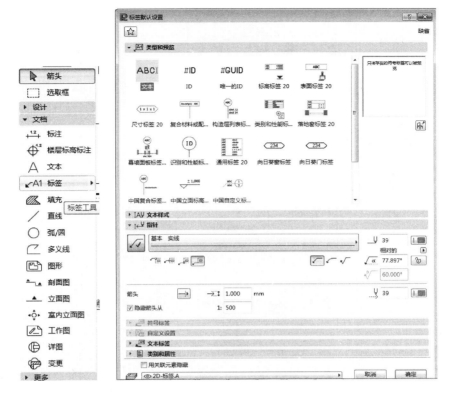

图 6-9 标签工具及设置

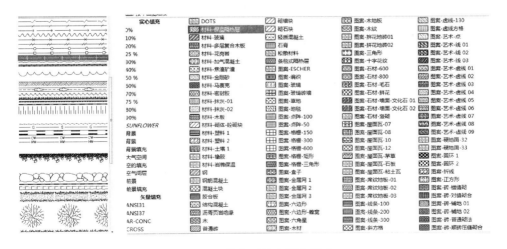

图 6-10 线条及填充图案样式

如图 6-11 所示各项视图设置说明如下：

画笔集：影响出图画笔的宽度和颜色。

比例：设定出图的比例，影响注释信息的大小和在图册布图中图纸的大小。

图 6-11　视图映射中视图设置

结构显示（图 6-12）：控制模型显示精度。

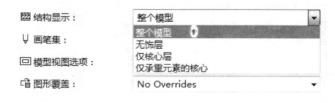

图 6-12　结构显示

图层组合：图层组合记录了所有图层在该组合中显示 & 隐藏、线框实体、锁定 & 解锁的状态。

模型视图选项：控制模型显示精度、门窗编号是否显示、梁柱显示状态等。

图形覆盖：区域填充进行覆盖，构件的填充状态和画笔颜色进行统一的设定。

翻新过滤器：控制改造项目中针对新建的、拆除的、保留的建筑构件显示，生成改造项目需要的图纸（图 6-13）。

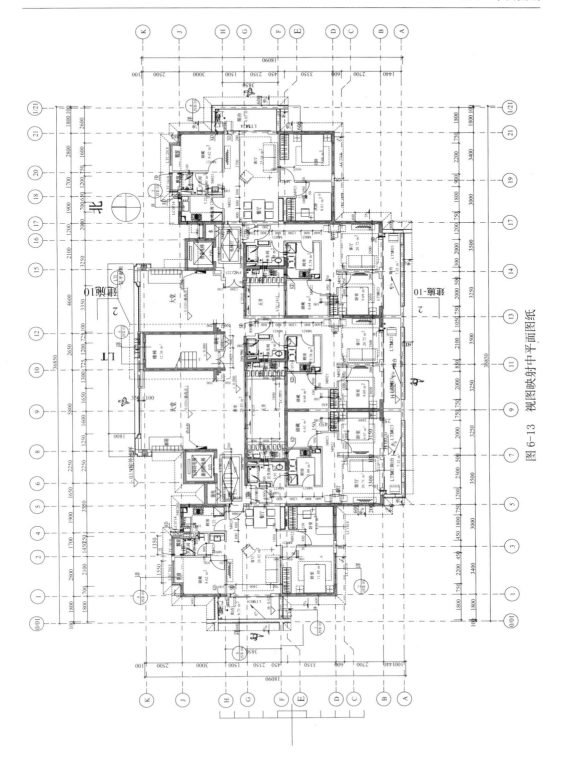

图 6-13 视图映射中平面图纸

## 6.2　立面图纸

### 6.2.1　立面图标记

模板中一般默认放置了立面标记（图 6-14），立面标记线的长度是立面图中的可见范围边界。在完成设计建模后可以对立面标记的位置和长度根据建筑平面做统一调整。

图 6-14　平面中的立面标记符号

### 6.2.2　立面图设置

选择"立面标记"可以在信息框或信息设置对立面图纸名称和参数进行统一设置（图 6-15）。在常规选项卡中我们可以设定我们的图纸名称、立面图的显示范围等内容。在楼层标高上选择符合中国标准的楼层标记符号。

图 6-15　立面图信息栏设置

### 6.2.3　模型显示设置

立面图纸的显示依据设定的不同可以呈现不同的状态，为满足立面施工图出图要求，我们可以在模型显示中设定填充、线型、矢量 3D 图案等内容。

立面图出图设定如图 6-16 所示，说明如下：

填充剪切表面：剪切填充-如设置；

未剪切表面画笔：透明的；

矢量 3D 图案填充：勾选；

透明：取消勾选，影响门窗玻璃是否透明显示；

太阳阴影：取消勾选。

图 6-16 立面模型显示设置

矢量 3D 填充图案根据表面材质的填充图案在立面和剖面上成填充图案。立面可以标记远处区域,水平范围和垂直范围的远处区域根据需要进行设定,立面施工图中水平范围调为无限(有限的情况下立面标记可以对远点进行标记呈现远近不同的层次)(图 6-17)。

立面图设置中勾选【图案填充】中呈现的图案和构件属性【表面材质】中的矢量填充图案相关。通过【选项 > 元素属性 > 表面材质】命令可以打开相应的设置对话框,让我们看一下我们外墙所用的材质的填充,如图 6-18 所示。

用户可以根据自己的建筑方案新建项目所需的表层材料和矢量填充图案,也可以选择默认的建筑材料对模型矢量填充图案和表面贴图进行调整。立面显示效果如图 6-19 所示。

图 6-17　立面显示范围设定

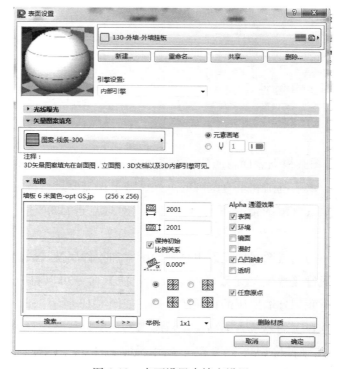

图 6-18　表面设置中填充设置

图 6-19 立面显示效果

## 6.2.4 用于方案阶段的立面表现图的设定

用于方案表现的设定与用于施工图图纸的立面设定比较类似，"剪切元素"和"非剪切元素"我们以"本身的材料颜色"显示，并显示阴影效果。用于方案阶段的立面表现图的立面选择设定如图6-20所示。

填充剪切表面：本身的材料颜色（有阴影）；

矢量3D图案填充：勾选；

剪切元素的统一画笔：勾选；

用于未剪切元素的统一画笔：勾选；

太阳阴影：勾选；

标记远处区域：勾选。

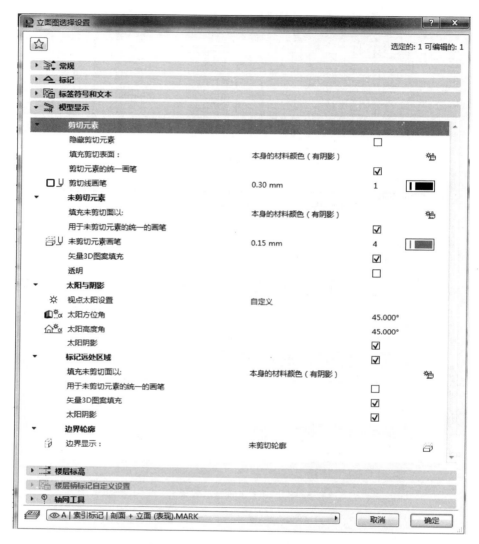

图 6-20　立面表现图模型显示设置

立面表现图示例如图 6-21 所示。

## 6.2.5　标注及注释

用标注工具（图 6-22）可以完成立面尺寸及标高尺寸标注。尺寸标注工具可以自动识别层高一次标注所有层间的标注，增加的层间标注会随着楼层层高调整自动进行调整。

用标注工具中的立面符号完成立面标高的注释。

北立面表现图 1:100

图 6-21　立面表现图示例

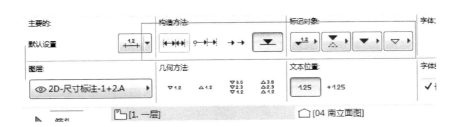

图 6-22　标注工具样式设置

用标签工具完成立面材质及做法标注。

立面图标注标高和尺寸如图 6-23 所示。

图 6-23　立面图标注标高和尺寸

## 6.3　剖面图纸

剖面图纸可由文档中的剖面工具生成，剖面图纸的设置（图 6-24）与立面图纸的设置大体相同，可以参考立面图纸设置完成剖面图纸的设定。

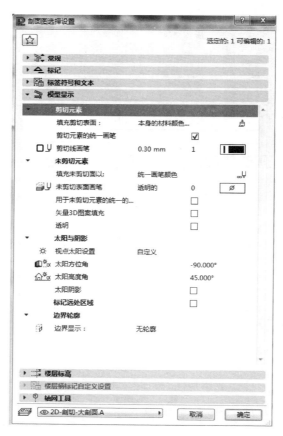

图 6-24　剖面图模型显示设置

　　剖面图区别于立面的地方在于剖面图存在真正的剪切面，需要在门窗的位置用填充工具补充过梁。在剖面的显示上要保证梁、板、柱、剪力墙之间正确的剪切关系。

　　在注释方面除了尺寸标注、标高标注外，可以用文字工具手动补充房间名称。

　　剖面图尺寸标注如图 6-25 所示。

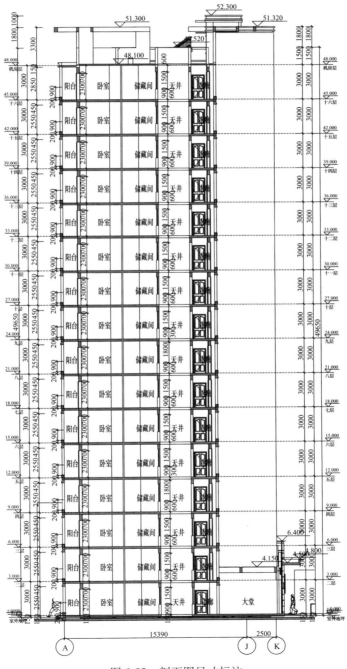

图 6-25　剖面图尺寸标注

## 6.4　墙身大样图

墙身大样图可以通过剖面工具生成剖面，在平面图要生成墙身的位置放置剖面符号（图 6-26），将生成的剖面图的比例调为 1∶20。注意剖面中的显示范围和显示内容受剖面线的长度影响，视图深度的线会让剖面的墙身大样显示更多的看线细节。

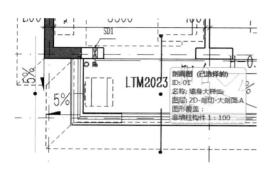

图 6-26　平面上放置生成墙身大样的剖面标记

基于建筑材料之间的剪切关系可以生成准确的剖面图关系，建筑材料的剪切等级可以在点击【选项＞元素属性＞建筑材料】命令打开建筑材料选项卡，查看交叉优先级（图 6-27）。

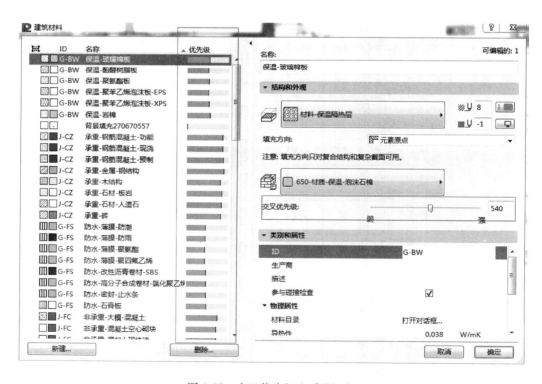

图 6-27　交叉优先级查看及调整

点击优先级，可以将建筑材料按优先级进行排序，通过拖动建筑材料的位置可以快速对建筑材料的优先级关系作出调整（图 6-28）。

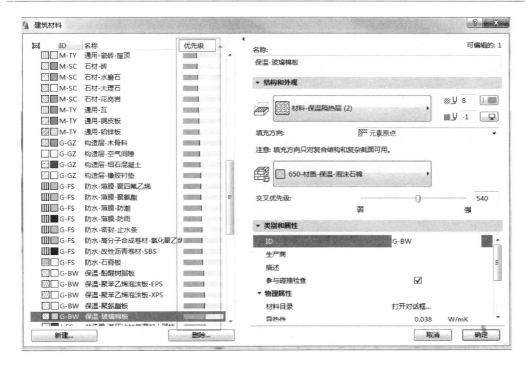

图 6-28　按照交叉优先级排序调整优先级

如果墙体与楼板没有正确的关系，可以使用调整元素到板命令，避免使用复合结构的板导致模型不精细的问题（图 6-29）。

可以用线条、填充工具补充面层装饰线脚等。也可以尝试用复杂截面的墙体直接创建带保温、面层和装饰部分等构造层次的外墙大样（图 6-30）。

用标签工具加入注释信息。

用标注工具注释窗高和阳台处标高（图 6-31）。

女儿墙建议用复杂截面来创建，通过查找选择命令选中所有女儿墙，用复杂截面墙体替换基本构造的墙体快速实现构造设计和模型深化。

在完成楼板的构造设计后，用复合楼板来代替基本结构的楼板。为了保证墙与楼板的准确关系，这时可以选中需要调整的墙体执行【编辑＞重塑＞调整元素到板】命令。

Tips：在进行尺寸标注时，为了美观可以考虑使用参考线辅助定位，也可以使用【编辑＞对齐】命令进行对齐操作。

将做好的墙身大样放到图册中，可以用两个墙身大样图拼合一个墙身大样，通过图纸边界的控制将剖面中重复的楼层的视图范围通过调整图纸视图边界，并补充剖面符号和注释文字来示意省略重复楼层的内容。

墙身大样示例见图 6-32、图 6-33。

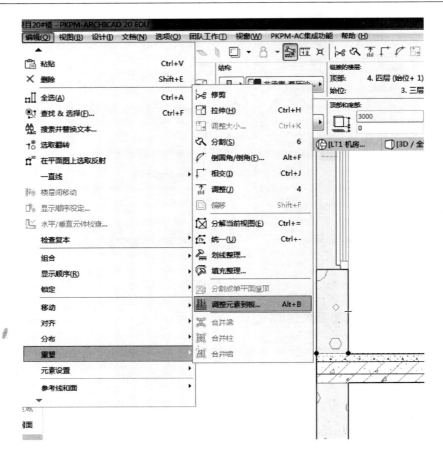

图 6-29　调整元素到板

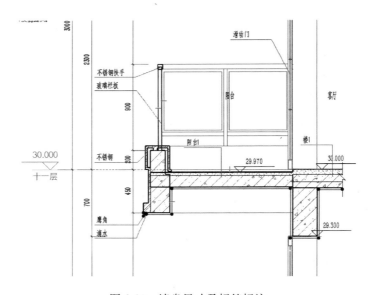

图 6-30　墙身尺寸及标签标注

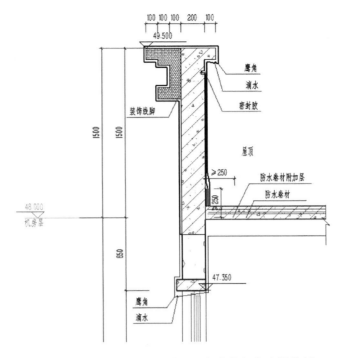

图 6-31　用复杂截面构件代替一般构件深化大样绘制

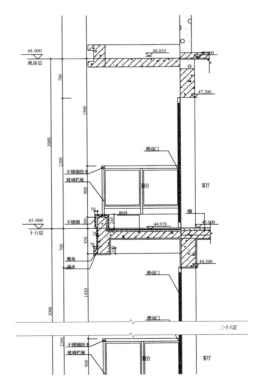

图 6-32　墙身大样示例 1

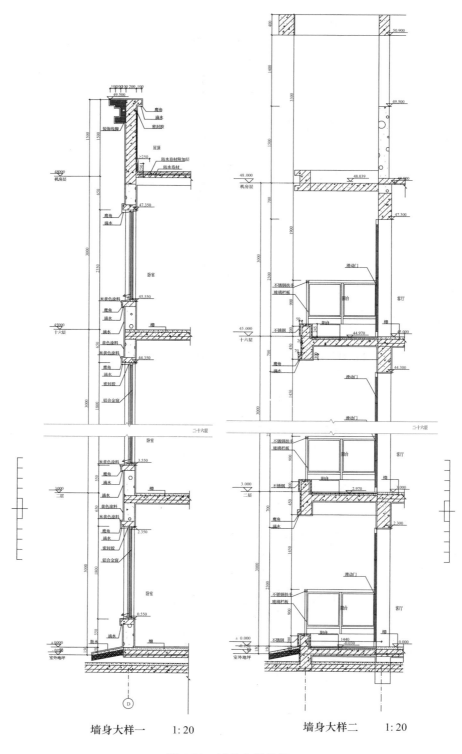

墙身大样一　　1:20　　　　　墙身大样二　　1:20

图 6-33　墙身大样示例 2

## 6.5 图纸目录

图纸目录通过浏览其中的项目索引（图 6-34）可以生成，图纸目录随着图册中图纸的变化自动进行更新，减少手动输入带来的繁琐的工作和图纸调整后容易出错的情况。

创建新的项目索引及图纸目录见图 6-35、图 6-36、图 6-37。

图 6-34  项目索引清单                图 6-35  项目索引创建图纸目录

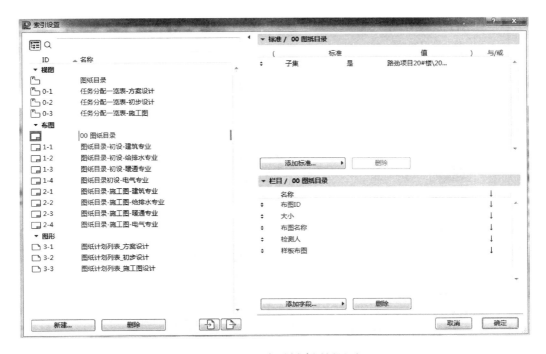

图 6-36  项目索引创建图纸目录

| 布图ID | 大小 | 布图名称 | 检测人 | 样板布图 |
|---|---|---|---|---|
| | | 00 图纸目录 | | |
| 建施-1 | 625 / 450 | 一层平面图 | | A2-H |
| 建施-2 | 625 / 450 | 二层平面图 | | A2-H |
| 建施-3 | 625 / 450 | 三层平面图 | | A2-H |
| 建施-4 | 625 / 450 | 四~十六层平面图 | | A2-H |
| 建施-5 | 625 / 450 | 机房层平面图 | | A2-H |
| 建施-6 | 625 / 450 | 屋顶平面图 | | A2-H |
| 建施-7 | 625 / 880 | 1-1 剖面图 | | A1-V |
| 建施-8 | 625 / 880 | 东立面图 | | A1-V |
| 建施-9 | 625 / 880 | 北立面图 | | A1-V |
| 建施-10 | 625 / 880 | 西立面图 | | A1-V |
| 建施-11 | 625 / 880 | 南立面图 | | A1-V |
| 建施-12 | 625 / 880 | 东立面表现图 | | A1-V |
| 建施-13 | 625 / 880 | 北立面表现图 | | A1-V |
| 建施-14 | 625 / 880 | 西立面表现图 | | A1-V |
| 建施-15 | 625 / 880 | 南立面表现图 | | A1-V |
| 建施-16 | 625 / 450 | 门窗表、门窗详图 | | A2-H |
| 建施-17 | 625 / 880 | 楼梯详图 | | A1-详图集 V1 |
| 建施-18 | 625 / 880 | 墙身详图 | | A1-详图集 V1 |

图 6-37　项目索引创建图纸目录

## 6.6　设计说明

设计说明文档可以直接在布图里用文字工具书写，常用的文字如项目名称、工程编号等可以使用文字工具中的自动文字，方便在项目信息中统一修改。设计说明模板见图 6-38。

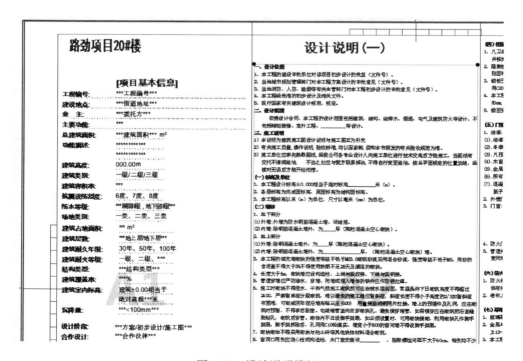

图 6-38　设计说明模板

设计说明的图框可以在样板布图中使用分栏的图框，而文字工具可以调整到与分栏宽度相匹配，文字录入时可以自动换行。

用户可以制作 A2、A1 版式的居住、公建、工业建筑等各类型的设计说明模板，方便做项目的时候快速完成设计说明的编制。

与二维设计软件的设计说明有很多相同点，在设计说明中除了支持文字的编辑，图表、图纸的编辑等传统内容外，还融入了【自动文字】命令。项目中通过项目信息和自动文字的自动关联关系可以对信息进行更加方便地修改，有利于说明模板在设计团队内部的推广。

## 6.7 基于清单的装修做法表

基于区域的清单，通过调整清单的方案设置生成可用的装修做法表。装修做法表除了可以标识材料、表层材料外，还可以统计面积。用户可以结合表面清单统计装修材料的面积，从而进一步推算出材料用量和造价信息（图 6-39、图 6-40）。

图 6-39　区域清单创建和房间关联的装修做法表

标记是在添加字段下的图库部件参数中添加的（图 6-41），用户可以找到图库中的区域标记再选择加入参数（图 6-42）。

区域标记 2 中的饰面层设定如图 6-43 所示。

在装修做法表中还可以对每类区域的饰层做调整，如图 6-44 所示。

设定好清单内容后可以将清单中的表格直接放到图册布图中的说明文档中。

区域印记可以在【选项>元素属性>区域类别】中针对每个类别指定区域印记。可以在区域类别选项中设定通用的区域显示状态。

图 6-40　装修做法表清单设置

图 6-41　添加参数字段 1

建议选择区域印记 2，该区域印记方便对饰面层做统一修改。

点击图 6-45 清单中的条目"1"可以在平面中打开选中的清单内容，点击"2"可以在三维中打开选中的内容。

注意：更多时候可以直接使用线条和文字命令手动在图册中制作装修做法表。也可将二维设计工具中的做法表导入放到布图中。

小结：图纸深化的工作除了调整出图的参数设定，更多的是进行尺寸的标注、文本注释、信息的加入。在工作的时候，我们可以灵活地选择是用二维工具来补充，还是将模型细化来达到出图的要求深化模型。

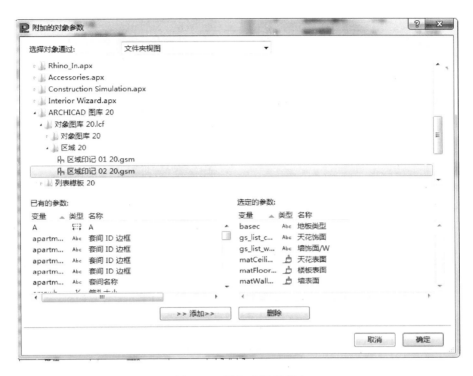

图 6-42 添加参数字段 2

图 6-43 区域选择菜单中对材质进行指定

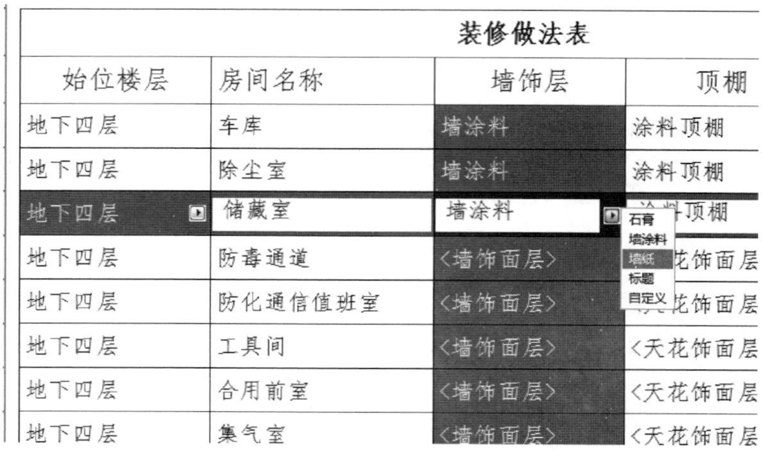

| 装修做法表 | | | |
|---|---|---|---|
| 始位楼层 | 房间名称 | 墙饰层 | 顶棚 |
| 地下四层 | 车库 | 墙涂料 | 涂料顶棚 |
| 地下四层 | 除尘室 | 墙涂料 | 涂料顶棚 |
| 地下四层 | 储藏室 | 墙涂料 | 涂料顶棚 |
| 地下四层 | 防毒通道 | <墙饰面层> | 花饰面层 |
| 地下四层 | 防化通信值班室 | <墙饰面层> | 花饰面层 |
| 地下四层 | 工具间 | <墙饰面层> | <天花饰面层 |
| 地下四层 | 合用前室 | <墙饰面层> | <天花饰面层 |
| 地下四层 | 集气室 | <墙饰面层> | <天花饰面层 |

石膏
墙涂料
墙纸
标题
自定义

图 6-44　清单中对做法进行修改

图 6-45　选择条目定位到平面和三维中的构件

# 第7章 图册布图

本章详细介绍建筑专业的项目浏览器这一高效的文档及图纸管理工具。

内容包括在项目树状图中项目文档的管理,视图映射中的出图设定,图册布图中将图纸拖放到图框中完成图签的设定,如何在发布器集中对外发布和打印的文档做统一的管理。在设定好样板布图后,只要将图纸拖放到布图中,图名、比例就会自动生成。页码会随着文档的位置和图纸的增加、减少自动排布。在项目信息中可以对图签中的项目信息和设计人员清单做统一的修改。在以往的设计中对图签的管理和页码的管理总是费时费力,而用 PKPM-ArchiCAD 进行图纸管理将使这一工作变得轻松简单。

## 7.1 项目树状图

扫码看相关视频

项目树状图(图 7-1)保存了所有的模型视图、清单的文档结构,在设计工作中可以方便地进行视图切换和基于视图的命令编辑。

点击不同的文档可在楼层、平立剖面图、清单、列表中切换,默认的视图设置内容不会发生变化。(默认的设置主要包括比例、图层组合、模型显示精度、画笔记、模型视图选项、图形覆盖组合等影响显示的设定。)

图 7-1 项目树状图中的条目

85

项目树状图中的楼层名（图 7-2）命名建议为"一层"、"室外地坪"、"屋顶"等，也可以命名为"1F"、"2F"、"ROOF"等。项目树状图中的楼层名称将在立面、剖面中作为立面、剖面图中立面标记。定义为汉字的好处在于可以在视图映射中更改为"一层"＋"平面图"，而用字母类的好处在于立面、剖面图面显示比较简洁。

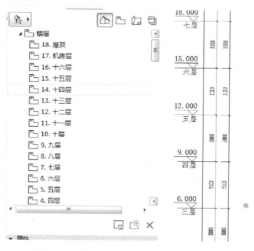

图 7-2　树状图中的各楼层名称

## 7.2　视图映射

视图映射保存了出图的设定（图 7-3），1∶100 平面图、1∶50 平面图、立面图、剖面图等会使用不同的图层组合、比例、结构显示、画笔集、模型视图选项、图形覆盖、翻新过滤状态等。在不同的视图映射中切换，视图显示、图层显隐等一系列设定会发生变化来满足不同的出图要求。

在视图映射中可以基于项目树状图中的同一层平面图保存不同的视图映射，生成多套图纸，也可以将当前绘图状态的文档保存为视图映射（图 7-4）。

也可以创建文件夹结构，点击 克隆一个文件夹命令，从项目树状图中楼层创建一个视图映射文件夹（图 7-5），如：可以克隆平面图，建立 1∶100 平面图、1∶50 平面图、功能分区图、防火分区图等，只需要在视图设置中设定并选择不同的图层组合、比例、画笔集、图形覆盖、模型视图选项等。当楼层较多时，我们也可以直接复制项目树状图中的平面、立面、剖面的文件夹，对同类型的图纸做统一设定。

对图纸命名的工作也要在视图映射中完成。在图册中放置视图映射的文件时可以直接引用这个图纸名称作为图纸标题，在图框中通过自动文字图形中图纸标题名作为图纸图框的图纸名称（图 7-6）。

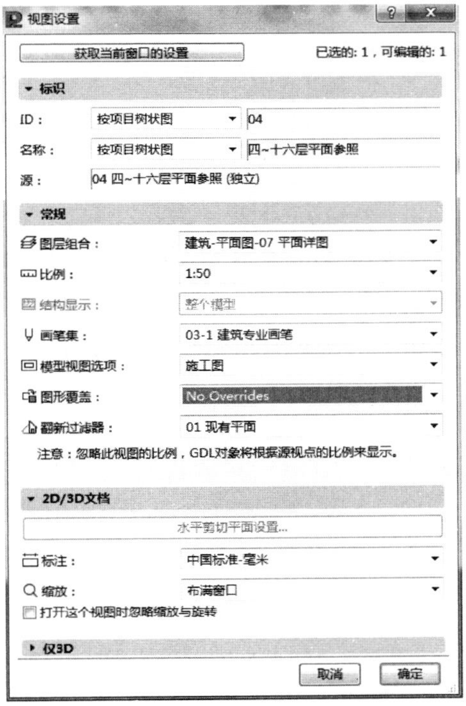

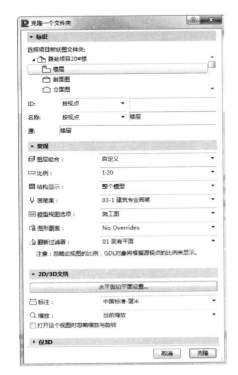

图 7-3　视图设置对话框

图 7-4　视图映射中的文档

图 7-5　克隆文件夹方式创建视图映射文件集合

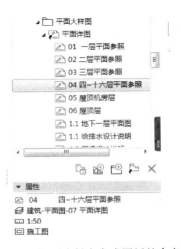

图 7-6　视图映射中完成图纸的命名

## 7.3　图册

### 7.3.1　样板布图设置

图册菜单最下面为样板布图设置（图 7-7、图 7-8），在样板布图中可以检查图框、新建图框，确保图幅大小、自动文字、布图信息等设置合理。用户也可以在这里创建符合自己标准的图纸，如增加非标的加长的图纸，增加竖向图纸等都可以自己根据图纸尺寸计算后实现。

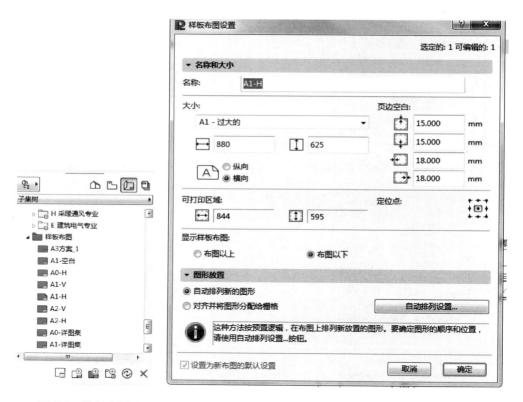

图 7-7　样板布图
　　及样板布图设置

图 7-8　样板布图及样板布图设置

在设定图纸尺寸时需要注意，图框的尺寸默认是可打印区域加上页边空白后的尺寸。

### 7.3.2　子集设置

图册中的图纸包含子集（可理解为有文档管理命名功能的文件夹），子集内包含若干布图（图纸）。右键点击子集，选择子集设置对话框（图 7-9），确定布图图册组织架构、图纸命名的规则。确定子集中图纸编号命名规则。

子集、布图都可以自动按顺序确定图纸编号。子集内图册的编号可以选择继续使用上一级的前缀和 ID，让图纸按照子集的编号进行图纸编码。如平面图子集为 A1，则该子集内图纸页码使用上一级 ID 作为前缀，图纸页码可命名为 A101，A102……立面图的子集为 A2，则该子集内图纸页码使用上一级 ID 图纸页码可命名为 A201，A202……

图 7-9　子集设置

子集设置各选项说明如下：

1.【子集设置＞子集标识】

在 ID 顺序中不要包含这个子集：勾选此项后该子集不参与 ID 排序，只作为放置图册的文件夹。

自动分配 ID：按照递增的规则为该子集分配并命名 ID。比如在子集 A1、A2、A3 中的子集 A2 和子集 A3 中插入一个新的子集，那么该插入的子集 ID 将被自动命名为 A3，原 A3 子集将改名为 A4 子集。

自定义 ID：为当前子集自定义子集 ID。

2.【子集设置＞此子集中的 ID 项】

继续使用上一级的 ID 分配：默认不勾选，激活该选项的时候该子集中的布图，按上一级的子集 ID 分配规律继续分配子集中图册的 ID，如果同时勾选【在 ID 顺序中不要包含这个子集】命令，则子集只作为一个文件夹来帮助文件分类，不影响子集中的 ID 分配。

自定义 ID 分配：指定该子集中的 ID 分配规则。

使用上一级的前缀和 ID：使用子集的 ID 作为子集内布图 ID 的前缀（图 7-10）。

给这个子集添加前缀：给子集内的布图增加自定义前缀，如"建施-"（图 7-11）、"建施 12-"（图 7-12）等。如将子集前缀设为"·"，则预览为"A3.01，A3.02"。

图 7-10　图纸 ID 分配及前缀 1

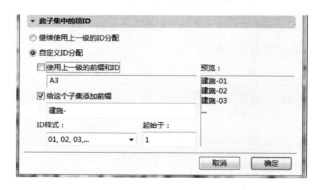

图 7-11　图纸 ID 分配及前缀 2

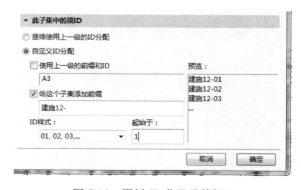

图 7-12　图纸 ID 分配及前缀 3

### 7.3.3 布图设置

右键子集中的单张布图，右键点击弹出布图设置对话框（图 7-13）。

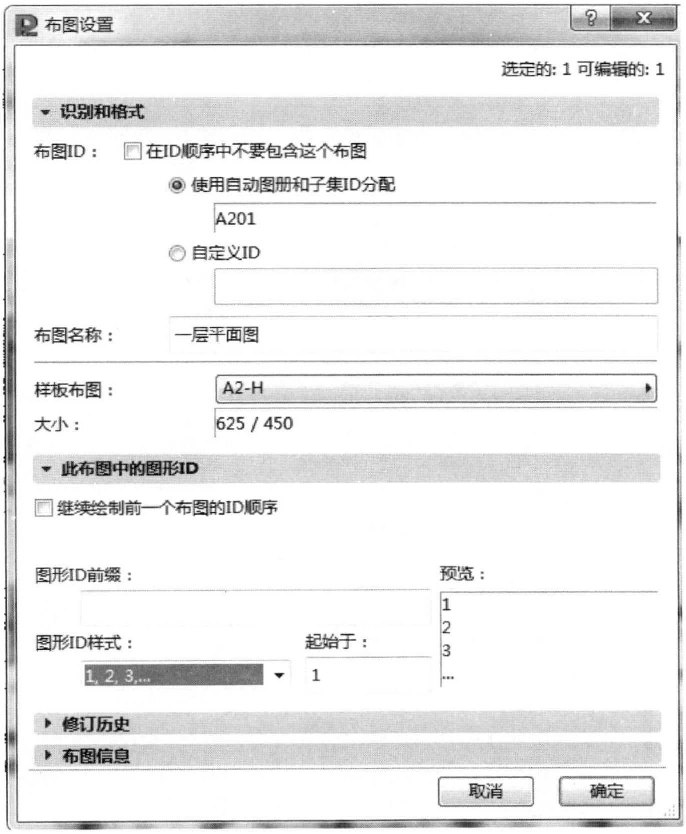

图 7-13　布图设置

布图设置各选项说明如下：

1.【布图设置＞识别和格式】

在 ID 顺序中不要包含这个布图：不影响自动图册中其他的图纸 ID，该布图也不按子集中默认规则分配 ID 号。

使用自动图册和子集 ID 分配：按照默认的规则分配 ID。

自定义 ID：增加自定义 ID。

布图名称：输入布图名称。

样板布图：为布图选择合适的预设图框。

2.【布图设置＞此布图中的图形 ID】

图形 ID 前缀：设置图框中已放置图形 ID 前缀。

图形 ID 样式：设置图形 ID 数据格式，如：02。

## 7.3.4　图纸选择设置

将视图映射中图纸放置到图册中的合适位置，选中图纸点击右键选择图形选择设置（图 7-14）。

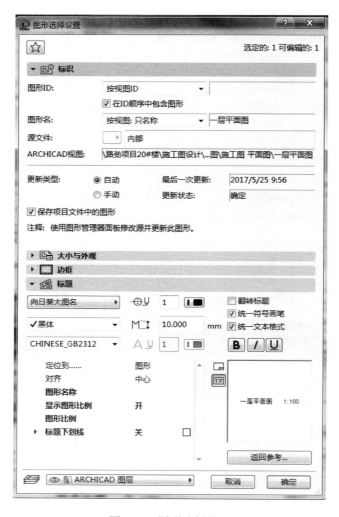

图 7-14　图形选择设置

图形 ID 和图形名建议在视图映射中统一修改好，图形直接使用视图映射中 ID 和视图映射中的名称，减少数据反复录入的次数。图形大小与外观一般根据图纸内容调整（图 7-15）。边框建议选择使边框与图形匹配，我们可以在标题栏中选择合适的标题样式、字体等（图 7-16）。

图 7-15　图形大小与外观设置

图 7-16　使边框与图形匹配

## 7.4　发布器集

发布器集（图 7-17）功能可以将打印及发布的文档格式和要发布的内容设定作为图册存储起来，可以在设计的任何阶段快速地发布经过最新修订的内容。发布的选项有直接打印文档、另存为 PDF、另存为 .DWG 文档、发布 BIMx 等。

视图映射、图册中的内容都可以拖放到发布器集中，而项目树状图中的内容不能放置到发布器集中，从另一方面也可以看出发布器集中发布的内容是保存了视图设置的内容。

发布器集作为一个连接项目内部数据图纸和外部打印、保存等一系列操作的媒介，最大的特点就是定制发布内容、发布格式。指定了若干发布器集后，在项目的任何一个阶段都可以快速打印、保存定制的发布内容。

点击浏览器左端  打开管理器（7-18），可以方便地将图纸、布图等内容拖拽到图册的相应位置。发布过的 BIMx 文档会自动创建发布器集。

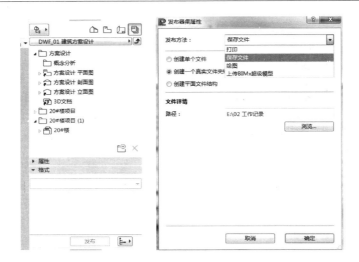

图 7-17　发布器集菜单及属性

图 7-18　管理器

　　小结：项目浏览器作为高效的图纸和文档工具，需要一些时间去熟悉。但熟练掌握后只需要一个人稍作管理，就能保证图纸中标签、页码、项目信息准确无误，大幅度提高项目管理及文档管理效率。

　　发布的方法有打印、保存文件、绘图、上传 BIMx 超级模型等方式（图 7-19）。

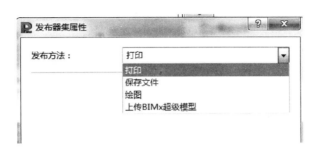

图 7-19　发布属性

　　选择保存文件后可以选择保存的文件格式为 PDF，可以选择将文件合并为一个 PDF，文档选项可以就 PDF 的显示精度和图层划分等进行详细的设定（图 7-20）。

图 7-20　发布 PDF 的设定

发布 PDF 文件的时候可以选择发布选定的项目或是全部的项目（图 7-21）。

选定的项目：发布当前选定的文档。

全部设置：发布当前发布器集中的所有内容。

图 7-21 发布 PDF 的范围

# 第 8 章　发布 BIMx 及移动端浏览

本章主要介绍 BIMx 文档的发布和 BIMx 在移动端展示的效果。BIMx 即是 PKPM-ArchiCAD 移动端浏览软件的名称，又是其发布轻量化模型的移动端浏览格式。通过 BIMx 可以轻松完成模型展示和图纸管理及移动端查看等功能，发布过程的全局照明渲染，让模型在移动端比其他软件有着更好的材质效果和更真实的阴影关系。

## 8.1　发布 BIMx

扫码看相关视频

PKPM-ArchiCAD 可以发布整合图册的移动端模型。可以在项目的规划阶段、建筑方案阶段、施工图阶段发布 BIM 模型及与之对应的文档。

发布 BIMx 有两种方式。

方法一：执行【文件＞发布 BIMx 超级模型】命令，在【发布一个已有的集】和【打开 3D 并继续】中我们选择【打开 3D 并继续】。图 8-1 中选择在设置后【创建新发布器集】。选择 3D 内容为【就像在 3D 窗口中】，布图可以选择全部图册，也可以选

图 8-1　发布 BIMx 设定

择图册中的某一子集，我们一般在这里选择需要发布的子集。点击下一步，为 BIMx
超级模型设定保存路径（图 8-2）。

图 8-2　设定保存路径

　　方法二：按上述方法创建 BIMx 会在发布器集中保存一个发布器集，下一次发布
的时候可以在发布器集中找到这个发布器集快速进行发布（图 8-3）。

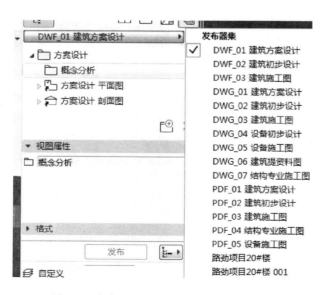

图 8-3　发布 BIMx 后自动保存到发布器集

## 8.2 移动端浏览 BIMx 文档

可以在 APP 商店下载 BIMx 免费版应用。通过 QQ 或微信可以将 BIMx 模型发送到移动端，选择用 BIMx 软件打开即可。用户还可用 iTunes 软件将模型拖到移动端的 BIMx 应用中来打开文档。

在移动端的 BIMx 软件上，除了可以查看三维模型和图册文档以外，还可以查看二维图纸在三维状态下的显示，便于快速了解建筑布局和每个房间的名称面积等指标。通过平面和三维的链接标记快速打开相应位置对应的图纸。点击 BIMx 中的模型可以快速地打开链接的平面、立面、剖面、详图标记定位图纸。

对于 BIMx 文档的发布除了可以在发布器集中发布外，通常在三维显示状态下使用【文件＞发布 BIMx 超级模型】命令。发布时可以设定超级模型的名称、包含的图册等。

图纸菜单及相应的模型浏览见图 8-4～图 8-9。

图 8-4　BIMx 图纸菜单和模型浏览

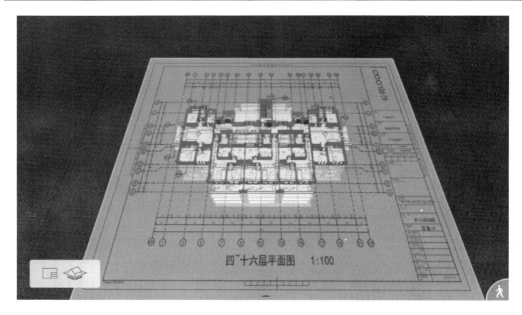

图 8-5　与图纸对应的模型浏览

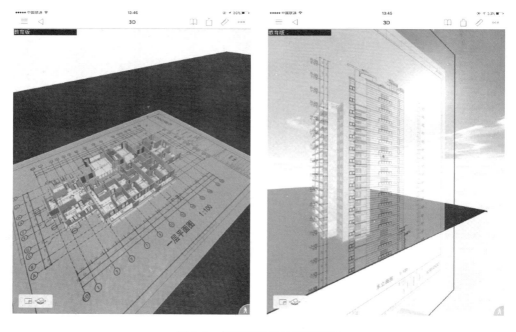

图 8-6　与图纸对应的模型浏览

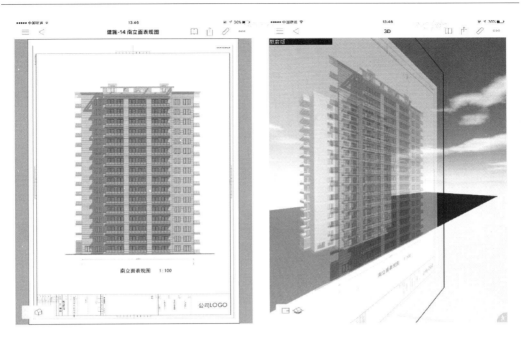

图 8-7 与图纸对应的模型浏览

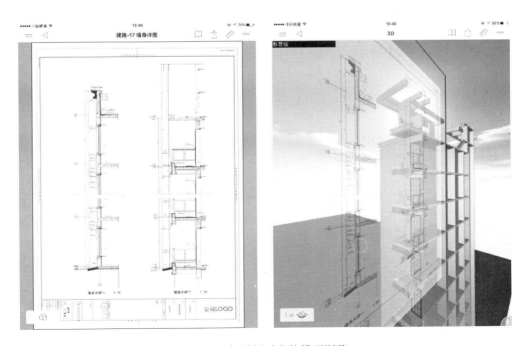

图 8-8 与图纸对应的模型浏览

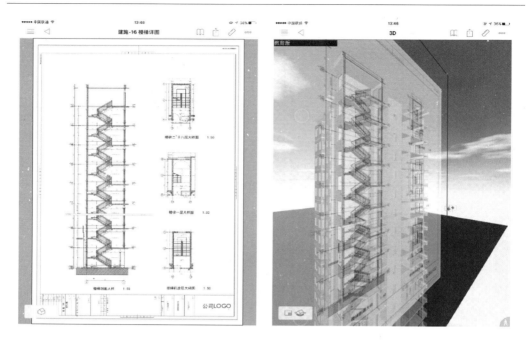

图 8-9  与图纸对应的模型浏览

# 第 9 章　附　　录

## 9.1　附录一　DWG 文件的导入方式

### 9.1.1　合并

执行【文件＞互操作性＞合并】选择 DWG 格式文件（图 9-1），在合并 DXF-DWG 模型空间对话框（图 9-2）中取消勾选插入点"在屏幕上指定"，选择符合标准的转化器。导入的 DWG 格式文件不应包含其他插件创建的图块，天正创建的模型需要转为 t3 格式后再导入。

图 9-1　合并 DWG 文件的设定

图 9-2　模板和转换器设定

在 CAD 中对图纸做适当调整，每张 CAD 图纸放置一个平面图，将 CAD 中的图纸相对原点的位置调成和 PKPM-ArchiCAD 原点位置一致，我们把 1 轴和 A 轴的交点调整到原点（0，0，0）的位置。（调整后不需要在参照菜单下拖动参照图纸的位置。）

导入的 DWG 文档可以当作前期设计阶段的条件图、参照底图。将 DWG 格式文档导入到独立的工作文档，方便后期对导入二维元素的管理和作为描绘参照使用。

其他专业二维设计条件还可以将 DWG 文档导入到 PKPM-ArchiCAD 中。

### 9.1.2　【文件>外部内容>放置外部图形】

该方法可直接放置 DWG 文件，但不能编辑 DWG 文件的内容，显示的内容随着 DWG 文件内容的修改，会进行动态更新。

### 9.1.3　【文件>互操作性>附加 Xref】

将 DWG 格式链接进文档中来，所有链接的文档可以在附加 Xref 中统一进行管理，链接进来的文件不能编辑。链接文件的显示随着链接的 DWG 文件调整而更新。（图 9-3）

图 9-3　放置外部图形

## 9.2　附录二　对象的应用

### 9.2.1　指北针

用户可以根据标准和公司习惯选择指北针在图纸上进行标注，当然用户也可以选择直接使用文字、填充、线条自行绘制或者导入 CAD 中的指北针。（图 9-4）

### 9.2.2　出入口标记

出入口的示意标记可以使用图库对象中的入口符号（图 9-5）。

### 9.2.3　家具、洁具、厨具和场地表现等

软件自带的建筑图库非常丰富，可以使用图库完成房间内部的布置和家具布置。

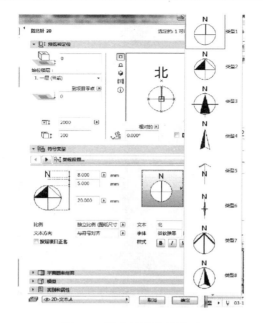

图 9-4　指北针图库及设置

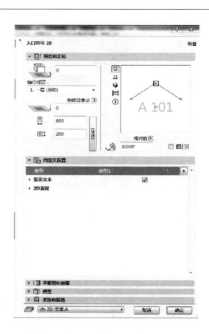

图 9-5　入口符号图库及设置

## 9.3　附录三　3D 文档的应用

### 9.3.1　3D 文档的创建

在平面图中用选取框工具绘制生成 3D 文档范围（图 9-6）。在这里我们选择粗线框 ，来显示所有楼层的选取框范围内的 3D 模型（图 9-7）。

在右键菜单中选择在 3D 中显示选择或选取框。

点击执行【视图＞3D 视图选项＞在 3D 中过滤和剪切…】，在 3D 中显示的楼层菜单中勾选有限，选择从一层到四层（图 9-8），只显示入口显示的楼层（图 9-9）。

在右键菜单中选择"从 3D 中创建 3D 文档"（图 9-10），生成的 3D 文档见图 9-11。

### 9.3.2　3D 文档的设置

右键 3D 文档设置，打开 3D 文档选择设置（图 9-12），可对文档的参考 ID、名称、3D 投影等进行设置，模型显示的设置和立面、剖面的设置相似。为了增强表现效果，我们将太阳与阴影设置下的"太阳阴影"勾选。

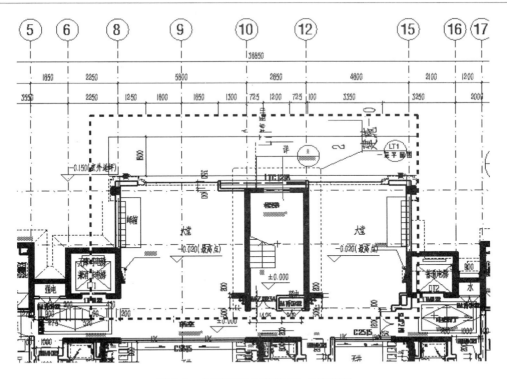

图 9-6  在平面图中确定 3D 文档范围

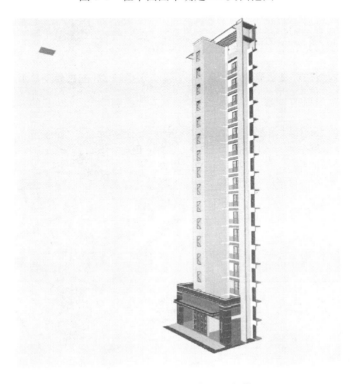

图 9-7  生成的局部 3D 文档

图 9-8 设定模型楼层显示范围

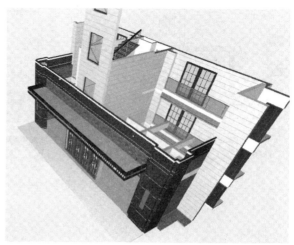

图 9-9 三维模型显示

图 9-10 创建 3D 文档

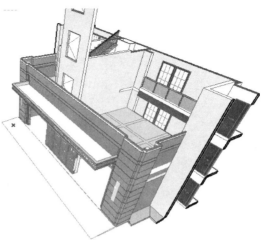

图 9-11 生成的 3D 文档

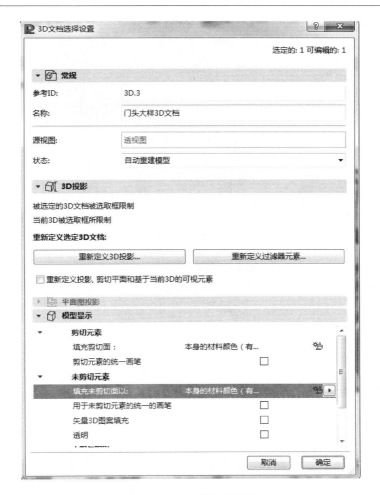

图 9-12　3D 文档显示设置

### 9.3.3　3D 文档注释

在 3D 文档中可以使用标注工具对尺寸和标高进行标注，也可以使用标签工具，对做法和细部进行注释（图 9-13）。

### 9.3.4　3D 文档布图

将 3D 文档保存在视图映射中（图 9-14）。

### 9.3.5　创建平面 3D 文档

在平面图中点击右键菜单选择"从平面图中新建 3D 文档"（图 9-15）。

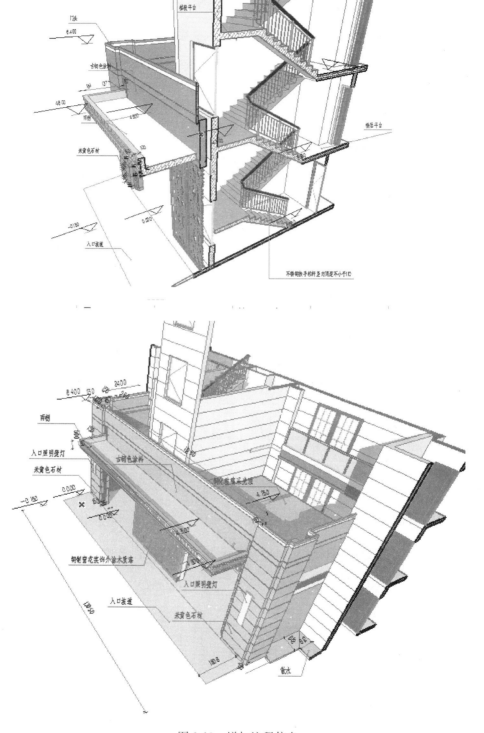

图 9-13　增加注释信息

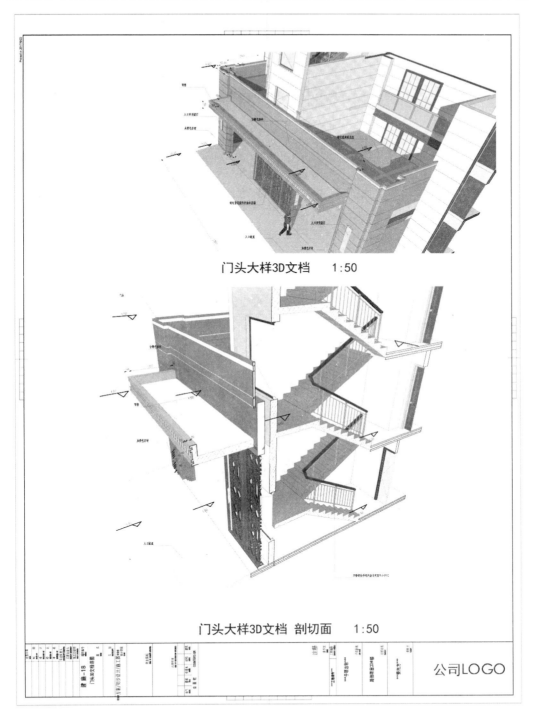

图 9-14 图册中放置 3D 文档

在 3D 文档设置中将模型显示做适当调整，生成平面 3D 文档如图 9-16 所示，可以在平面 3D 文档中增加填充、线条、尺寸标注注释等。

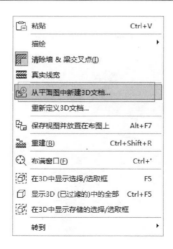

图 9-15　选择从平面图创建 3D 文档

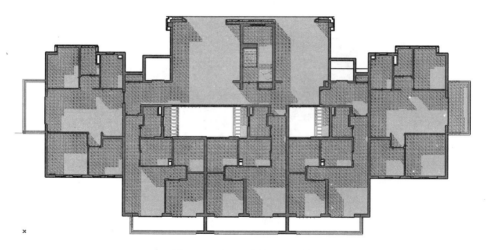

图 9-16　调整后的 3D 文档

# 第 3 篇　结构及装配式设计

本专业工作流程如图 3 所示。

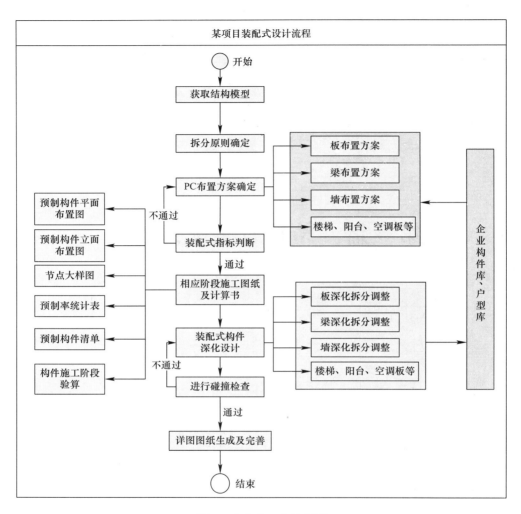

图 3　本专业工作流程图

# 第 10 章　方 案 设 计

## 10.1　装配式基本模型

本节主要介绍装配式剪力墙住宅项目中模型的创建过程，及后期拆分深化前对模型进行的相关调整和补充工作。

### 10.1.1　基于结构模型生成

扫码看相关视频

在 PKPM-PC 程序中，建立模型有三种方式：第一种方式，由 PKPM-BIM 建筑模块模型转化生成结构模型，进而对模型进行补充及调整；第二种方式，在 PKPM-PC 程序中利用已有的建模界面菜单项完成整个模型的创建；第三种方式，由于设计院结构专业工程师对 PKPM 结构设计软件应用相对熟练，可将 PMCAD 模型导入到 PKPM-PC 程序中。第三种方式可以在很大程度上减少结构专业工程师对于模型创建及转化过程处理的工作量，高质、高效地完成结构模型的生成。

本项目采用以上介绍的第三种方式，即由 PM 模型（图 10-1）导入生成 PKPM-PC

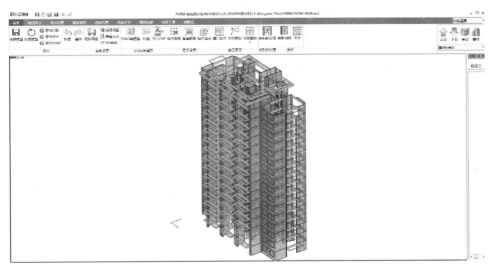

图 10-1　PM 中显示的结构模型

115

装配式设计分析以及拆分深化所需的结构模型（图 10-2）。启动程序后，执行【基本＞导入导出＞导入 PM】命令，找到 PM 模型文件"用户案例二 .jws"并导入到程序中。

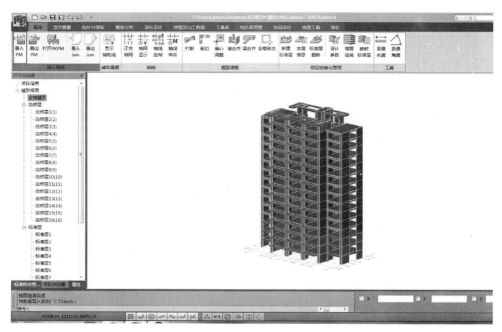

图 10-2　导入 PKPM-PC 中的结构模型

导入到 PKPM-PC 程序中的模型，保留了原有 PKPM 软件中 PM 模块内的标准层及楼层映射关系，同时原有模型中施加的恒、活荷载也可全部实现接力（图 10-3）。

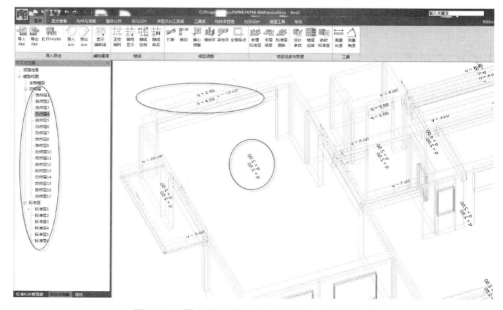

图 10-3　带有荷载信息的 PKPM-PC 楼层模型

### 10.1.2  模型调整及补充

为方便模型拆分方案的有效确定，在指定预制构件前需要对现浇结构模型进行局部调整以及完善。模型调整主要关注两大类问题：第一，设计模型的各构件之间连接节点是否唯一，这一点非常重要，决定着后续模型计算分析能否进行以及分析的准确性（图 10-4）；第二，由于 PKPM-PC 程序对于构件拆分判断的需要，在指定预制构件前应对墙体和梁构件进行合并工作，被次梁打断的主梁以及多洞口墙的中间节点将被合并（图 10-5）。执行【基本＞模型调整＞梁合并/墙合并】命令，进行相应类型构件的合并操作。

图 10-4  多个墙与梁构件的连接节点

图 10-5  节点合并后一片墙上存在的多个洞口

对于以上两点，第一点主要针对由建筑专业转化过来的模型，由于建筑师建模时无法考虑结构专业计算规则，可能造成构件连接节点不一致的情况，从而无法进行结构计算。第二点主要是由于 PKPM 结构设计软件在建模时需要一定的规则，如次梁与主梁相交处会产生节点、一片剪力墙上开多个洞口需要设置节点等。而在 PKPM-PC 程序中，不存在上述问题，并且为了后续拆分构件工作顺利进行，应当进行构件节点合并工作。

除此之外，PKPM-PC 程序在原有 PM 模块建模的基础上做了很多改进：不仅可基于标准层进行建模工作，同时也可以基于自然层完成建模工作；在构件布置和操作方式上，也提供了多种选择，可协助用户高效准确地完成模型的创建。

## 10.2 装配式拆分方案确定

### 10.2.1 装配式建筑设计原则

扫码看相关视频

1. 计算原则

（1）结构设计以《装配式混凝土结构技术规程》JGJ 1—2014 为主要设计依据；

（2）在各种设计状况下，装配整体式结构可采用与现浇混凝土结构相同的方法进行结构分析；

（3）节点区域的钢筋构造（纵筋的锚固、连接以及箍筋的配置等）与现浇结构相同。

2. 工艺原则

（1）构件之间无碰撞，构件内部各个工艺之间无碰撞；

（2）连接区域混凝土后浇或后注浆；

（3）墙柱纵向钢筋采用钢筋灌浆套筒连接；

（4）梁采用机械套筒连接；

（5）楼盖采用叠合楼盖（60mm 预制楼板＋70mm 现浇楼板），双向板通过后浇带连接；

（6）预制墙底接缝应采用高强灌浆料填实，并应确保密实；

（7）构件重量少于 6.0t，工艺要求免外模设计。

3. 难点设计

免外模设计。

### 10.2.2 指定预制构件类型

针对调整后的模型和拆分设计原则，可基于标准层或自然层对模型中的各类预制构件依次进行指定。目前 PKPM-PC 程序支持对叠合板、叠合梁、外挂墙板、预制柱、预制内外墙、洞口填充墙、阳台板、空调板等多种构件类型进行指定，还可通过交互布置进一步补充。对于异形构件，如带有转角窗的预制阳台等，PKPM-PC 程序还支持用户以自定义构件的方式完成预制构件的创建，并插入到模型中参与整体统计。

本项目中涉及的预制构件类型主要包括：叠合板、预制梁、预制三明治外墙、预制内墙、预制阳台、预制楼梯等。在指定预制构件时，主要针对楼板、梁以及内外墙构件进行相应指定，其余构件可采用交互布置进行补充，指定完成后的模型可通过查看预制构件属性进行确认（图 10-6）。

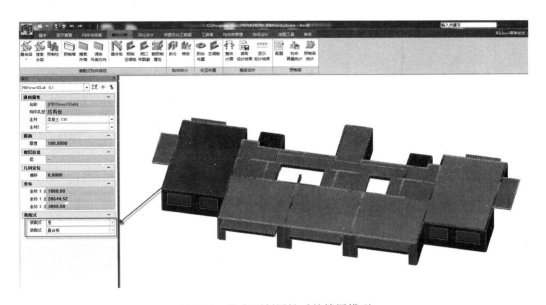

图 10-6　指定预制属性后的楼层模型

以标准层 4 中的楼板为例，执行【整体分析＞装配式构件指定＞叠合板】命令，在模型中选择相应位置的板构件，指定成功后，叠合板的颜色会变为青色，表明指定成功（图 10-7）。其余构件的预制属性指定与板操作基本相同，不再累述。

## 10.2.3　叠合板拆分方案确定

指定预制构件后，可以对模型中的构件做预拆分处理，在拆分时需要对拆分参数进行相应控制，执行【整体分析＞构件拆分＞拆分】命令，弹出"拆分参数"对话框（图 10-8）。

在构件拆分参数栏中指定板的相关参数后，点击需要拆分的楼板，程序自动完成楼板的拆分工作（图 10-9）。

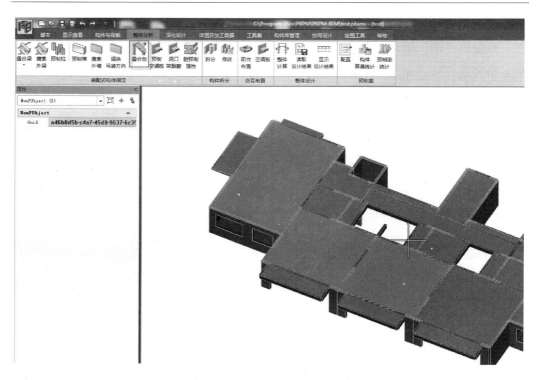

图 10-7　指定叠合板

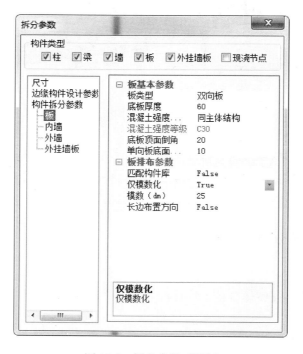

图 10-8　拆分参数对话框

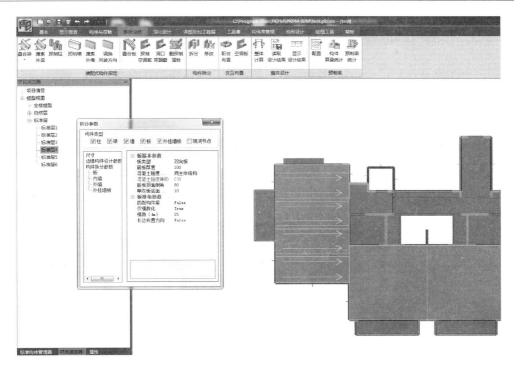

图 10-9　楼板拆分

### 10.2.4　预制外墙拆分方案确定

在构件拆分参数栏中指定外墙的相关参数后，点击需要拆分的外墙，程序自动完成外墙的拆分工作（图 10-10）。

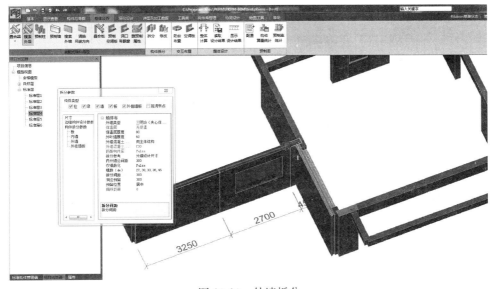

图 10-10　外墙拆分

### 10.2.5　预制内墙拆分方案确定

在构件拆分参数栏中指定内墙的相关参数后，点击需要拆分的内墙，程序自动完成内墙的拆分工作（图 10-11）。

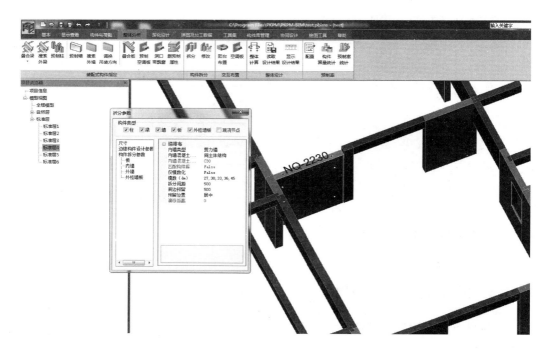

图 10-11　内墙拆分

### 10.2.6　预制构件拆分方案调整

由程序拆分出来的楼板和墙体常常由于参数设置问题以及默认拆分原则导致拆分结果与用户预期存在差距，此时可通过修改工具调整拆分方案。执行【整体分析＞构件拆分＞修改】命令，选择需要修改的相应预制构件，弹出"拆分参数修改设置"对话框，根据实际方案进行参数调整（图 10-12）。

### 10.2.7　交互布置补充构件

对主体结构模型拆分并调整完成后，可以补充一些空调板、阳台板等构件以完善模型。执行【整体分析＞交互布置＞阳台布置】命令，在结构模型基础上进行预制阳台的创建（图 10-13）。

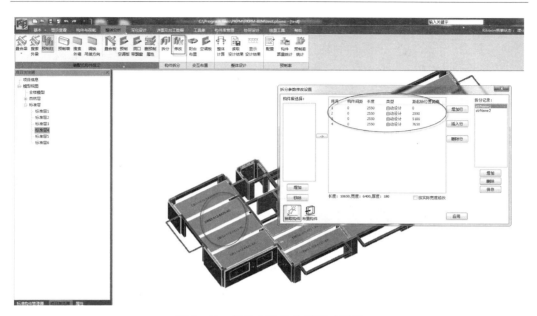

图 10-12　拆分参数修改设置对话框

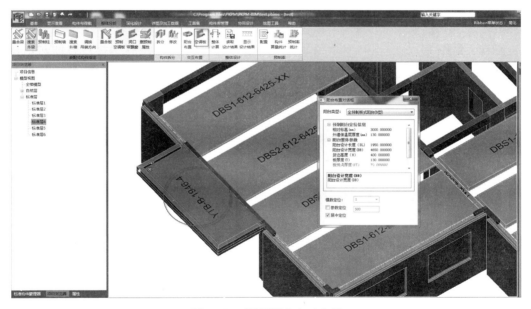

图 10-13　预制阳台交互布置

## 10.3　方案预制率统计

对模型进行预拆分后,在方案阶段可以对某些自然层或全楼模型进行预制率粗略统计。由于之前的模型预拆分工作都是基于

扫码看相关视频

标准层进行，需要将标准层的预制构件同步到自然层。执行【深化设计＞辅助＞标准层同步】命令，完成标准层预制构件映射到关联自然层的操作（图 10-14）。

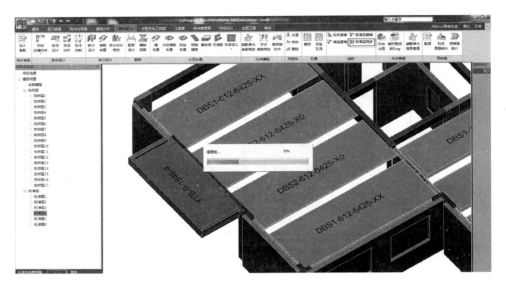

图 10-14　标准层同步

执行【整体分析＞预制率＞预制率统计】命令，弹出"预制率统计"的对话框（图 10-15）。选择全楼进行统计，计算方法选择体积法，最终得到全楼预制率为 21.3％（图 10-16）。

图 10-15　预制率统计对话框

图 10-16　预制率统计报表

# 第11章 整体计算

## 11.1 接力计算

在对结构模型进行补充完善和预制构件指定后，即可接力 PKPM 设计软件进行相关计算分析。执行【整体分析＞整体设计＞整体计算】命令，弹出"接力 PKPM 结构软件"对话框（图 11-1），勾选"生成 PM 数据"后，点击"确定"按钮。

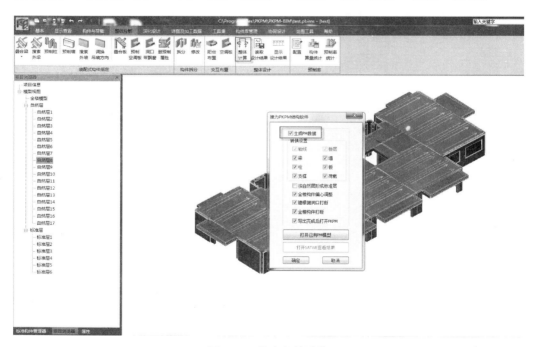

图 11-1 接力整体计算

## 11.2 设置及计算

程序会自动调用 PKPM 结构设计软件，在 PKPM 结构建模模块检查并完善模型，同时再次确认预制构件属性定义的准确性（图 11-2）。

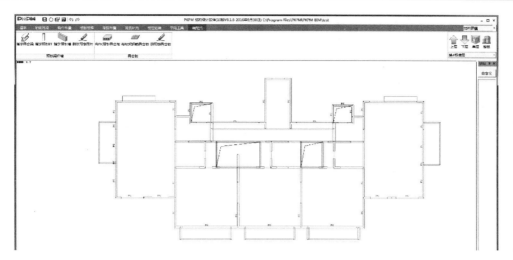

图 11-2　PKPM 结构建模模块内确认预制构件属性

在 SATWE 分析设计模块中对分析参数分别进行定义。在这里注意两个与现浇结构不同的参数，总信息栏中的"结构体系"选择装配整体式剪力墙结构（图 11-3），调整信息 1 栏中的"装配式结构中的现浇部分地震内力放大系数"取值 1.1（图 11-4）。第二个参数设置来源于《装配式混凝土结构技术规程》8.1.1 条：对同一层内既有现浇墙肢也有预制墙肢的装配整体式剪力墙结构，现浇墙肢水平地震作用弯矩、剪力宜乘以不小于 1.1 的增大系数。

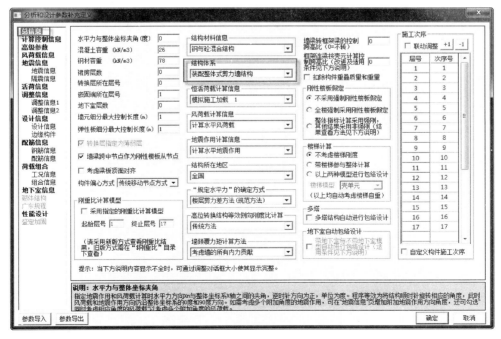

图 11-3　设计参数设置（一）

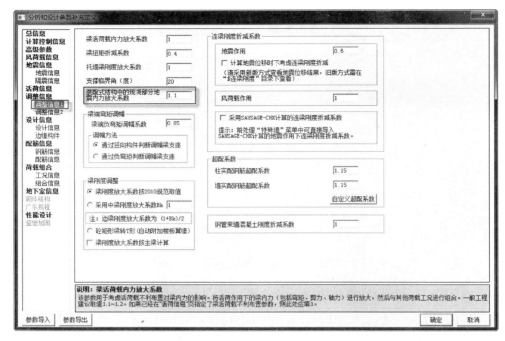

图 11-4　设计参数设置（二）

参数指定完成后，可以生成模型数据并执行计算功能（图 11-5）。

图 11-5　数据生成及计算

## 11.3　计算结果查看及模型调整

计算完成后，可以在 PKPM 结构设计软件中查看计算结果，包括模型简图、分析结果、设计结果、文本结果等相关内容。在整体指标方面，装配式建筑的结构设计除满足周期比、位移比、刚度比等常规技术指标外，还需要注意《装配式混凝土结构技术规程》6.1.1 条 2 款的规定，在规定水平力作用下控制现浇与预制构件承担的底部总剪力比例，程序中已给出相应文本输出内容（图 11-6）。

WV02Q - 记事本

文件(F) 编辑(E) 格式(O) 查看(V) 帮助(H)

装配整体式结构框架柱、剪力墙地震剪力百分比

| 层号 | 塔号 | | 预制柱 | 现浇柱 | 预制墙 | 现浇墙 |
|---|---|---|---|---|---|---|
| 17 | 1 | X | 0.00% | 0.00% | 0.00% | 100.00% |
| | | Y | 0.00% | 0.00% | 0.00% | 100.00% |
| 16 | 1 | X | 0.00% | 0.00% | 0.00% | 100.00% |
| | | Y | 0.00% | 0.00% | 0.00% | 100.00% |
| 15 | 1 | X | 0.00% | 0.00% | 21.08% | 78.92% |
| | | Y | 0.00% | 0.00% | 74.57% | 25.43% |
| 14 | 1 | X | 0.00% | 0.00% | 26.84% | 73.16% |
| | | Y | 0.00% | 0.00% | 77.05% | 22.95% |
| 13 | 1 | X | 0.00% | 0.00% | 29.80% | 70.20% |
| | | Y | 0.00% | 0.00% | 78.17% | 21.83% |
| 12 | 1 | X | 0.00% | 0.00% | 32.98% | 67.02% |
| | | Y | 0.00% | 0.00% | 78.72% | 21.28% |
| 11 | 1 | X | 0.00% | 0.00% | 34.57% | 65.43% |
| | | Y | 0.00% | 0.00% | 78.83% | 21.17% |
| 10 | 1 | X | 0.00% | 0.00% | 36.77% | 63.23% |
| | | Y | 0.00% | 0.00% | 79.08% | 20.92% |
| 9 | 1 | X | 0.00% | 0.00% | 37.78% | 62.22% |
| | | Y | 0.00% | 0.00% | 79.17% | 20.83% |
| 8 | 1 | X | 0.00% | 0.00% | 39.66% | 60.34% |
| | | Y | 0.00% | 0.00% | 79.38% | 20.62% |
| 7 | 1 | X | 0.00% | 0.00% | 40.55% | 59.45% |
| | | Y | 0.00% | 0.00% | 79.60% | 20.40% |
| 6 | 1 | X | 0.00% | 0.00% | 42.35% | 57.65% |
| | | Y | 0.00% | 0.00% | 80.03% | 19.97% |
| 5 | 1 | X | 0.00% | 0.00% | 43.73% | 56.27% |
| | | Y | 0.00% | 0.00% | 80.71% | 19.29% |
| 4 | 1 | X | 0.00% | 0.00% | 44.13% | 55.87% |
| | | Y | 0.00% | 0.00% | 82.08% | 17.92% |
| 3 | 1 | X | 0.00% | 0.00% | 0.00% | 100.00% |
| | | Y | 0.00% | 0.00% | 0.00% | 100.00% |
| 2 | 1 | X | 0.00% | 0.32% | 0.00% | 99.68% |
| | | Y | 0.00% | 0.28% | 0.00% | 99.72% |
| 1 | 1 | X | 0.00% | 0.31% | 0.00% | 99.69% |
| | | Y | 0.00% | 0.28% | 0.00% | 99.72% |

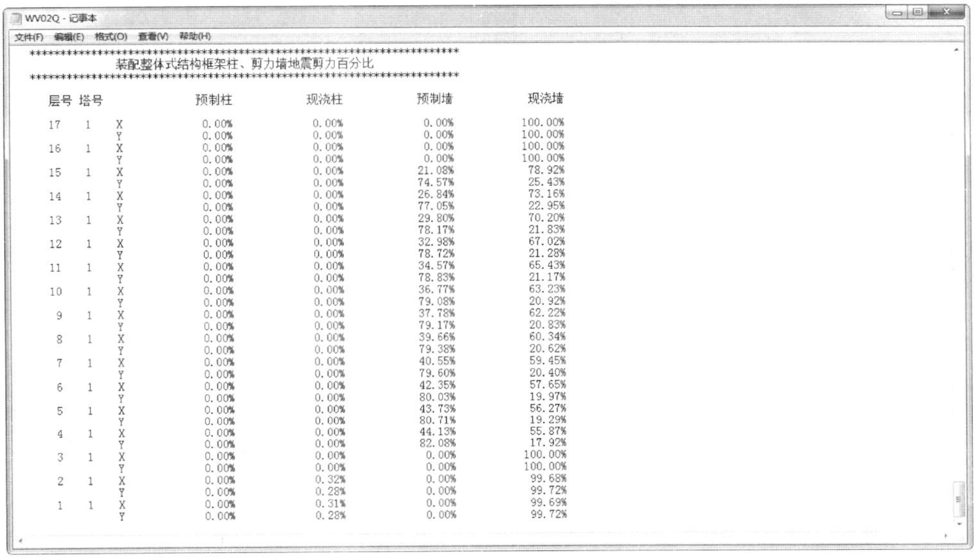

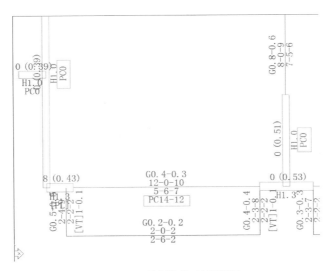

图 11-6　规定水平力作用下现浇与预制构件承担的剪力百分比

此外，PKPM 结构设计软件在计算分析过程中，可以分别实现预制梁端竖向接缝受剪承载力的计算，预制柱底、预制墙体水平接缝受剪承载力的计算，在输出结果中的配筋简图以及单构件信息查询中可以查看（图 11-7、图 11-8）。

图 11-7　预制构件配筋简图

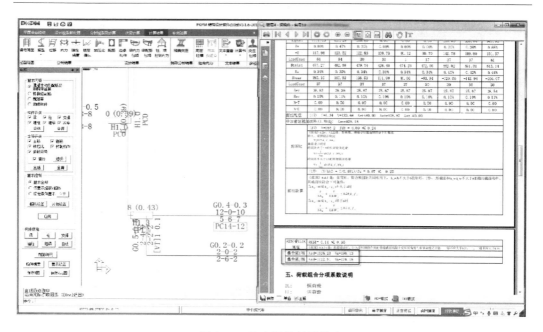

图 11-8　叠合梁构件计算书

# 第12章　施工图出图及报审文件生成

## 12.1　图纸

模型在经过反复计算分析及调整，满足规范指标及配筋要求后，可以在 PKPM 结构设计软件中生成现浇部分的图纸，预制部分的平面布置图以及构件详图可在 PK-PM-PC 程序中生成。

### 12.1.1　墙柱定位图

在 PKPM-PC 程序中，执行【深化设计＞自动设计＞形成边缘构件】命令，弹出"节点生成"对话框，勾选"仅生成当前层节点"，生成相应边缘构件（图 12-1）。

扫码看相关视频

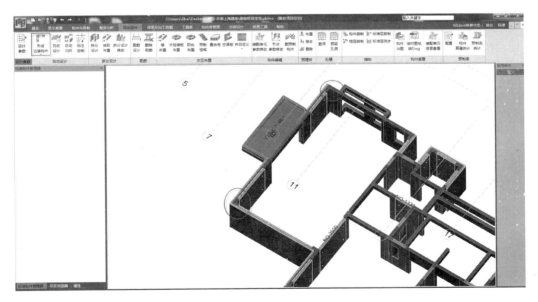

图 12-1　生成边缘构件

对边缘构件生成的位置和大小进行调整，最终达到设计效果。当前面的计算分析完成后，此时生成的边缘构件可以读取计算结果，实现根据结果自动配筋（图 12-2）。

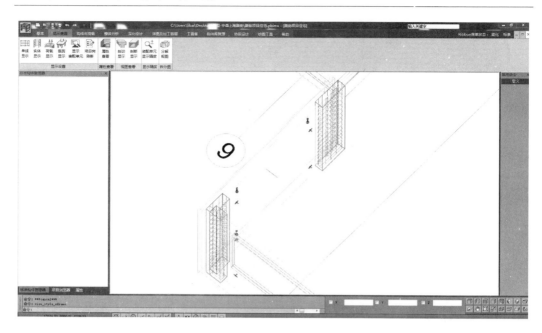

图 12-2　边缘构件配筋

执行【详图及加工数据＞图纸生成＞自动全楼施工图】命令，弹出"选择绘制"对话框，勾选"第 4 自然层平面图纸-墙柱"（图 12-3）。

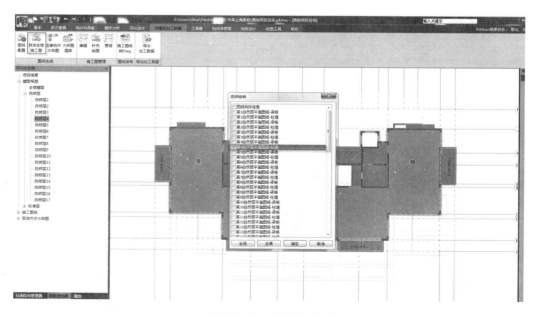

图 12-3　图纸生成对话框

生成的第 4 层墙柱定位图详见图 12-4。

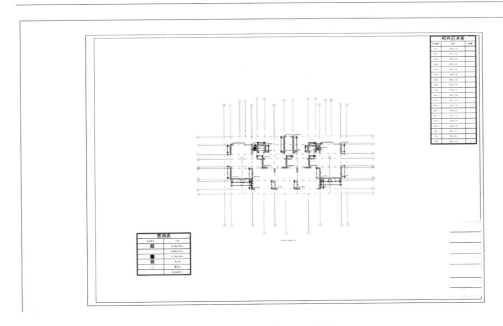

图 12-4 墙柱定位图

## 12.1.2 墙柱详图

执行【详图及加工数据＞图纸生成＞边缘构件大样图】命令，生成边缘构件大样
图纸（图 12-5）。

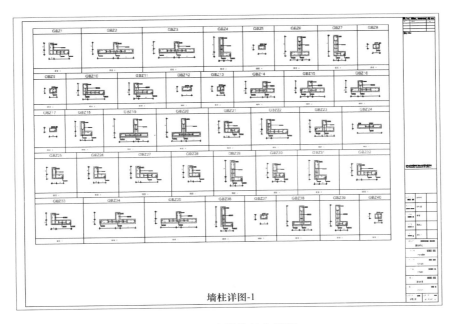

图 12-5 边缘构件大样图

### 12.1.3　结构模板图

在 PKPM 结构设计软件中通过相关参数的指定，可以完成结构模板图纸的生成（图 12-6）。

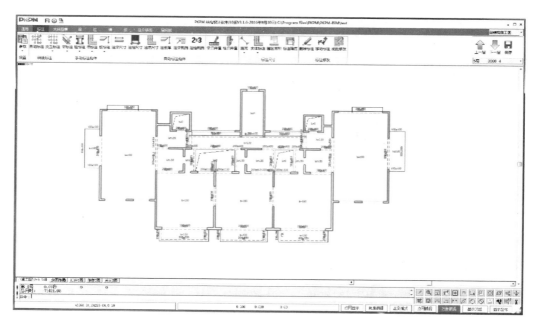

图 12-6　结构模板图

### 12.1.4　板配筋图

在 PKPM 结构设计软件中通过相关参数的指定，可以完成结构板配筋图纸的生成（图 12-7）。无论是现浇板还是叠合板，在计算分析时均按照现浇进行计算分析。注意当采用单向密缝叠合板进行设计时，要将板的非受力边设置为自由边界。

### 12.1.5　梁配筋图

在 PKPM 结构设计软件中通过相关参数的指定，可以完成结构梁配筋图纸的生成（图 12-8）。根据叠合板的布置形式，要考虑其对周边梁的影响，在传力方式上要设置板的单向传力或双向传力。除此之外还应当注意，对于叠合梁构件的下部钢筋，应尽量选择高强度、大直径、大间距的钢筋，以方便预制构件的加工生产和现场安装。

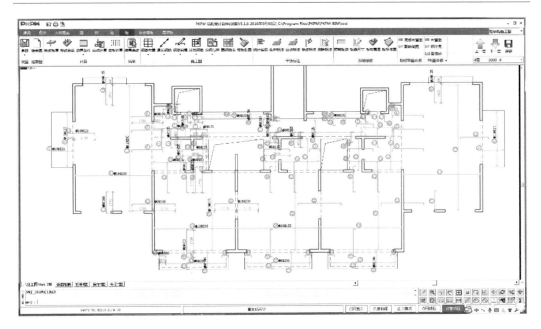

图 12-7　板配筋图

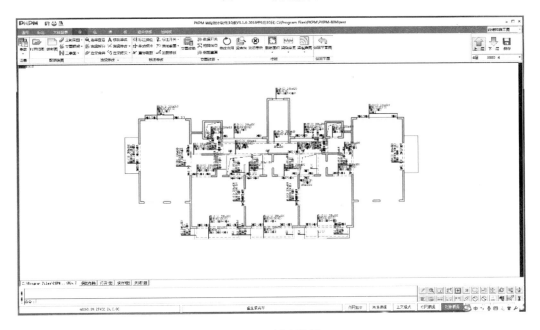

图 12-8　梁配筋图

## 12.1.6　梁板平面布置图

执行【详图及加工数据>图纸生成>自动全楼施工图】命令，弹出"选择绘制"
对话框，勾选"第 4 自然层平面图纸-梁板"（图 12-9）。

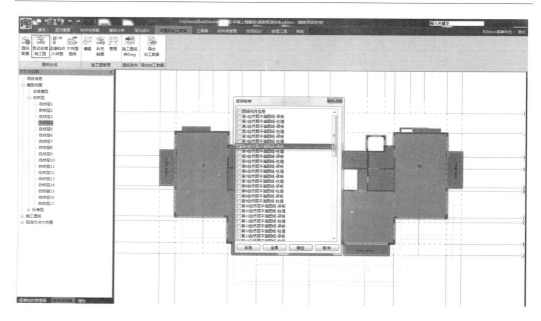

图 12-9　图纸生成对话框

生成的第 4 层梁板平面布置图详见图 12-10。

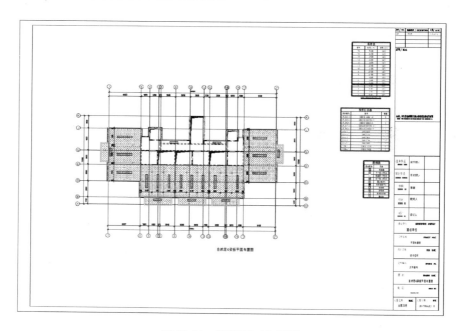

图 12-10　梁板平面布置图

## 12.1.7　三维模型

经过初步方案拆分、设计、计算分析以及调整后，满足规范要求的装配式结构三维模型设计完成（图 12-11）。

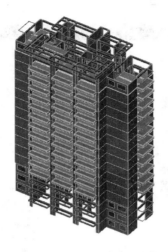

图 12-11 设计完成的装配式结构模型

## 12.2 送审计算书

目前，装配整体式结构设计主要采用等同于现浇结构的设计方法，因此在计算书整理方面应当分为两部分：第一部分按照传统现浇结构生成相应技术指标、结构布置简图、荷载简图以及配筋简图等内容；第二部分结合装配式建筑特点生成相应统计指标及清单。

### 12.2.1 结构计算书

1. 计算参数（全局指标汇总）及各子项指标

在 PKPM 结构设计软件的 SATWE 设计分析模块中可以输出结构设计分析相关参数及各项技术指标（图 12-12）。

在结构设计软件中可通过"计算书"功能，分项输出各项结果（图 12-13）。

2. 结构布置简图

在 PKPM 结构设计软件的 SATWE 设计分析模块中可以输出带有构件编号的结构布置简图（图 12-14）。

3. 荷载简图

在 PKPM 结构设计软件的 SATWE 设计分析模块中可以输出表示恒、活布置的荷载简图（图 12-15）。

图 12-12 计算书输出界面

图 12-13 结构计算书目录

### 4. 配筋简图

在 PKPM 结构设计软件的 SATWE 设计分析模块中可以输出各类构件的计算配筋简图（图 12-16）。

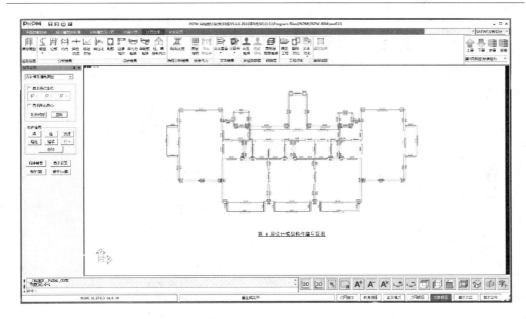

图 12-14 结构布置简图

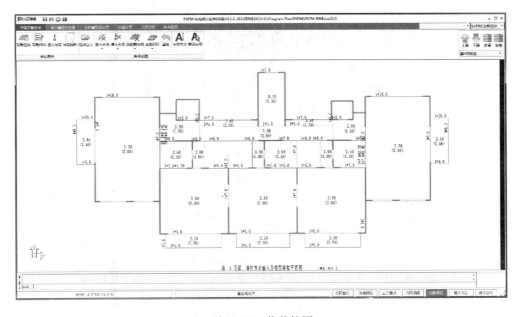

图 12-15 荷载简图

## 12.2.2 PC 计算书

### 1. 预制率统计表

在 PKPM-PC 程序中，经过计算分析和模型调整后，可以生成预制率统计表。执行
【深化设计＞预制率＞预制率统计】命令，弹出"预制率统计"对话框（图 12-17）。

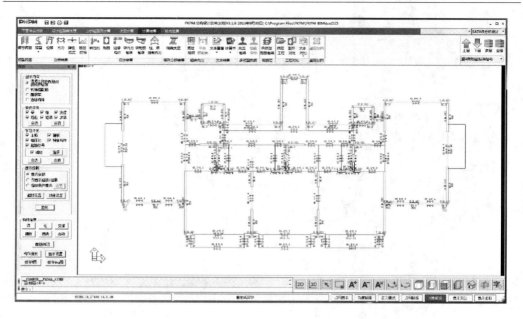

图 12-16 配筋简图

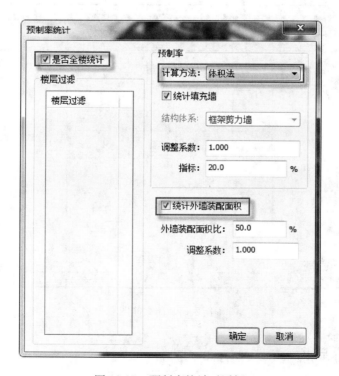

图 12-17 预制率统计对话框

选择全楼进行统计，计算方法选择体积法，勾选"统计外墙装配面积"，最终得到全楼预制率为 36.4%（图 12-18）。

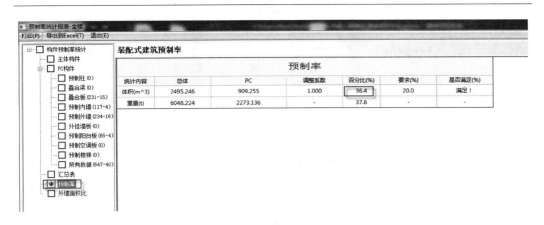

图 12-18　预制率统计报表

## 2. 外墙预制表面积比（Excel、PDF）

在生成的预制率统计报表中，选择"外墙面积比"，查看外墙装配面积比为 73.9%（图 12-19）。

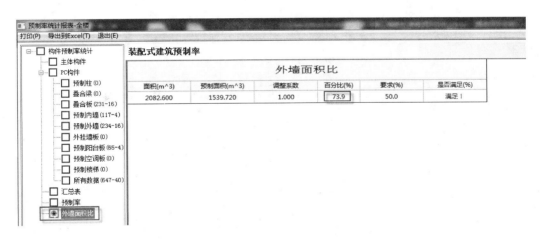

图 12-19　外墙装配面积比统计

## 3. 预制构件清单及材料统计清单

在 PKPM-PC 程序中，执行【深化设计＞预制率＞构件算量统计】命令，弹出 "算量统计报表"结果，可以查看到装配构件分类表、钢筋分类汇总表、装配单元附件表等多项清单统计结果（图 12-20、图 12-21、图 12-22）。

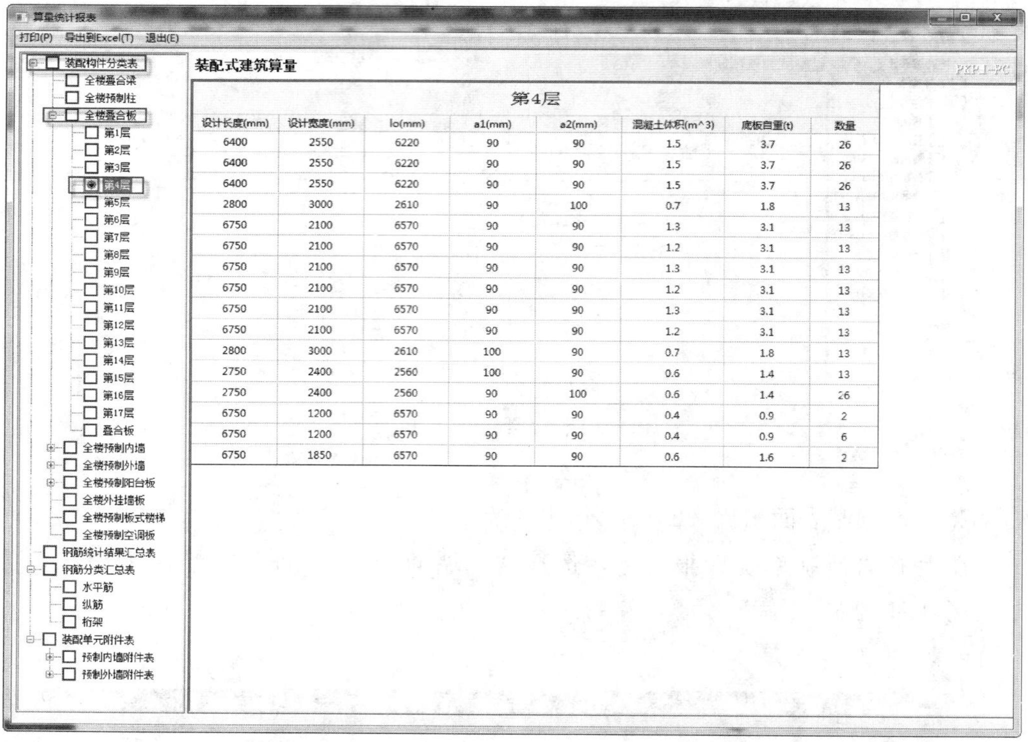

**图 12-20 第四层叠合板分类统计表**

第4层

| 设计长度(mm) | 设计宽度(mm) | lo(mm) | a1(mm) | a2(mm) | 混凝土体积(m^3) | 底板自重(t) | 数量 |
|---|---|---|---|---|---|---|---|
| 6400 | 2550 | 6220 | 90 | 90 | 1.5 | 3.7 | 26 |
| 6400 | 2550 | 6220 | 90 | 90 | 1.5 | 3.7 | 26 |
| 6400 | 2550 | 6220 | 90 | 90 | 1.5 | 3.7 | 26 |
| 2800 | 3000 | 2610 | 90 | 100 | 0.7 | 1.8 | 13 |
| 6750 | 2100 | 6570 | 90 | 90 | 1.3 | 3.1 | 13 |
| 6750 | 2100 | 6570 | 90 | 90 | 1.2 | 3.1 | 13 |
| 6750 | 2100 | 6570 | 90 | 90 | 1.3 | 3.1 | 13 |
| 6750 | 2100 | 6570 | 90 | 90 | 1.2 | 3.1 | 13 |
| 6750 | 2100 | 6570 | 90 | 90 | 1.3 | 3.1 | 13 |
| 6750 | 2100 | 6570 | 90 | 90 | 1.2 | 3.1 | 13 |
| 2800 | 3000 | 2610 | 100 | 90 | 0.7 | 1.8 | 13 |
| 2750 | 2400 | 2560 | 100 | 90 | 0.6 | 1.4 | 13 |
| 2750 | 2400 | 2560 | 90 | 100 | 0.6 | 1.4 | 26 |
| 6750 | 1200 | 6570 | 90 | 90 | 0.4 | 0.9 | 2 |
| 6750 | 1200 | 6570 | 90 | 90 | 0.4 | 0.9 | 6 |
| 6750 | 1850 | 6570 | 90 | 90 | 0.6 | 1.6 | 2 |

**图 12-21 钢筋统计结果汇总表**

钢筋统计结果汇总表

| 楼层 | 类别 | 项目 | HPB235 0 | HPB300 6 | HRB400 6 | HRB400 8 | HRB400 10 | HRB400 12 | HRB400 100 | HRB400 8 | 合计 |
|---|---|---|---|---|---|---|---|---|---|---|---|
| 4 | 叠合板 | 长度(m) | | 1052.49 | | 3307.25 | 2250.13 | | | | 6609.87 |
| | | 质量(kg) | | 233.60 | | 1304.99 | 1387.29 | | | | 2925.88 |
| | 阳台板 | 长度(m) | | 39.81 | 566.00 | 1125.26 | 203.70 | 206.30 | | | 2141.07 |
| | | 质量(kg) | | 8.84 | 125.63 | 444.01 | 125.59 | 183.16 | | | 887.22 |
| | 预制内墙 | 长度(m) | | | 204.76 | 537.66 | 344.40 | | | | 1086.82 |
| | | 质量(kg) | | | 45.45 | 212.15 | 212.34 | | | | 469.94 |
| | 预制外墙 | 长度(m) | -0.16 | | 464.01 | 1282.19 | 971.38 | | 0.00 | 0.00 | 2717.43 |
| | | 质量(kg) | -0.00 | | 102.99 | 505.93 | 598.89 | | 0.00 | | 1207.82 |
| | 合计 | 长度(m) | -0.16 | 1092.30 | 1234.77 | 6252.36 | 3769.61 | 206.30 | 0.00 | 0.00 | 12555.19 |
| | | 质量(kg) | 0.00 | 242.44 | 274.06 | 2467.08 | 2324.11 | 183.16 | 0.00 | 0.00 | 5490.85 |
| 5 | 叠合板 | 长度(m) | | 1052.49 | | 3307.25 | 2250.13 | | | | 6609.87 |
| | | 质量(kg) | | 233.60 | | 1304.99 | 1387.29 | | | | 2925.88 |
| | 阳台板 | 长度(m) | | 39.81 | 566.00 | 1125.26 | 203.70 | 206.30 | | | 2141.07 |
| | | 质量(kg) | | 8.84 | 125.63 | 444.01 | 125.59 | 183.16 | | | 887.22 |
| | 预制内墙 | 长度(m) | | | 204.76 | 537.66 | 344.40 | | | | 1086.82 |
| | | 质量(kg) | | | 45.45 | 212.15 | 212.34 | | | | 469.94 |
| | 预制外墙 | 长度(m) | -0.16 | | 464.01 | 1282.19 | 971.38 | | 0.00 | 0.00 | 2717.43 |
| | | 质量(kg) | -0.00 | | 102.99 | 505.93 | 598.89 | | 0.00 | | 1207.82 |
| | 合计 | 长度(m) | -0.16 | 1092.30 | 1234.77 | 6252.36 | 3769.61 | 206.30 | 0.00 | 0.00 | 12555.19 |
| | | 质量(kg) | 0.00 | 242.44 | 274.06 | 2467.08 | 2324.11 | 183.16 | 0.00 | 0.00 | 5490.85 |
| 6 | 叠合板 | 长度(m) | | 1052.49 | | 3307.25 | 2250.13 | | | | 6609.87 |
| | | 质量(kg) | | 233.60 | | 1304.99 | 1387.29 | | | | 2925.88 |
| | 阳台板 | 长度(m) | | 39.81 | 566.00 | 1125.26 | 203.70 | 206.30 | | | 2141.07 |
| | | 质量(kg) | | 8.84 | 125.63 | 444.01 | 125.59 | 183.16 | | | 887.22 |
| | 预制内墙 | 长度(m) | | | 204.76 | 537.66 | 344.40 | | | | 1086.82 |
| | | 质量(kg) | | | 45.45 | 212.15 | 212.34 | | | | 469.94 |
| | 预制外墙 | 长度(m) | -0.16 | | 464.01 | 1282.19 | 971.38 | | 0.00 | 0.00 | 2717.43 |

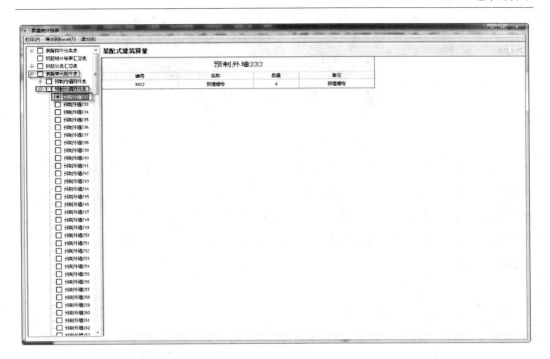

图 12-22　232 号预制外墙附件表

# 第 13 章 深 化 设 计

装配式建筑设计阶段完成后，需要对预制构件进行图纸深化，以满足构件加工生产需要。该阶段中，需根据设计院提供的设计图纸，按照模板图及各类预制构件配筋结果建立并完善带有钢筋信息的三维拆分深化模型，并结合其他专业信息完成多专业的协同工作（如机电专业的管线预埋及洞口预留工作），以确保构件在加工生产前获取到准确的信息。

## 13.1 预制构件配筋

PKPM-PC 程序可以接力 PKPM 设计软件的计算结果及相应图纸内容，在深化阶段实现预制构件中钢筋的三维显示。执行【深化设计＞自动设计＞自动设计】命令，选择要设计的构件类型，完成构件的配筋设计（图 13-1）。

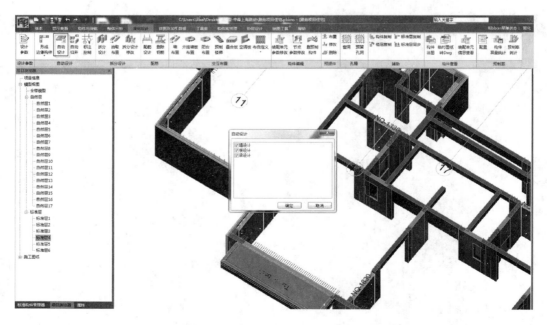

图 13-1 预制构件配筋自动设计

### 13.1.1 外墙配筋及调整

根据实际拆分方案，可对拆分设计修改后的单个三明治外墙进行详细单元参数设置，使其达到构件深化设计的深度。执行【深化设计＞构件编辑＞装配单元参数修改】命令，选择需要修改参数的外墙，弹出"装配式构件"对话框，根据实际情况填写各栏目相关参数信息，完成外墙的修改（图13-2）。

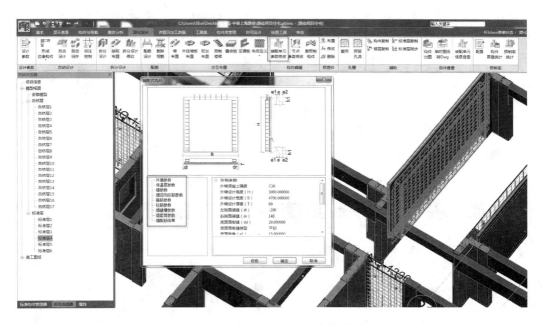

图 13-2　单个三明治外墙参数修改

### 13.1.2 内墙配筋及调整

根据实际拆分方案，可对拆分设计修改后的单个装配式内墙进行详细单元参数设置，使其达到构件深化设计的深度。执行【深化设计＞构件编辑＞装配单元参数修改】命令，选择需要修改参数的内墙，弹出"装配式构件"对话框，根据实际情况填写各栏目相关参数信息，完成内墙的修改（图13-3）。

### 13.1.3 叠合板配筋及调整

根据实际拆分方案，可对拆分设计修改后的单块叠合板进行详细单元参数设置，使其达到构件深化设计的深度。执行【深化设计＞构件编辑＞装配单元参数修改】命令，选择需要修改参数的叠合板，弹出"装配式构件"对话框，根据实际情况填写各栏目相关参数信息，完成预制板的修改（图13-4）。

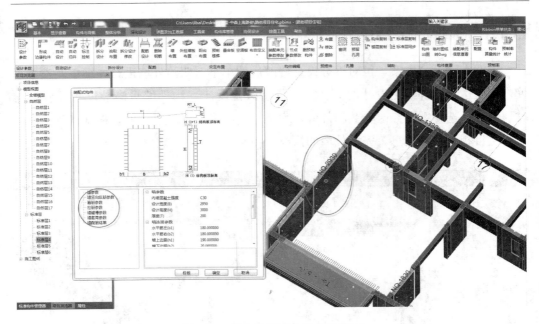

图 13-3 单个装配式内墙参数修改

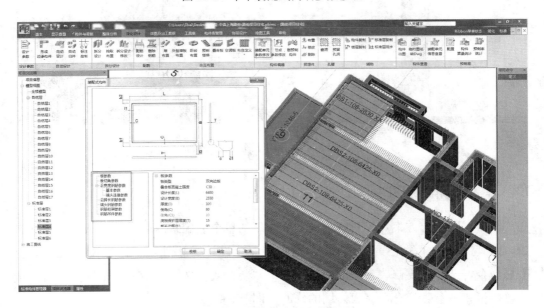

图 13-4 单块叠合板参数修改

## 13.2 建筑部品调整

装配式建筑中的一些非主要预制构件（如楼梯、阳台板、空调板等），可通过交互布置完成相应的深化设计。执行【深化设计＞交互布置＞阳台布置/预制楼梯】命令，在模型中进行相应构件的布置以及参数的设定（图 13-5）。

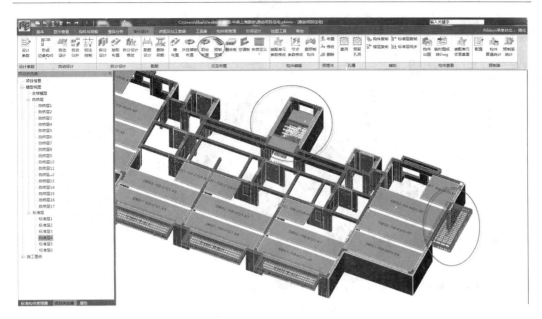

图 13-5　预制楼梯及阳台布置

　　对于一些异形构件，可通过 PKPM-PC 程序中的自定义构件功能完成创建，并应用到模型中。执行【构件库管理＞用户自定义构件编辑环境＞直接进入】命令，在自定义构件编辑环境中创建异形构件的实体以及钢筋信息（图 13-6）。

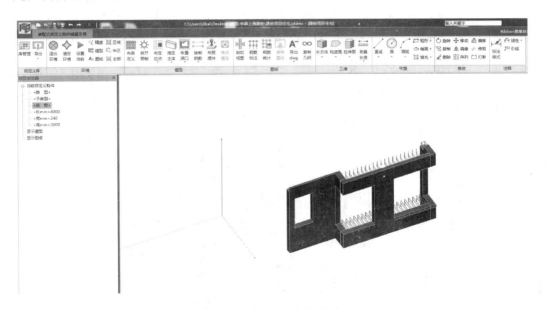

图 13-6　自定义构件创建

　　编辑完成后，可将构件入库，执行【深化设计＞交互布置＞布自定义】命令，弹出"布置自定义构件"对话框，选择创建的构件，在模型中进行布置（图 13-7）。

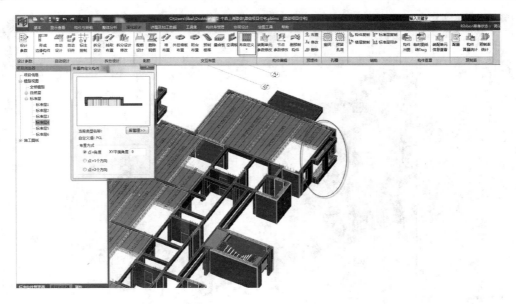

图 13-7　布置自定义构件

## 13.3　预埋件布置

在装配式建筑中，预制构件在脱模、吊装、运输以及安装等方面的预埋件布置和短暂工况的计算，通常要在工厂加工生产前逐一考虑。执行【深化设计＞预埋件＞布置】命令，弹出"附件布置"对话框，选择对应的附件，并布置到相应的预制构件上（图 13-8）。

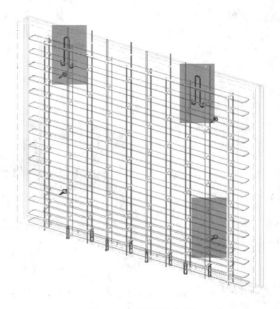

图 13-8　预埋件布置

## 13.4　构件复核

PKPM-PC 程序可完成预制构件的参数合理性、规范构造要求以及短暂工况验算等相关内容的检查。执行【深化设计＞构件查看＞装配单元信息查看】命令，选择单个预制构件，弹出该构件的计算校核说明书，可供用户详细查看（图 13-9）。

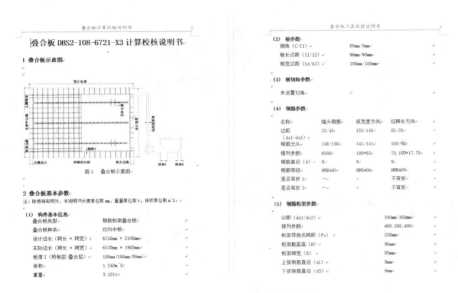

图 13-9　叠合板计算校核说明书

## 13.5　钢筋碰撞检查

在装配式建筑现场施工安装过程中，预制构件之间的钢筋碰撞会导致构件无法准确安装，带来严重的后果。基于 BIM 的装配式建筑设计及深化工作方法，可以在模型中提前检查钢筋碰撞的位置，在深化设计阶段提前处理相应问题，有效解决后续施工安装过程中的潜在隐患。

在 PKPM-PC 程序中，执行【工具集＞检查＞碰撞检查】命令，弹出"碰撞检查"对话框，勾选需检查的楼层及预制构件类型后，点击"应用"，随后程序自动生成碰撞检查结果（图 13-10）。

点击碰撞检查结果中的相应条目，会快速定位到模型中发生钢筋碰撞的具体位置，工程师可根据碰撞情况采取相应措施来解决问题（图 13-11）。

扫码看相关视频

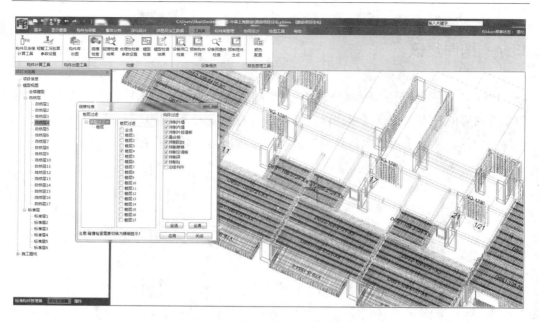

图 13-10　钢筋碰撞检查

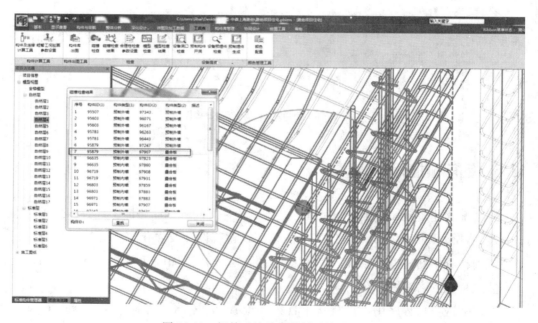

图 13-11　钢筋碰撞检查结果及快速定位

## 13.6　生成构件详图

完成装配式建筑模型的深化设计后，可以在 PKPM-PC 程序中生成全部预制构件的详图。执行【详图及加工数据＞图纸生成＞自动全楼施工图】命令，弹出"选择绘制"对话框，勾选需要生成的构件详图，点击"确定"后，图纸会自动完成绘制（图 13-12、图 13-13、图 13-14、图 13-15）。目前程序提供的图纸绘制深度基本可以满足国标图集的深度要求。

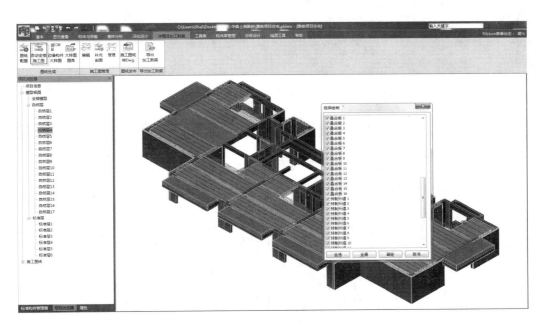

图 13-12　自动生成全楼施工图

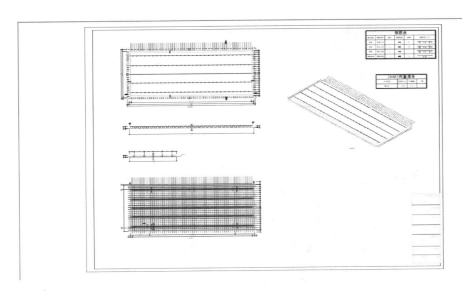

图 13-13　叠合板构件详图

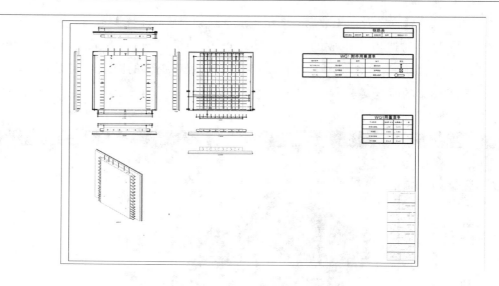

图 13-14　三明治外墙构件详图

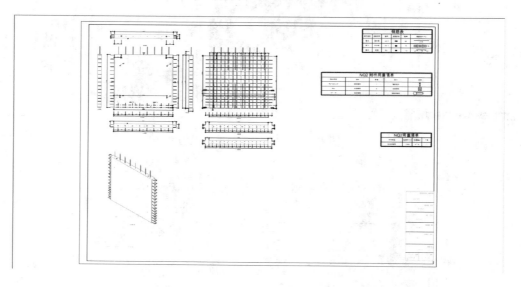

图 13-15　预制内墙构件详图

## 13.7　构件详图调整及补充

当需要在生成的图纸中做一些编辑修改时，PKPM-PC 程序提供了施工图纸转
DWG 格式的功能，支持将图纸导入 AutoCAD 系统中实现二次编辑。执行【详图及
加工数据＞图纸发布＞施工图纸转 DWG】命令，弹出"导出 DWG 文件"对话框，
选择需要导出的图纸和保存文件的位置后，点击"导出"（图 13-16）。随后在 Auto-
CAD 中打开生成的图纸进行编辑完善。

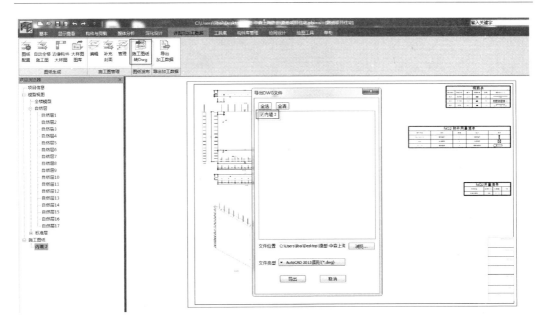

图 13-16 施工图纸转 DWG

# 第 4 篇　机电深化设计

本专业具体流程如图 4 所示。

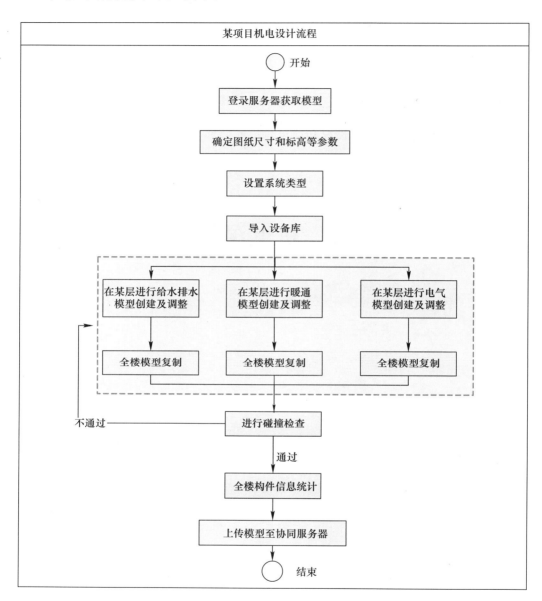

图 4　本专业流程图

# 第 14 章 基本概况设置

本章主要介绍项目的基本情况和项目建模前的准备工作，包括 CAD 底图准备，如何读取建筑楼层信息，参照建筑、结构、设备专业的模型进行建模。

## 14.1 项目介绍

本项目为上海市松江区小昆山镇普通商品住宅，地上十五层，建筑高度 45.65m，耐火等级二级。其中给水排水设计范围包括生活给水、生活污废水系统、室内消火栓给水系统、自动喷水灭火系统；暖通设计包括空调风系统；电气设计范围包括配电系统、核心筒照明、火灾自动报警系统。

## 14.2 基本模型准备

### 14.2.1 CAD 底图准备

在 CAD 平面底图中明确喷淋、消火栓、消防广播等设备的位置，应在平面中标注距墙尺寸，便于在模型中进行定位。管线和桥架标高，根据建筑层高、板厚、结构梁高计算后，在平面中标注（图 14-1）。

### 14.2.2 读取建筑模型

打开 PKPM-BIM 建筑模型，进入给水排水专业后，首先进行读取楼层操作。楼层读取完毕后，点击项目浏览器楼层列表中某一单层进入单层平面编辑界面（图 14-2）。

### 14.2.3 建筑模型参照

在单层编辑界面，右键选择视图参照

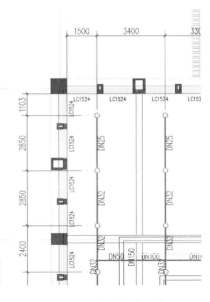

图 14-1 CAD 底图准备工作

（图 14-3），勾选建筑模型显示方式为 2D，并且隐藏建筑楼板、楼梯等构件。模型显示方式可以根据绘制的系统不同在线框模式和着色模式下进行实时切换，方便参照建筑模型。

图 14-2　楼层管理窗口

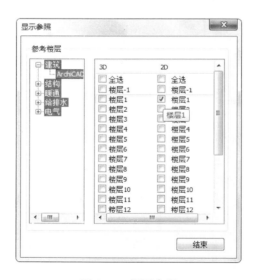

图 14-3　视图参照

# 第 15 章　给水排水设计

本章主要介绍在装配式住宅中给水排水专业的建模流程，包括消防喷淋系统，消火栓系统，户内给排水设备的布置和智能连接调整，阀门布置，公共区域水暖井内立管连接等。学习如何参照装配式和建筑三维模型，按步骤由浅到深，快速地完成住宅从户外到户内给水排水模型的绘制工作。

## 15.1　给水排水模型创建

扫码看相关视频

### 15.1.1　走廊喷淋点位布置

在自动喷洒中选择喷头布置，消防喷头选为下垂式喷淋头，布置方式为直线布置，喷头标高2.81m，布置参数设置方式为已知数量，喷头数量为 7 个（图 15-1）。

按照 CAD 图中选择走廊尽头为定位点，横向锁定直角坐标系后沿走廊方向拉伸至尽头（图 15-2）。

### 15.1.2　喷淋管线布置连接

根据 CAD 平面图确定从一层至五层喷淋立管高度。在水管布置中选择布水立管。

管道类型选择消防-自动喷洒管，管径 50mm，底标高为 0m，顶标高为 51m，布置在水暖井中右下位置（图 15-3）。

在自动喷洒模块点击喷头连接，选取管道标高，圈选需要连接的喷淋点位，自动连接后生成25mm 喷淋水平管（图 15-4）。

对于 CAD 图中变径的喷淋管，可选择相应管线在属性中直接修改管径为 32mm（图 15-5）。

图 15-1　消防喷头布置

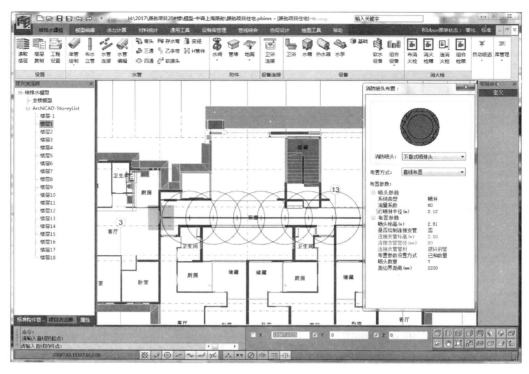

图 15-2　喷头布置形式选择

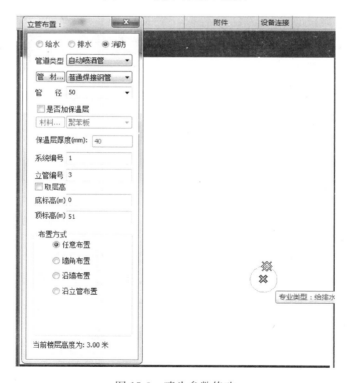

图 15-3　喷头参数修改

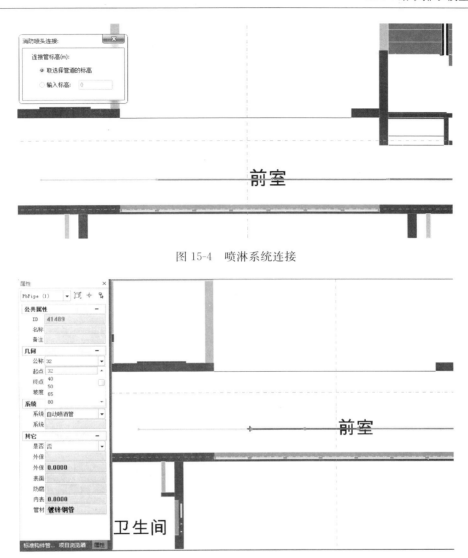

图 15-4　喷淋系统连接

图 15-5　水管属性修改

在喷淋立管与层水平管连接处，选择水管连接选项中三通连接，圈选需要连接部分自动生成三通连接件（图 15-6）。

附件水阀中选择截止阀，连接方式选择按管口连接，点击水平喷淋干管相应位置布置阀门（图 15-7）。

布置后根据水平坐标系调整阀门方向，点击左键确认（图 15-8）。

### 15.1.3　消火栓点位布置

在消火栓箱中选择室内消火栓箱 01，底标高 1.2m，按 CAD 底图中位置选择左侧电梯井道外墙为插入点布置，确定插入角度后，点击左键确定（图 15-9）。

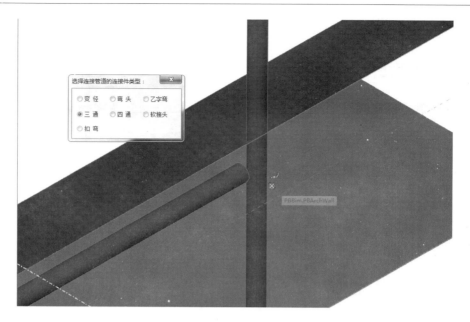

图 15-6　水管连接

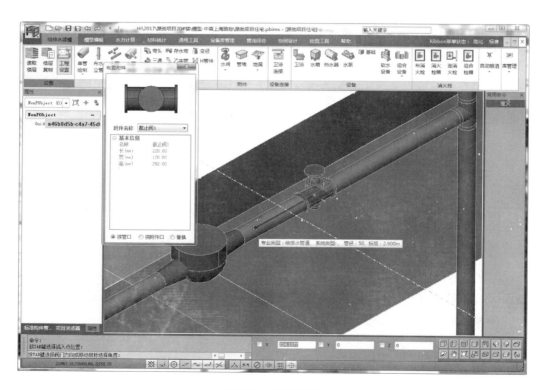

图 15-7　阀门布置

图 15-8　阀门朝向选择

图 15-9　消火栓布置

同理在右侧电梯井道墙布置消火栓箱。

## 15.1.4　消火栓立管连接

点击布置水立管，按照 CAD 图汇总位置在消火栓边布置消防立管，布置方式选择任意布置，管径 100mm，高度 51m（图 15-10）。

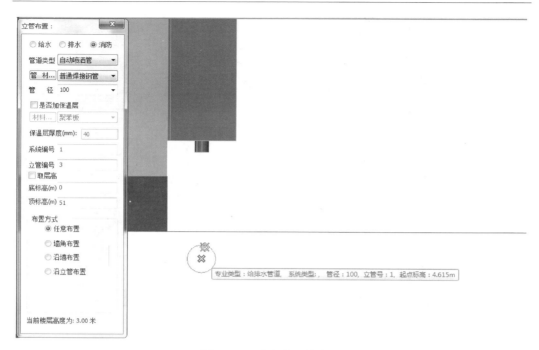

图 15-10　消火栓立管布置

　　点击消火栓中连接消火栓功能，选择和立管连接，圈选消火栓和立管后完成自动连接，依次连接本层其余消火栓（图 15-11）。

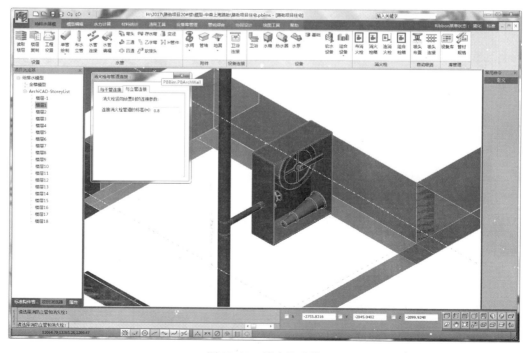

图 15-11　消火栓连接

### 15.1.5 生活给水系统布置

选择本层 A 户型为案例布置。在厨房靠窗位置布置洗涤盆，标高 0.65m，洗涤盆上沿墙分别布置冷水、热水龙头，选择水龙头 02，标高 0.9m（图 15-12）。

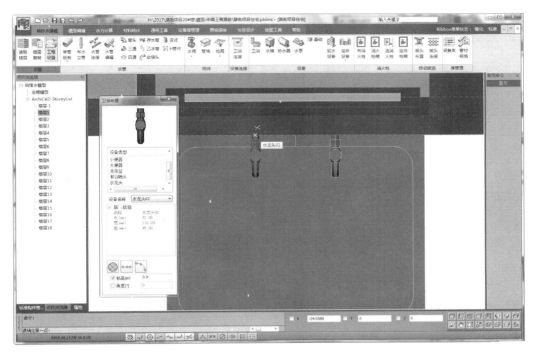

图 15-12 水龙头布置形式选择

卫生间门外洗手盆布置同厨房洗涤盆，水盆和水龙头标高分别为 0.65m 和 0.9m，角度修改为-90°，阳台水龙头标高为 0.45m（图 15-13）。

同理布置卫生间内坐便器，标高 0.2m，选择插入点后锁定直角坐标，调整方向为垂直卫生间墙壁（图 15-14）。

点击单管绘制，选择生活给水管道，标高 2.55m，管径 25mm，从入户处向卫生间和厨房绘制（图 15-15）。

在管道中变径部分，可点击管道，在左侧属性栏菜单中调整管径，自动生成连接三通（图 15-16）。

点击水龙头夹点引出生活给水线管，管径 20mm，锁定直角坐标方向水平绘制至另一端水管中心（图 15-17）。

选择空间搭接功能，点击两根水管，在空白处单击鼠标右键，完成连接竖管绘制（图 15-18）。

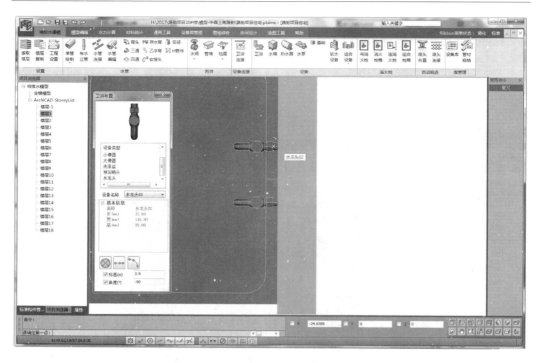

图 15-13　水龙头布置

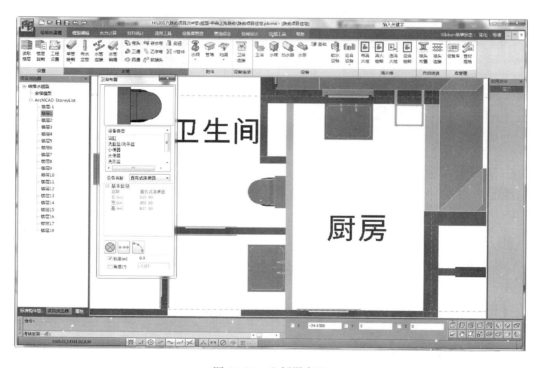

图 15-14　坐便器布置

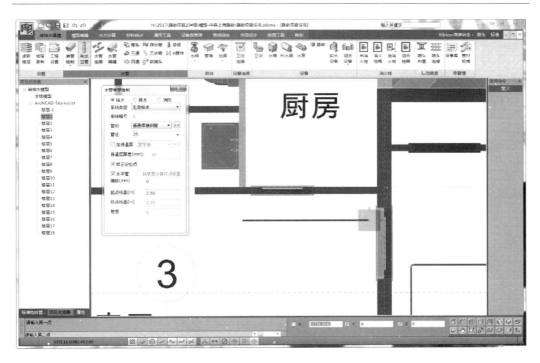

图 15-15 水管绘制

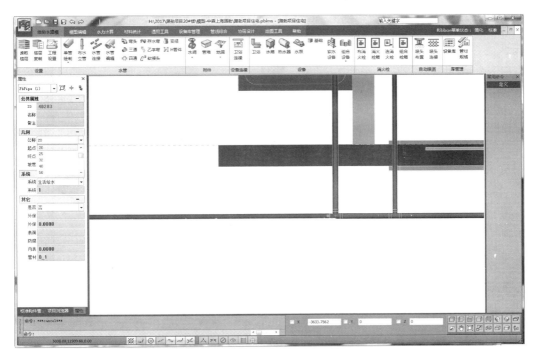

图 15-16 管道属性调整

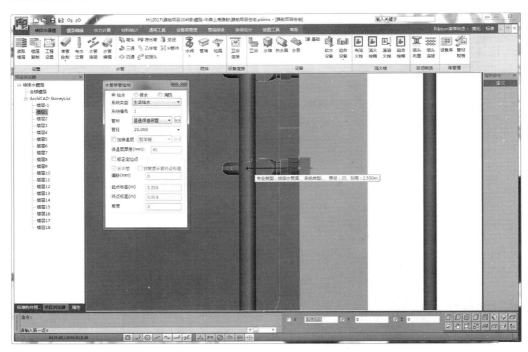

图 15-17　构件定位

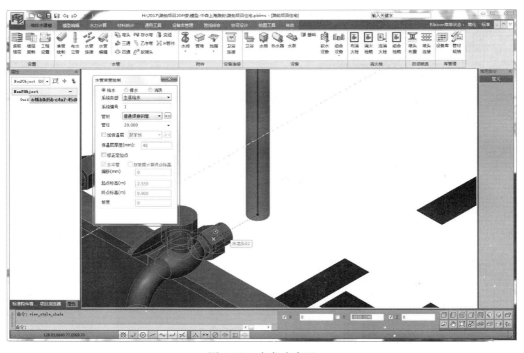

图 5-18　水龙头布置

同理绘制热水给水管道（图 15-19）。

B 户型给水系统布置步骤同 A 户型。

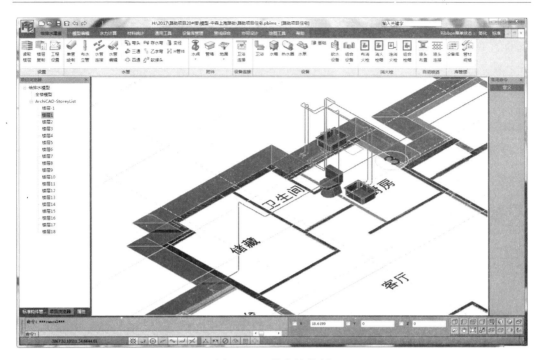

图 15-19 热水管绘制

## 15.1.6 生活排水系统布置

点击水管布置中布水立管，选择排水—废水管，顶标高为 51m，管径 65mm，分别布置于 A 户型卫生间管井和阳台内（图 15-20）。

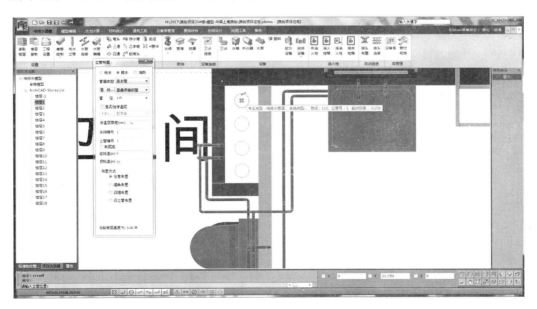

图 15-20 水管参数调整

点击附件—地漏，选择圆形地漏，标高修改为 0.3m，布置于卫生间内。阳台地漏标高设置为 0.05m（图 15-21）。

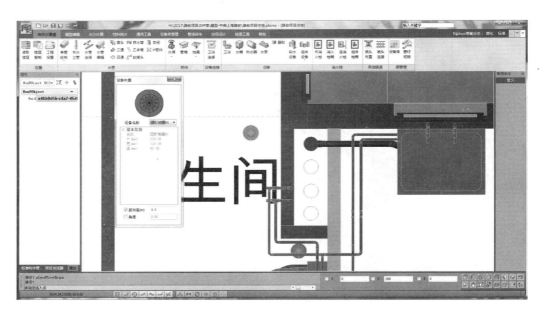

图 15-21　地漏布置

点击厨房洗涤盆中夹点，引出排水管。修改管径 50mm，勾选修正定位点并且将终点标高改为 0.2m，向下引出线管后左键点击空白处确定（图 15-22）。

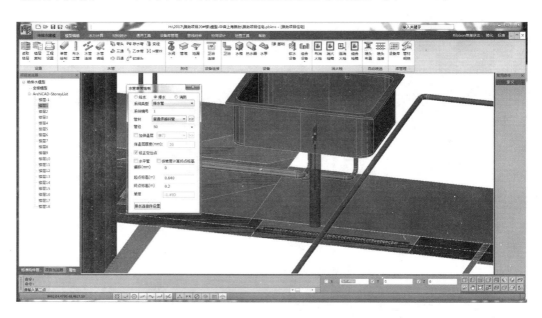

图 15-22　水管参数修改

继续进行单管绘制，选择上一步绘制的立管中的夹点，切换到俯视图，向立管方向绘制一段水平管至立管附近（图 15-23、图 15-24）。

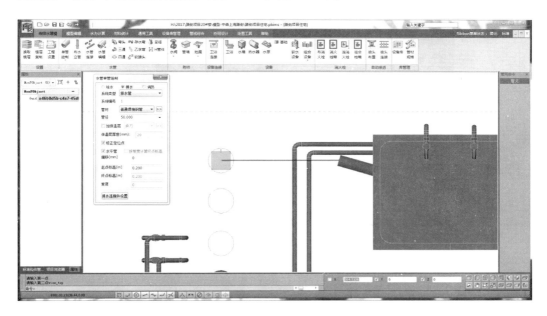

图 15-23　水管绘制点位控制

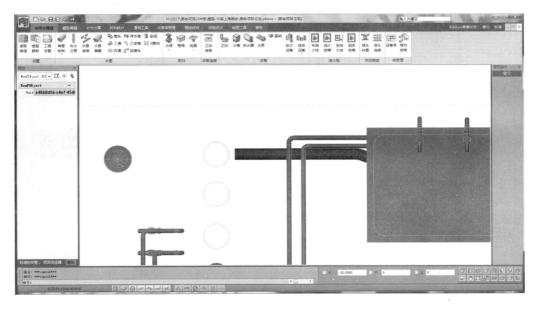

图 15-24　水管绘制

点击水管连接中三通连接，圈选两根排水管，右键生成三通（图 15-25）。

B 户型排水系统布置步骤同 A 户型。

圈选 A 户型中所有给水排水构件，点击模型编辑中通用-镜像功能（图 15-26）。

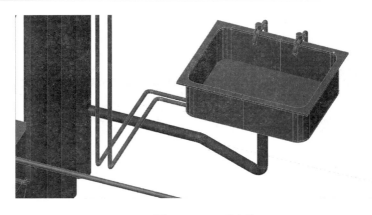

图 15-25　三通连接

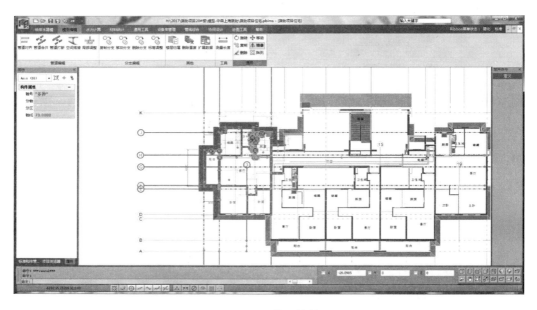

图 15-26　模型镜像

　　点击两个镜像定位点，将 A 户型镜像到对侧，B 户型同理。

　　利用镜像和复制功能完成本层户内给水排水模型绘制。

## 15.2　水暖井模型创建

### 15.2.1　水暖井管线布置

　　在水暖井右上依次布置管径 40mm 生活给水立管，标高分别为 23m 和 51m 两根。

在水暖井左上依次布置管径 75mm 排水管和管径 40mm 给水管,标高为 51m。依次排开五根 25mm 给水管,标高为 2.55m,与 40mm 给水管中心对齐(图 15-27)。

图 15-27　立管布置

在管井中布置圆形地漏,标高 0.05m,连接至排水管(图 15-28)。

图 15-28　地漏连接

将户内给水管分别连接至管井内竖向给水管(图 15-29)。

切换到三维视图,在标高 2m 处用水平管,连接两根 40mm 的给水立管,并且布置闸阀(图 15-30)。

分户立管分别在 0.75m、1m、1.25m、1.5m、1.75m 处以水平管与给水立管连接,并布置闸阀。

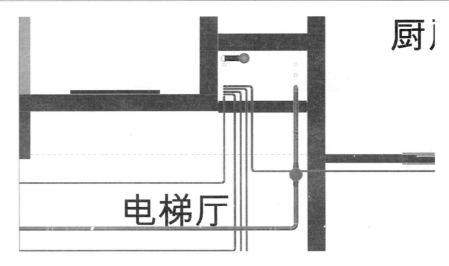

图 15-29　水管连接

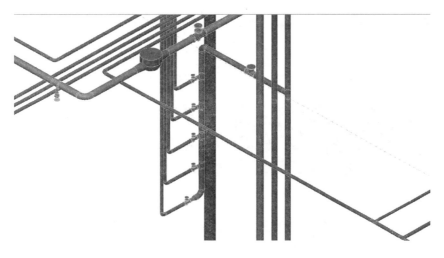

图 15-30　闸阀布置

## 15.3　全楼复制

扫码看相关视频

复制时可右键打开视图参照选项，取消所有非本专业视图参照（图 15-31），方便查看选择的构件。

依据 CAD 系统图中两根生活给水立管分别供给 1～8 层和 9～17 层水系统，按此规律完成全楼复制。

点击设置中楼层复制，首先将第一层设备全部复制到第 2～9 层。选择复制参考楼层 1，勾选复制目标楼层 2～9 层，点击选择复制（图 15-32）。

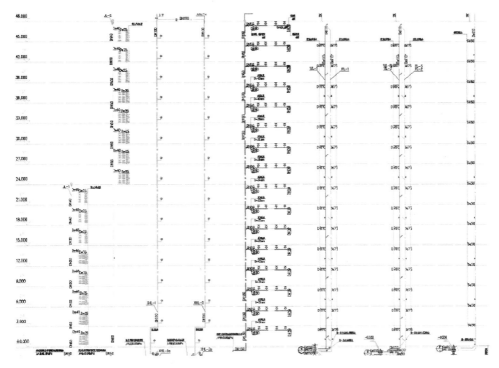

图 15-31 视图参照

圈选本层所有构件，切换到三维视图后按住"Ctrl"，取消所有穿楼层立管，在空白处点击右键进行复制（图 15-33）。

图 15-32 楼层复制窗口

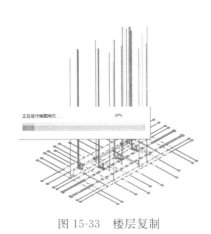

图 15-33 楼层复制

切换到楼层 8，选择管堵布置，点击水暖井中竖直立管布置管堵（图 15-34）。

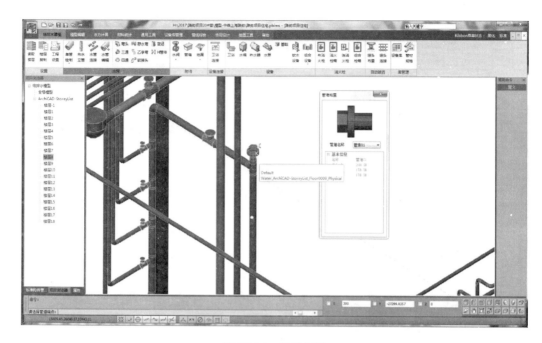

图 15-34　管堵布置

切换到楼层 9，调整管径内水平管至另一根给水立管，并生成连接件（图 15-35）。

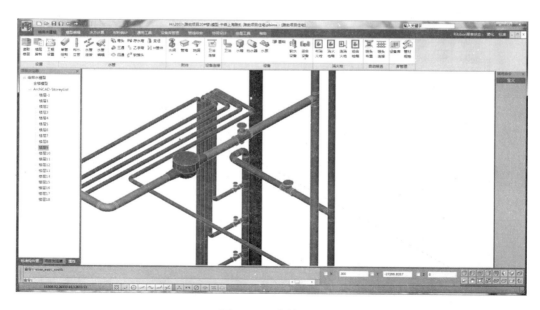

图 15-35　水管连接

点击楼层复制，复制参考楼层 9，复制目标楼层勾选 10～17 层，单击选择复制（图 15-36）。

图 15-36 楼层复制窗口

复制方式同一层复制，取消选择穿楼层立管后进行选择复制（图 15-37）。

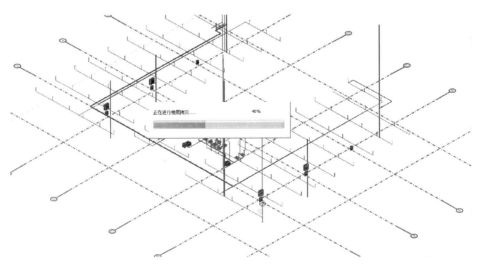

图 15-37 模型选择复制

切换到 17 层，在生活给水立管上增加管堵，完成全楼模型复制（图 15-38）。

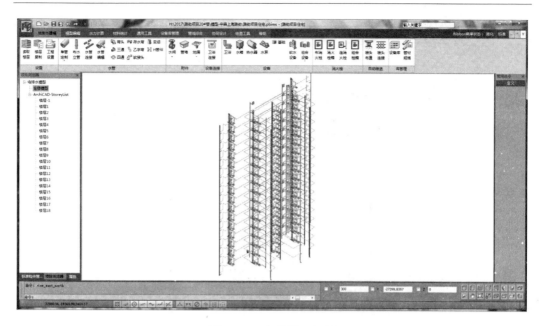

图 15-38　全楼模型复制

# 第 16 章 暖 通 设 计

本章主要介绍在装配式住宅中暖通专业的建模流程，主要包括户内风机盘管的布置，风盘和室外机的连接，学习如何参照装配式和建筑三维模型，按步骤由浅到深，快速地完成住宅户内风系统布置并且复制到全楼模型。

## 16.1 暖通模型创建

### 16.1.1 户内风机盘管布置

扫码看相关视频

选择本层 A 户型为案例布置。在设备名称中选择卧式风机盘管 1，底标高 2.5m，布置在相应位置（图 16-1）。

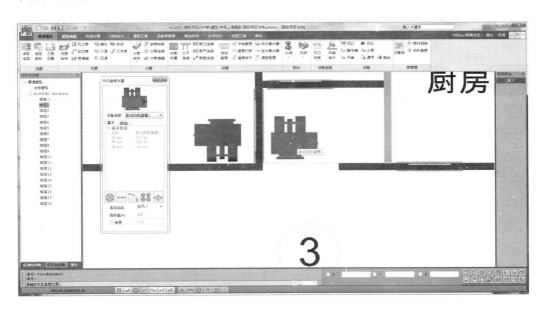

图 16-1 风机盘管标高选择

选择立式风机盘管 1，底标高修改为 0.5m，布置在阳台外墙（图 16-2）。

完成 A 户型内风机盘管布置（图 16-3）。

完成 A 户型内风机盘管布置。

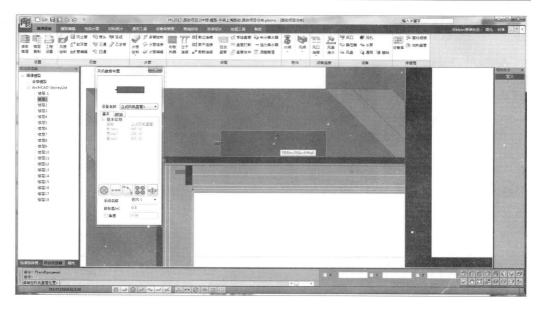

图 16-2　风机盘管参数调整

图 16-3　风机盘管绘制

## 16.1.2　户内风机盘管连接

点击风机盘管夹点，引出空调冷凝水管，管径修改为 25mm，沿图纸中路径绘制（图 16-4）。

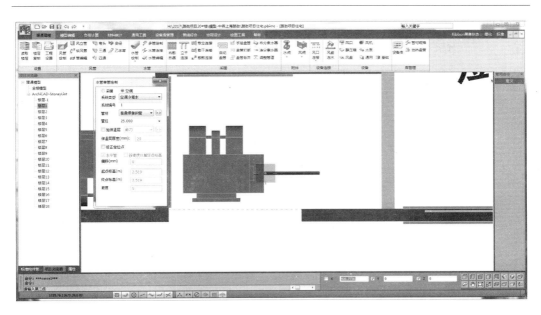

图 16-4　风机盘管水管绘制

引出其他风机盘管的冷凝水管，相交部分选择水管中水管连接功能，选择三通，圈选需要连接的部分在空白处点击右键自动完成连接（图 16-5）。

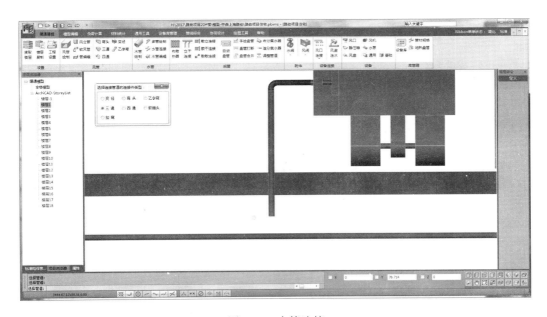

图 16-5　水管连接

在阳台墙角布置空调冷凝水立管，管径 75mm，终点标高 51m（图 16-6）。

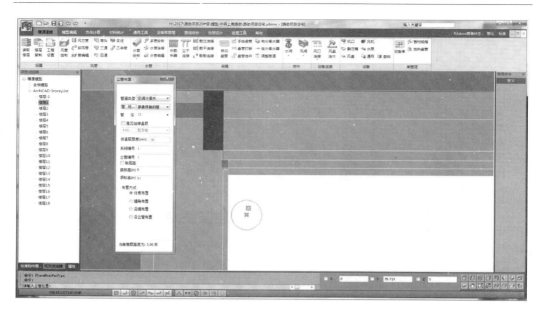

图 16-6　冷凝管参数调整

连接立式风机盘管至空调冷凝水立管和水平管（图 16-7）。

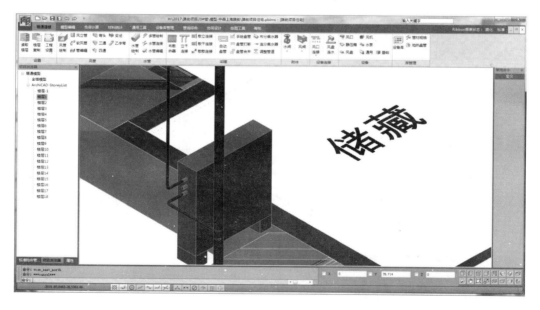

图 16-7　冷凝管绘制

单击两个镜像定位点，将 A 户型镜像到对侧，B 户型同理。

利用镜像和复制功能完成本层户内给水排水模型绘制（图 16-8）。

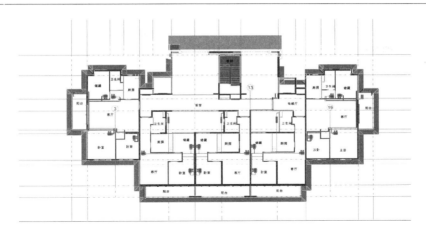

图 16-8　模型镜像

## 16.2　全楼复制

扫码看相关视频

复制时可右键打开视图参照选项，取消所有非本专业视图参照，方便查看选择的构件。

点击设置中楼层复制，选择复制参考楼层 1，勾选复制目标楼层 2～17 层，点击选择复制（图 16-9）。

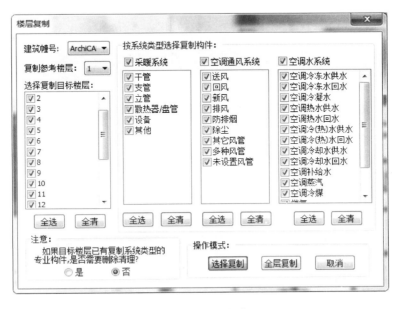

图 16-9　楼层复制窗口

圈选本层所有构件，切换到三维视图后按住 "Ctrl"，取消所有穿楼层立管，在空白处点击右键进行复制（图 16-10）。

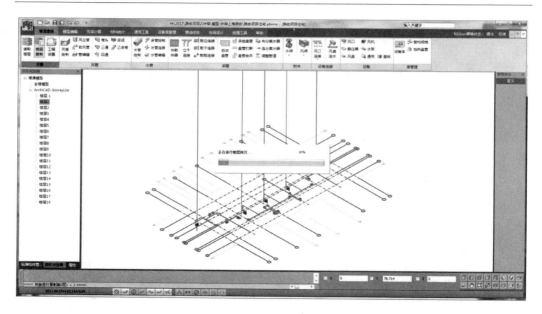

图 16-10 楼层复制

# 第17章 电气设计

本章主要介绍在装配式住宅中电气专业的建模流程，包括户内和公共区域的照明系统、动力配电系统、火灾自动报警系统中设备的布置和智能连接调整，以及在装配式墙中对线盒和线管的预埋提资，学习如何参照装配式和建筑三维模型，按步骤由浅到深，快速地完成全楼电气模型的绘制工作。

## 17.1 电气模型创建

扫码看相关视频

### 17.1.1 配电箱布置

选择本层 A 户型为案例布置。在强电设备中选择配电箱-通用配电箱布置，尺寸修改为宽 350mm、高 220mm、深 100mm，系统名称选择照明系统，编号 MX，底标高 1.5m，布置在户内相应位置（图 17-1）。

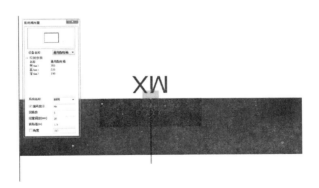

图 17-1　配电箱参数修改

插入点选择墙面，通过调整平面坐标系确定插入方向。

同理在相应位置布置弱电箱，尺寸修改为宽 450mm、高 300mm、深 120mm，系统名称选择照明，编号 RD，底标高 0.3m（图 17-2）。

同理在强电和弱电竖井中布置相应的配电箱，应急照明箱，弱电箱等（图 17-3、图 17-4）。

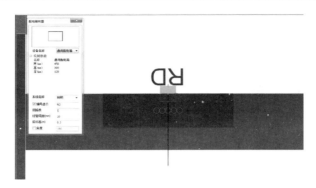

图 17-2 弱电箱尺寸修改

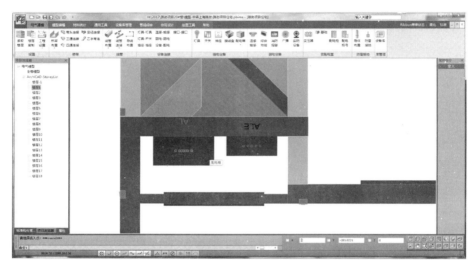

图 17-3 应急照明箱布置

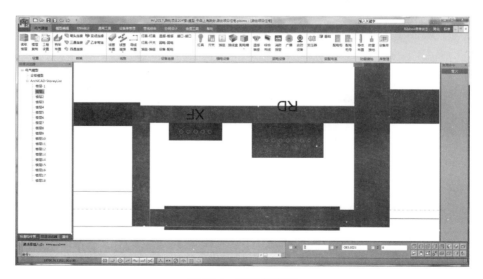

图 17-4 弱电箱布置

### 17.1.2 照明点位布置

选择强电设备中灯具布置-圆形吸顶灯，布置方式选择任意布置，标高修改为 2.81m（图 17-5）。

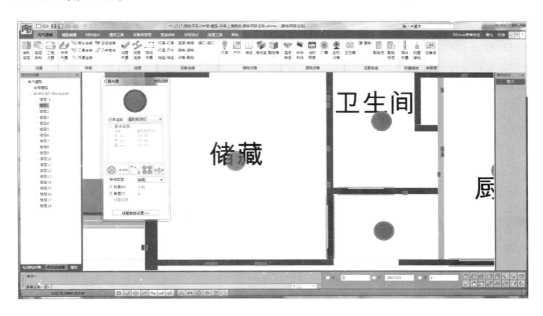

图 17-5 灯具任意布置

依次完成户内圆形吸顶灯点位布置（图 17-6）。

图 17-6 完成灯具布置

点击灯具布置，选择直线布置灯具，数量为 4 个，标高 2.81m。选取走廊尽头为插入点，锁定坐标系后延伸至走廊另一端，完成走廊吸顶灯布置（图 17-7）。

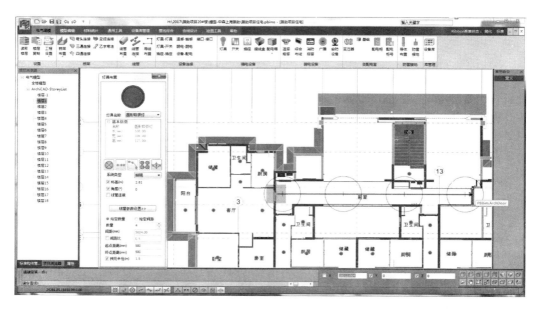

图 17-7　灯具直线布置

再次点击灯具布置，选择圆形吸顶灯，布置方式选择任意，参数同走廊灯具，布置楼梯间照明，根据计算楼梯间一层半处灯具标高为 4.35m。

点击强电设备-开关，选择门边布置，门边距为 200mm（图 17-8）。

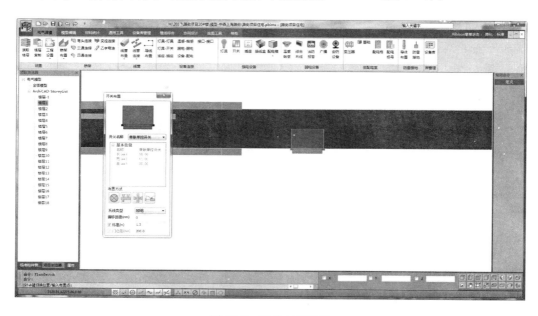

图 17-8　开关点位控制

选择强电设备中开关布置-声光控开关，布置方式为第二种沿墙布置，系统类型为照明，标高修改为 1.2m（图 17-9）。

图 17-9　开关布置形式选择

在楼梯间相应墙面布置声光控开关（图 17-10）。

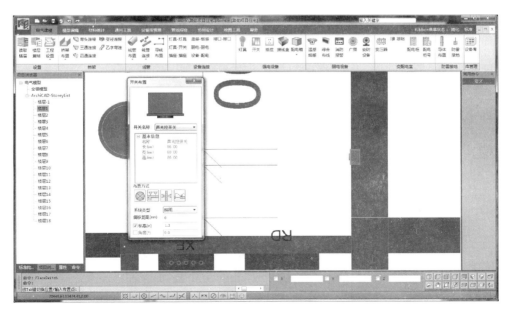

图 17-10　开关布置

整层开关布置完毕后，再次选择灯具布置中安全出口，任意布置方式，标高根据计算修改为 2.4m，位置在楼梯间疏散门上方。（图 17-11）

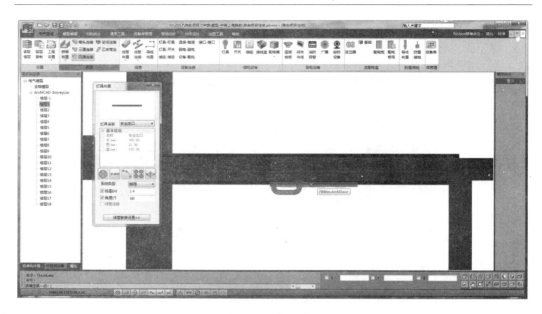

图 17-11　灯具布置

### 17.1.3　照明系统连接

选择设备连接中灯具-灯具连接，点点连接方式，接线盒吸附灯具布置。

点击鼠标左键圈选电梯厅等圆形吸顶灯后，空白处单击右键，完成灯具自动连接（图 17-12）。

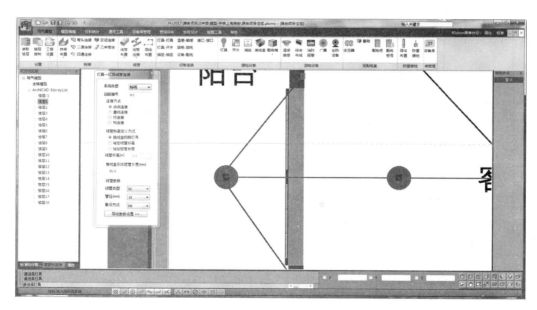

图 17-12　灯具自动连接

同理，选择灯具-开关连接后，选择接线盒吸附灯具，点击需要连接的吸顶灯盒相应开关，空白处单击鼠标右键确定后自动生成水平和竖直连接管（图 17-13）。

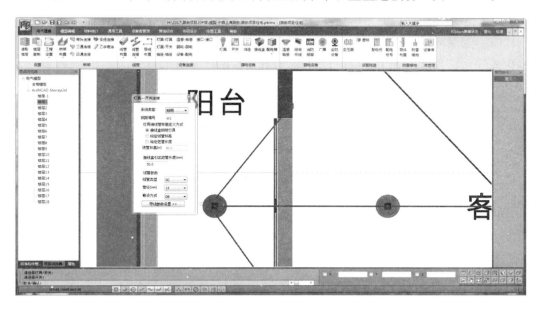

图 17-13 灯具—开关连接

若有重复生成接线盒现象，也可单击接线盒上十字形夹点，在相应方向拉出线管，调整参数后进行绘制（图 17-14）。

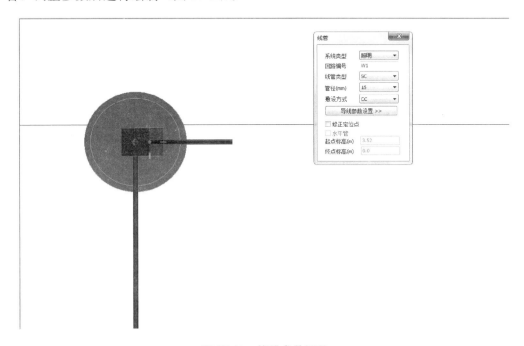

图 17-14 管线参数调整

选择水平方向，待十字光标上出现黑色粗线时按"Enter"锁定该方向直角坐标，以免发生偏移。

水平拉伸至相应接线盒接口处，以虚线对齐，单击左键确定，继续向竖直方向绘制线管，绘制时按"Enter"锁定直角坐标直至连接到接线盒，其中线管拐弯处可自动生成拐弯，锁定的直角坐标可再次按"Enter"解锁（图 17-15）。

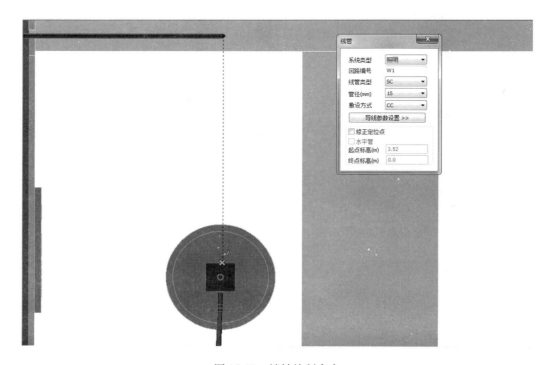

图 17-15　锁轴绘制命令

竖直方向连接的线管可先切换到西南轴侧模式下，按"s"切换坐标为侧视坐标后锁定竖直坐标系，沿接线盒管口对齐后绘制（图 17-16）。

在楼梯间灯具通过立管连接，点击线管布置下拉菜单中布置立管，设置底标高和顶标高为 0m 和 50m，系统类型为应急照明，线管类型 SC 管径 20mm，布置在楼梯间侧面墙内（图 17-17）。

楼梯间疏散指示的连接可沿墙直接连至立管，点击接线盒布置，选择吸附设备管口布置方式，点击疏散指示后调整布置方向为垂直方向，在空白处单机左键确认（图 17-18）。

点击接线盒靠近立管的十字夹点，修改线管类型 SC，管径 15mm，拉伸出照明水平管后对齐立管位置完成连接，水平管和垂直管交叉处可进行线管连接处理（图 17-19）。

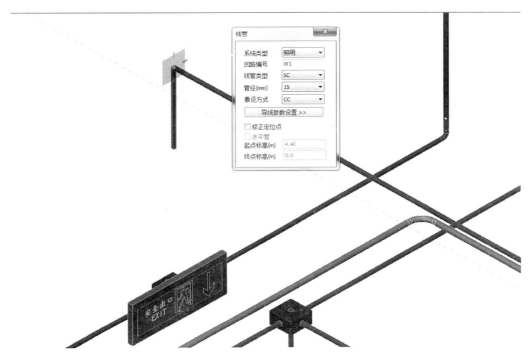

图 17-16 三维视角管线绘制

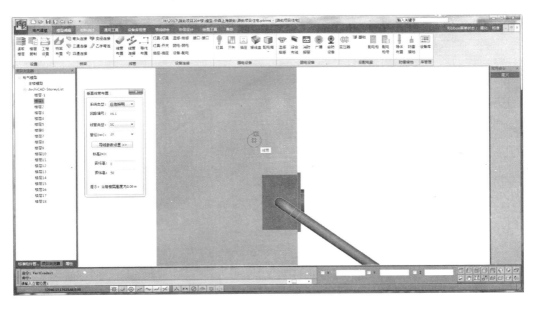

图 17-17 灯具线管绘制

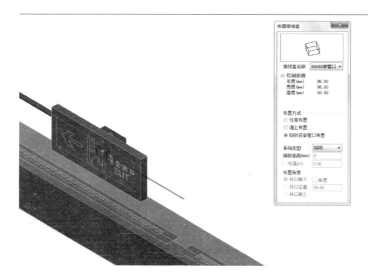

图 17-18　接线盒吸附布置

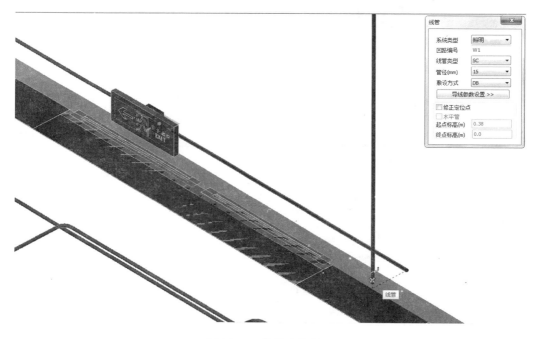

图 17-19　线管连接处理

楼梯间吸顶灯连接立管方式同疏散指示，拉出水平管线后沿顶板连接至立管向上引出至顶层（图 17-20）。

## 17.1.4　火灾自动报警系统布置

点击弱电设备中温感烟感布置，选择布置点型感烟探测器，探测器类型为感烟探测器，布置方式为直线布置，标高修改为 2.81m，距边界距离 1000mm，数量为 4 个，并且自动连接（图 17-21）。

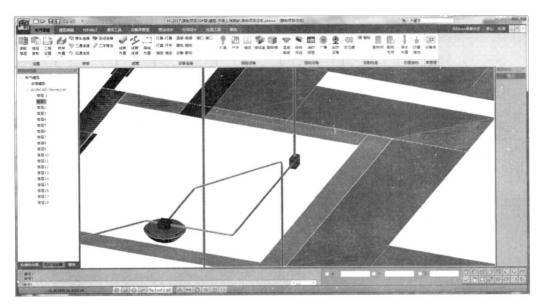

图 17-20　电气立管绘制

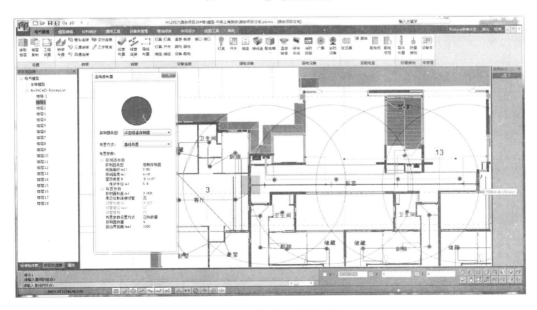

图 17-21　烟感探测器布置

选择弱电设备中的消防报警，点击带电话插孔的手动报警按钮，标高修改为 1.3m，修改相应系统类型。选择墙边为插入点插入设备后，调整方向（图 17-22）。

依次完成声光报警器、消火栓起泵按钮、消防广播等设备布置。

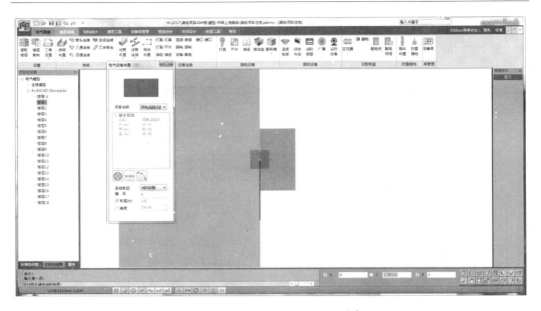

图 17-22　弱电系统连接

## 17.1.5　火灾自动报警系统连接

点击设备连接中的温感-烟感连接，选择相应系统类型，连接方式为行连接，接线盒吸附灯具并且调整线管参数（图 17-23）。

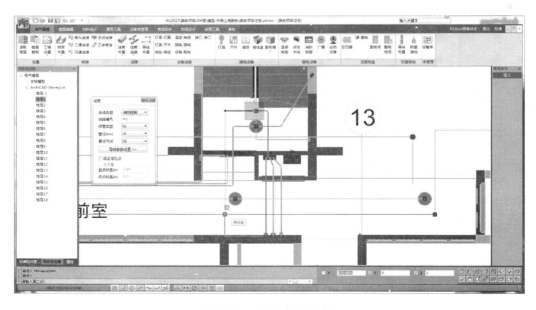

图 17-23　温感-烟感连接

对于壁装需要立管的报警按钮等设备，可选择接线盒吸附设备管口布置后从接线盒拉出立管连接至相应位置（图 17-24）。

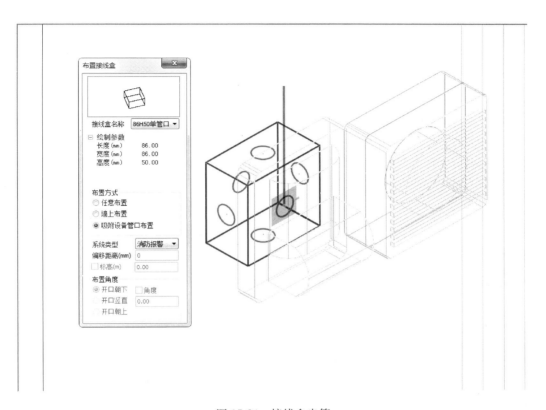

图 17-24 接线盒出管

## 17.1.6 户内配电系统连接

点击户内强电配电箱 MX，选择上表面夹点引出 SC15 线管至顶板高度（图 17-25）。

选择设备连接中的接口-接口，选择连接方式形式一，选择管线上接口和接线盒近处接口连接（图 17-26）。

连接户内各支路至配电箱。

## 17.1.7 走廊配电系统连接

点击配电箱下拉菜单中配电箱引出线管。

指定终点标高为 2.785m，管线 SC20-WC，管线间距为 40（图 17-27）。

按照 CAD 中灯具回路引出线管至配电箱附近。选择设备连接中的接口-接口，选择连接方式形式一，选择管线上接口和设备出管连接（图 17-28）。

连接走廊配电箱回路至设备和户内分箱（图 17-29）。

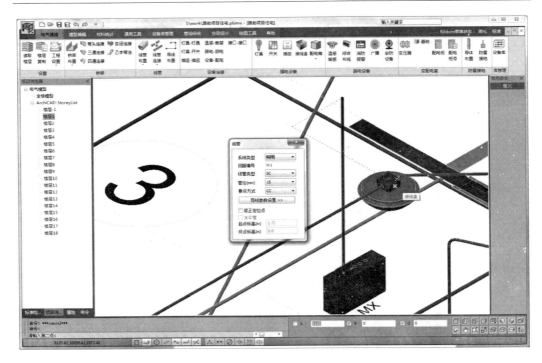

图 17-25　配电箱出管绘制

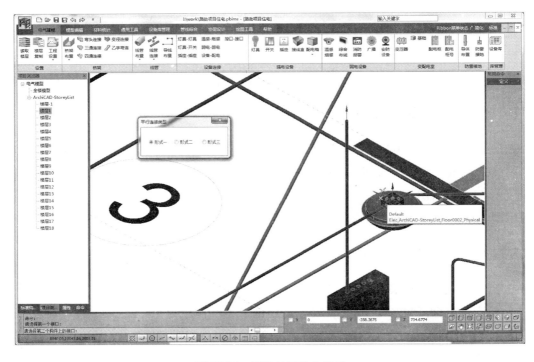

图 17-26　管线与接线盒连接

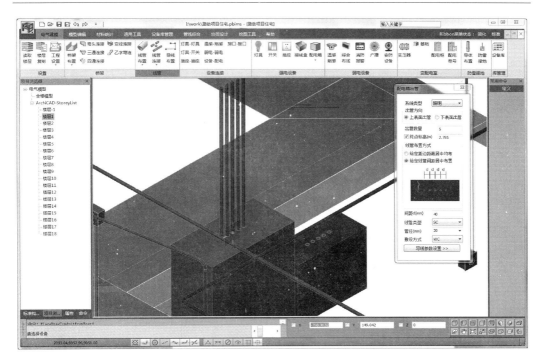

图 17-27 配电箱出管

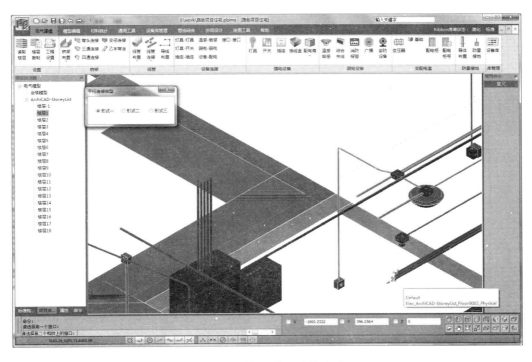

图 17-28 接口-接口连接方式

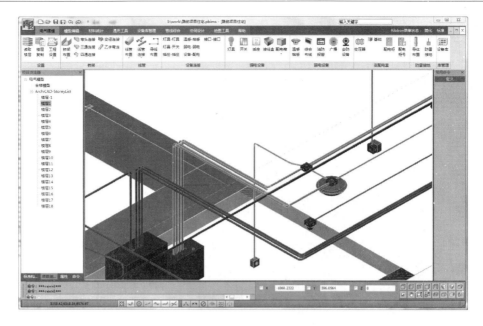

图 17-29　连接电气设备

## 17.2　电气预埋计算

双击楼层表中楼层 4，进入楼层编辑。取消参照建筑模型并且打开装配式 4 层的模型参照，隐藏装配式楼板（图 17-30）。

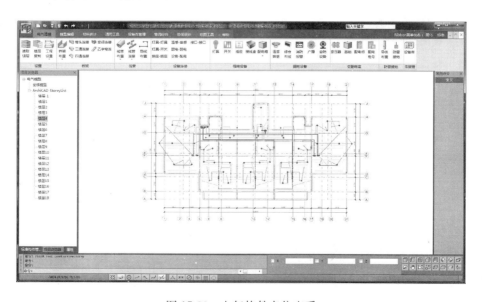

图 17-30　电气构件点位查看

点击管线综合模块中电气预埋计算选项，调整参数，楼层勾选楼层 4，装配式中勾选预制外墙和预制内墙，取消勾选外挂墙板和叠合板，点击生成条件（图 17-31）。

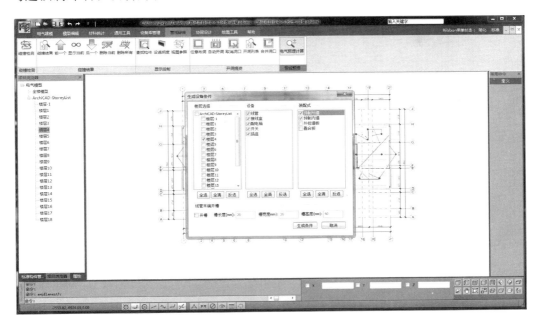

图 17-31 电气预埋

在模型中切换线框模式查看预埋条件生成结果，可看到在装配式墙中的线盒和线管都由蓝色十字表示。预埋条件可通过协同上传模型后提资到装配式专业中（图 17-32）。

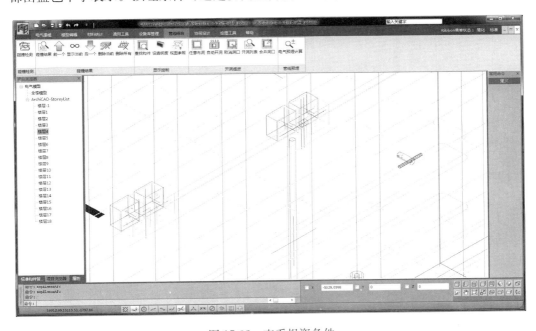

图 17-32 查看提资条件

## 17.3　全楼复制

复制时可右键打开视图参照选项，取消所有非本专业视图参照，方便查看选择的构件。

点击设置中楼层复制，选择复制参考楼层 1，勾选复制目标楼层 2～17 层，点击选择复制（图 17-33）。

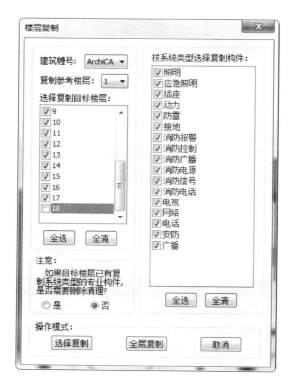

图 17-33　楼层复制窗口

圈选全部电气构件，切换到西南轴测图，按住"Ctrl"，取消竖直桥架和立管的选择，在空白处单击右键完成全楼复制（图 17-34）。

切换到楼层 17，将立管和水平管交汇位置用弯头连接（图 17-35）。

调节细节部分，完成全楼模型绘制（图 17-36）。

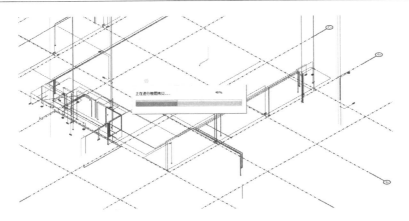

图 17-34　楼层复制

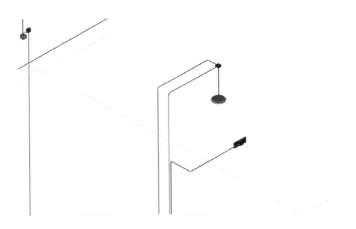

图 17-35　弯头连接

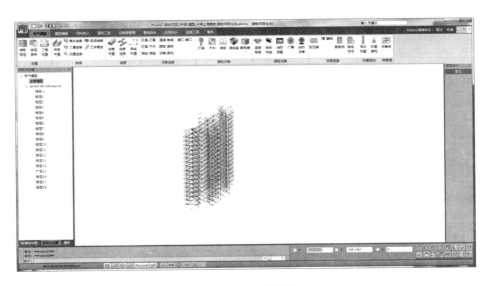

图 17-36　全楼模型

# 第 18 章 项目保存

点击菜单中另存工程（图 18-1），设置保存路径和项目名称，点击确定将项目保存至本地。

图 18-1　另存工程